U0169983

皮肤之下

你可能不知道的人体趣史

ANATOMIES:

The Human Body,
Its Parts and The Stories They Tell

[英] 休·奥德西－威廉姆斯 著　　李亚迪 译

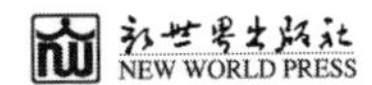

北京版权保护中心引进书版权合同登记号：图字 01-2021-0934 号

图书在版编目（CIP）数据

皮肤之下 ： 你可能不知道的人体趣史 / （英） 休·奥德西-威廉姆斯著 ； 李亚迪译. -- 北京 ： 新世界出版社， 2021.7
ISBN 978-7-5104-7275-6

Ⅰ. ①皮… Ⅱ. ①休… ②李… Ⅲ. ①人体—文化史 Ⅳ. ① Q983-09

中国版本图书馆 CIP 数据核字（2021）第 059421 号

皮肤之下：你可能不知道的人体趣史

作　　者：［英］休·奥德西-威廉姆斯
译　　者：李亚迪
责任编辑：周　帆
责任校对：宣　慧
责任印制：王宝根　苏爱玲
出　　版：新世界出版社
网　　址：http://www.nwp.com.cn
社　　址：北京西城区百万庄大街 24 号（100037）
发 行 部：（010）6899 5968（电话）　（010）6899 0635（电话）
总 编 室：（010）6899 5424（电话）　（010）6832 6679（传真）
版 权 部：+8610 6899 6306（电话）　nwpcd@sina.com（电邮）
印　　刷：三河市骏杰印刷有限公司
经　　销：新华书店
开　　本：880mm×1230mm　1/32　尺　　寸：145mm×210mm
字　　数：250 千字　印　　张：9.25
版　　次：2021 年 7 月第 1 版　2021 年 7 月第 1 次印刷
书　　号：ISBN 978-7-5104-7275-6
定　　价：48.00 元

这微妙的四肢，

这我于此发现的双眼和双手，

这与我生命一同启始的怦然心跳。

你在哪里？藏匿于哪张幕帘之后，

躲避我如此之久？

我这新生的唇舌，曾遗落于什么样的深渊？

——《致敬》，托马斯·特拉赫恩，1637—1674 年

献给莫伊拉

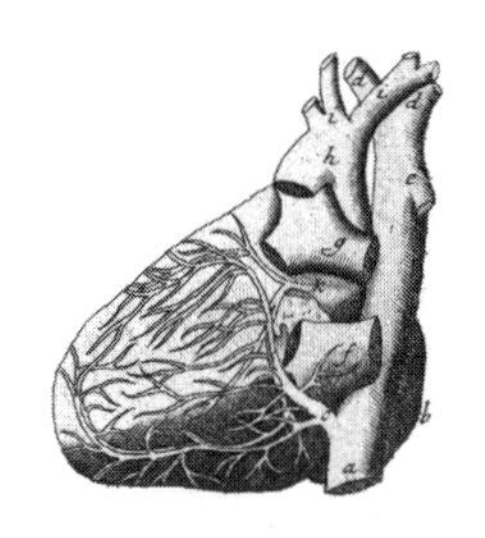

目录

第三部分　将来

导言

在生命中的某一刻，你可能会意识到自己大概无法长生不老了。这种意识在我看来可能很正常，但与你的预期大相径庭。于是，你震惊了。

我们来理一下思路。你的大脑认为长命百岁不是问题。现在和未来为什么要有差别？没道理改变。不，问题在于你的身体。它的功能在逐渐减退，开始变得絮叨，越来越频繁地给你发信息，唠叨又幽怨："我呢？没人听我说话吗？""停下，疼。"或者，"我要上厕所。""什么？现在？"你的大脑迷迷糊糊地回应，"现在才凌晨3点啊。""对，就现在。"

13岁时，我刚开始对科学产生兴趣，就被迫放弃了生物课。两周一次的生物课逐渐淡出我的生活。现在想来，也不免诧异自己竟会放任这种事发生，因为那时候的生物学已然是研究范围最广的科学学科，而我作为自己身体的主宰兼舵手，确实应该抓住时机，探知一二。遗憾的是，我对自己掌控的这个复杂的生物有机体，几乎一无所知。而且，不出意外的话，我还要驾驭着这副皮囊，在里面寄居大约70年。

生物教育的缺失，再加上我自身求知的惰性，导致我不知道如何回应凌晨3点上厕所的问题。我不清楚膀胱的运作机制，也不知道它现在为什么与先前不同。你很可能也不知道。

我只能隐约地想象腹部某个地方有一只不透水的球，会自己充盈并排空。为了更清楚地了解它，我觉得有必要翻翻大学课本。打开铺路板一样的课本，眼前是各种毫无艺术感的彩色插图。我在目录里找“膀胱”没找到。也许我得把这个简单的词转换成专用术语才行。思索了一会儿，我到“U”开头的项下查找，找到了“泌尿系统”（urinary system）这一词条。

膀胱是由薄肌层构成的弹性囊，内壁被覆盖黏膜。充盈时，它会膨胀起来，形如大鳄梨，可容纳1品脱[1]尿液（另一本教科书上说是1升，大约是两品脱）。旁边的一张X光片上写着——好像我认识这个生词一样——肾盂造影照片，是注入造影剂后显示出的人体泌尿系统结构。我看到脊柱底端的髋骨托着一只球根状的储水囊。两根细细的输尿管向上延伸，经过脊柱到达肾。进入肾后，每根分成两股，末端再分成五股，再分成许许多多更细的管子，延伸到肾的深处，大约与胸廓下端齐平。整张图片非常漂亮，就像球状花瓶中两支根茎细长的鸢尾花。

输尿管壁上有一层厚厚的平滑肌，可将肾产生的尿液向下挤入膀胱。膀胱盈满时，肌肉壁的牵张受体受刺激会向大脑发送信号，这时你就知道应该起来方便了。

事实上，泌尿系统其实更灵敏。膀胱的第一波信号只是为了检

① 1品脱=568.26125毫升。

测你的准备程度。这时，你的大脑回复信息给膀胱，指示膀胱肌肉微收，加大对内部尿液的压力，目的是检测放松时可排空膀胱的另一组肌肉是否能多坚持一会儿。大脑停下来，严肃地问膀胱："你真的撑不住了吗？"如果膀胱发回信号说只是提个醒，大脑就会指示膀胱壁的肌肉放松，继续收集尿液。这些都发生在睡梦中，只有真正尿急时，你才会醒来。这种机制就像闹钟上的止闹按钮一样。

课本没有提及人到中年后这一灵敏的系统会退化。我思索良久：也许是你的膀胱变小了，所以排尿次数增多；也许它变大了，所以牵张受体更易受刺激；也许是牵张受体本身稳定性减弱；也许是大脑和膀胱之间传递的神经"电报"有点儿乱，信息传递错误；也许是你老化的大脑焦虑不安，认为多上厕所更安全。可能性太多了。我就这些问题咨询一位在医院做顾问的朋友。他随后告诉我，"我自己也一直在找答案"，但与我同样一头雾水。最后，他问了一位泌尿科的医师同事。他告诉我，其实只是因为年纪越大，睡梦中产生的尿液越多而已。这种真相还真有些让人难以启齿。

要弄清楚这种最稀松平常的身体功能，居然要咨询这么多专家，似乎很奇怪。但我还有更尴尬的问题要问，例如，膀胱只是一只"袋子"，还是有更多功能？它是器官吗？成为器官要符合什么条件？器官之间有明显的界线吗？医学生经常会买塑料人体骨架和塑料身体模型，身体里的器官颜色鲜亮，整齐地勾连排列在一起。身体器官真是这样的吗？又或许，器官只是文化虚构物，更像不同生命理念的喻指，而不是相互独立的生命实体？将身体分成不同部位真的讲得通吗？对哪些人讲得通？如果讲得通，那么人体是等于各部位的总和，还是大于总和呢？亚里士多德在《形而上学》中说的那句如今已经用滥的句子“整体大于部分之和”时，所指确实是人体。如果人体确实大于各部位之和，那么“大于”的部分又是什么呢？

在本书中，我试图补足自己曾缺失的人体生物学教育，同时找到这些问题的答案。和大多数人一样，我对身体的实际运作知之甚少，有时根本一无所知。而那些知其然的人，也就是我们的医生，却牢牢把控着信息关隘——用词冗长，几乎不加解释，药方字迹也出奇地潦草——借此来捍卫自己的职业地位。

人体显然是项复杂的课题，也许正是因为我们“身在此山中”。它常被称为自然奇迹，但却是我们关注最少的自然奇迹。身体康健时，我们会无视身体的存在，毕竟没有哪种动物会在健康时对自己的身体多加关注。但对人类来说，无知并不是福。我们常会因为身体感到羞耻、尴尬。

同时，我们的生活中充塞着大量人体图片。他们总是更完美，或者在外形上（超模），或者在姿态上（动作片英雄），但所作所为与我们大同小异。他们让我们意识到自己的身体也具有社会属性。我们通过身体认识世界，与世界互动。同时，身体也是别人认识、定义我们的依据。

但我们的身体仍然恼人。我们用衣服遮蔽它，用饰品、发型、步态、手势、声音、说话方式来减弱他人对它的注意。最后，上述身外之物，反而成为我们的个性。在现代医学技术的帮助下，我们对身体的改造更加大胆。通过健脑操、隆胸术等等，我们甚至想改变自己的思维、个性、脸部和身体。但其实，对心理和身体两方面的改造历史源远流长，如今只是书写最新的篇章而已。将身体看作画布并不新奇，只是现在，跃跃欲试的人空前多了起来。

医学是维持健康、治疗病症的科学，我们对它的态度如何？大多数科学对历史都有所敬畏。科学家们也许不太提及本领域的历史，甚至不知道领域内的主要人物和重要日期，但他们都愿意承认今天的成果是建立在过去之上，他们看得远是因为站在巨人的肩膀上。不过，人体生物学和医学却经常遭到嘲讽。我们嘲笑过去广泛流传的说法：头上的凹凸能透露人的性格。我们嘲笑过去的疗法毫无根据、手段令人不快，例如，认为田鼠馅饼能有效治疗百日咳。我们嘲笑是因为害怕，害怕身体变得脆弱，最终废弃无用——这可是我们自己的身体啊。

同时，科学将我们引向了身体深处。我们逐渐习惯性地认为了解身体的最好方法就是放大观察，观察细胞、基因、脱氧核糖核酸（DNA）、蛋白质和其他组成身体的生物分子。因而，在我们看来，身体正常运作与否都取决于上述成分中起决定作用的编码和序列、发生的化学反应，以及在它们之间传递的电信号。

这种深度观察既专业又令人兴奋。对少数专业人士来说，它打开了观察人体的新视角。但这视角又很偏颇。在这些新式研究方法中，人体可能就是一串字母或数字而已，虽然这种描述在某些研究中有效，但并不吸引我。这不是一个存续数千年的物种所应有的描述，也不符合我们对自身的想象。人体包含一组染色体，叫作基因组，囊括两万多个基因，每个基因由一组固定序列的DNA描述，且身体的每个细胞中都包含全部的基因。这些固然很重要，但它无法取代对身体更古老的认识：身体里有一颗心、两只眼睛、206块骨骼和一个肚脐。基因组充其量只是一种丰富和补充，虽然包含技术细节，但很多人听来似乎仍然不得要领，因为它没有让我们对自身形成全面的认识。

“认识你自己”是古希腊德尔斐神殿（Delphi）上刻着的著名箴言。然而，尽管科学如此进步，我们对自身的认识，尤其对身体的认识，好像越发匮乏了。人们忙着从科学角度探知身体，却忽略了真实的身体体验：最近对美国大学生的一项调查显示，童贞保有率最高的是学习生物和其他科学的学生（最低的是学习艺术和人类学的学生）。

这种忽略在医学院自然也不例外。医学目前的重点在局部，而不是整体。医学专业化后，学生对人体的整体认识减弱；专业化不仅要求将身体看作不同的部分，还主张各部分相互独立。学校要求学生学习基础遗传学、分子生物学、药物学、传染病学和公共卫生学，也是在变相排挤人体解剖学——几百年来（甚至上千年）医学教育的核心。1900 年，一位医学生可能要上 500 小时的人体解剖学课，解剖整个人体。如今，课时数大约减少到原来的三分之一。而且越来越多的解剖课不再用真人操作，而是用屏幕上的数字图像。

总之，身体无须赘述。人们不仅假定医学工作者对人体的整体结构和功能有必要的认识，还假定认知水平较低的我们也有此认识。我不是医师，自然对医院敬而远之。在写这本书之前，我尚未见过一具剖开的人体。似乎有人觉得我们不懂这些更好，这样我们就不会质疑医生，也不会在生病时或临终前对身体的真正状况感到忧心。

不过，别灰心。作为唯一能够认识自我和自己身体的物种，有利也有弊。我们为什么不利用这关键的距离来获得一个更有见地的观点，与我们的血肉之躯达成某种和解呢？

《皮肤之下：你可能不知道的人体趣史》是我与身体和解的一

次尝试。本书主体部分是解剖学丰富的文化史，不仅吸收了古今医学科学的观点，还纳入了哲学家、作家、艺术家对身体及其部位的看法。身体不仅是物，不仅是解剖台或写生课上的对象，还是活泼的生命。所以我也会探究活动中的人体，运动着的、表演着的人体，以及表达思绪的人体。它们与基因一起，成了我们的身份特征。请不要担心，我不会书写我自身的缺点。借用蒙田的话就是："我自己不是自己著作的主题。"

本书的每章对应着一种重要的身体部位，就像我们熟悉的身体结构一样，但读者很快会发现，章节的内容并不局限于身体部位。读者不需懂得现代科学或医学便会对我列出的所有内容有所了解，无论是内脏器官，还是身体的明显特征。这就是文化的作用，在长期的亲密共处中，身体部位被赋予了象征性的意义。为了重现这些意义，我们需要触摸、感受、凝视，并倾听自己如此熟悉却又抽象的身体。

最深入人心的一种文化关联是将心脏比作爱情。"带上你的锦帕，小心地采捡一颗受伤的心。"400 多年前，英国诗人罗伯特 · 赫里克（Robert Herrick）写下的这句著名的暗恋诗，如今是否还有意义？对情人节当天营业额高达 20 亿英镑的英国店铺来说，自然有意义。心脏在我们的文化中，绝不仅仅是数百万张卡片上的视觉符号。它的律动也许正是我们如此喜欢诗歌中的抑扬格和摇滚乐动感节拍的原因。

一种古老的传言说，人在死亡的瞬间，眼睛会留住它看过的最后一样东西。这种迷信还在流传吗？也许刚刚才破除。1888 年，伦敦警察厅拍摄下开膛手杰克案最后一位疑似受害者玛丽 · 珍 · 凯莉的眼睛，希望能从她眼睛里找到杀手的残留形象。

此类观念说明先前的人们在尝试着理解并接受身体。现代医学也经常受这些观念影响，虽然它不愿承认。以抽血为例，现在采血前必填的调查问卷似乎有意强调血脉的纯正，与古老的种族禁忌一脉相承。我们对器官捐献的看法也有深深的文化偏见。在捐献时，捐献者或其亲属最可能想保留的器官是心脏和眼睛，因为人们普遍认为，心脏是一个人的内核，而眼睛是心灵的窗户。

艺术对身体的看法与医学和生物不同。头部至关重要，甚至可以代表全身，看雕塑家雕刻的半身像或自己的护照首页，就知道此言不虚。但如果只用鼻子代表头部？在尼古莱·果戈理的短篇《鼻子》中，一个男人的鼻子从脸上脱离，独自游历了圣彼得堡，缺了鼻子的主人在后面跟着。颇具讽刺意味的是，这只鼻子还象征着主人的身份地位。它让读者思考为何某些身体部位能彰显我们的个性，另一些却不能。但最重要的是，它让我们看到身体及其部位的有趣甚或滑稽——至少我们的自我意识让它们变得好玩。

器官和身体部位脱离身体后，有时候会大量叠加，产生奇异的效果。在《巨人传》中，拉伯雷构想出一座外阴墙守卫巴黎。“我发现，在这座小镇里，女性的某样东西比石头还便宜。”庞大固埃的朋友巴汝奇观察道，“你应该把它们砌成一道道墙，码出建筑的整齐匀称感，将最大的放在最前列，后高前低形成斜坡，像驴子的脊柱一样，中等的紧随其后，最小的放在最后。”1600 年左右，伊丽莎白一世统治末年的一幅肖像画显示，女王穿着一条绣满了眼睛和耳朵的裙子，象征她作为一国之首的全知全能。后来，艺术家马库斯·哈维（Marcus Harvey）用儿童的手印做像素点，制作出儿童杀人犯马拉·亨德利（Myra Hindley）的巨幅肖像，却引发了巨大争议。这幅肖像是她受审时报纸上常登的那张。她的脸上写有罪恶吗？

儿童的手印代表善良吗？两者结合传达出什么信息？

本书将探讨我们的身体、身体部位和它们的多重含义，也将讨论我们为身体设置的界限，以及我们空前强烈的、想要突破自身限制的愿望。“突破”一词也许不如“重设”准确，因为我们虽然总自认为在拓展边界，但有时却是在战略性后撤。身体的疆域非但没有拓展，反而有所收缩。我们以为自己想要变得全能，但其实我们并不愿测试我们的耐受力，甚至不想好好利用我们的嗅觉和触觉。我们以为自己想长命百岁，但可能只是因为我们怕死？我们幻想着甩掉肉身，以变相或非物质形式存在。我们可能以为这些幻想是最近生物医学技术进步的产物，但实际上，这是我们恒久以来的想象。

统领全书内容的则是另一种概念：将身体看作地形，看作等待被发现、被探索、被征服的领土。这一强有力的比喻贯穿人类文明，从莎士比亚戏剧到 1966 年的电影《神奇旅程》（Fantastic Voyage），从不间断。《神奇旅程》中，缩小的医生们进入一个男人的身体，力图挽救他的性命。这似乎与科学的进步如出一辙：开垦处女地，划分区块，由专业化的新学科分别占领。

在收集材料期间，我注意到我的阅读清单有些特别。发生在岛屿上的故事总能吸引我——《鲁滨孙漂流记》因其无比重要的人类足印，《格列佛游记》因其忽大忽小的人形，《泰比》（*Typee*）[①]因其文身和食人者，《莫洛博士的岛》（*The Island of Dr. Moreau*）[②]因其活体

① 美国小说家赫尔曼·麦尔维尔（Herman Melville）于 1846 年创作的长篇小说。

② 英国小说家赫伯特·乔治·威尔斯（H.G. Wells）于 1896 年创作的科幻恐怖小说。

解剖和人兽杂交。为什么这些故事能吸引我呢？因为岛屿代表被隔离开的人群。岛上的人算是智人的亚种，已经成熟到可以进行人类学研究的地步，而这种研究对他们来说似乎有些无礼。在岛屿上，你可以暂时观察并掌管一个群体，就像做实验一样，但隔绝并不会持久。最后，主人公会逃走，讲述自己的奇遇（或缄口不言，比如莫洛博士的拜访者，因为对所见太过吃惊，假装自己失忆）。正如约翰·多恩在《冥想集》（*Meditations*）中提醒我们的一样："没有人是一座孤岛,可以自全。每个人都是大陆的一片,整体的一部分。"

在这些虚构的岛屿实验室中，我们不仅可以探索广义的人性，还能挖掘个人身份。身体这片领土的各个部分或多或少都被探索过，但在领土内部，一定有些特殊的地方，是我们曾经讲的心灵之所，或是如今所称的自我。在中世纪，人的心脏常与身体其他部位分开储存或埋葬，因为心脏被认为是与灵魂最接近的部位。文艺复兴期间出现了一种更为复杂的概念：人体的神圣比例就是灵魂的外化，人体小宇宙是有序的宏观宇宙的缩影。这一时期，从列昂纳多·达·芬奇的《维特鲁威人》呈现的完美人体到伦勃朗的《解剖课》展示的解剖学，都体现了这一理念。但随着科学进步，人们急需找一个聚焦点。注意力最终集中到头部，因为相士要在表情中了解人，而颅相学者则要观察颅骨上的凹凸。有了脑部核磁共振成像扫描图后，我们自认为能更好地认识自我，似乎只有视觉图像才能给予我们想要的慰藉。

人们极需要认清自我，不仅因为现代社会倡导个人主义，还因为自我可能会被前所未见的手段左右。有意识地做一些拓展也许会改变或改善我们的个性。这类拓展可能是心理上的（自助类书籍）、身体上的（整容手术）、化学上的（安慰剂）或技术上的（虚拟环境）。现阶段，改造还处在不成熟的试验期。不过将来，改造人的外貌和遗传结构肯定会越来越容易，可能也越来越能被人接受，但这也许会破坏一位生物伦理学家所说的原本“自然的自我”。

对人体来说，当下既令人振奋又饱含困扰。我们仿佛对身体关注过度，同时却又对它极为不满。生物科学为我们的未来生活许下诸多诺言，但无论我们变得多么美，多么超能，活得多么久，都还是要寄居在这副身体里。或许，我们只有将身体看作一片不断更新的地域，才能抵抗当下对它的误解。

最后，医学中有众多希腊语与拉丁语名词，专业人士尚需要花很大力气去学习，普通人更是直接被拦在门外。有人争辩说，这些词其实是一种通用语言，很像拉丁语中的大众歌曲，但我表示怀疑。我尽可能少用这类词，因为我刚接触时也感觉云里雾里。例如，如果能用 front（前面的），我就不用 anterior，能用 thigh bone（股骨），我就不用 femur。用不熟悉的词汇来描述自己的身体部位，似乎不太合适。

序　解剖课

我在想，这幅画的主角究竟是谁？

莫瑞泰斯皇家美术馆（Mauritshuis）——荷兰艺术品最佳馆藏地之一，位于海牙市中心湖畔一所精巧的小宫殿里。我刚看过这里珍藏的维米尔的《戴珍珠耳环的少女》（Girl with a Pearl Earring），画面纯粹的美感让我千头万绪涌上心头，一时语塞。走过两个展览间，赫然出现在眼前的是伦勃朗的名画——《杜普医生的解剖课》（*The Anatomy Lesson of Doctor Tulp*）。

这幅画是他绘画生涯的转折。1631 年，25 岁的伦勃朗来到阿姆斯特丹，寻找给人画肖像画的活儿。不久，阿姆斯特丹外科医生行会的教授（或者说是公共讲师）尼古拉斯·杜普便请年轻的画家为自己及行会的同事们画像。这份委托当时一定超出了伦勃朗的预期，因为它难度非常大——不是画单个人，而是画一群人，既要想办法使每个人物传神，又要符合 17 世纪人们对群像画的期待。伦勃朗接下委托的时候一定在思考，画布上还有没有空间讲述一个集体的故事？

巨大的画布左侧呈现出七个人，约莫真人大小，聚精会神地听杜普医生讲课。杜普医生戴着黑帽坐在扶手椅中，正在讲述人体解剖学的一处细节。但杜普医生不像维米尔画中那位戴耳环的少女一样引人瞩目，因此他可能不是主角。这幅画的名称后来才定下来，如前所愿地成为描绘专业名士的风俗画。画中的其他人也同样是外科医生。他们看起来可能积极好学，但其实是与杜普平起平坐的同事，不可能由杜普教授他们解剖课。所以，真正的主角也许是这些外科医生。毕竟是他们出资，且画成之后立刻挂到了行会的内墙上。

但我也不认为这些面色红润、戴着浮夸的飞边①的家伙是真正的主角。在我们和伦勃朗看来，真正的主角是画中剩下的那个人——解剖台上那具被医生们围住的尸体。

他就是终年 28 岁的阿德里安·阿德里亚松（Adriaen Adriaenszoon），绰号“小孩”。在过去 9 年间，他斗殴偷窃不断，成为警察的重点缉拿对象。1631 年到 1632 年的那个冬天，他在阿姆斯特丹偷一个男人的斗篷。不幸的是，这人宁死不松手，于是阿德里亚松被抓。经过审判，他被判处绞刑，然后尸体被解剖。这是处置重大罪犯常用的惩罚手段，解剖是为了表明罪人无法像耶稣一样复活，让罪犯及其家属断绝念想。三天之后，即 1632 年 1 月 31 日，他已经冰冷的躯体被人从水边的某一台绞架上取下，送往市里的解剖现场，准备接受最后的惩罚。

在 17 世纪，解剖其实是一种表演。首先必须有新鲜的尸体，通常是被处死的罪犯；其次还必须在冬季，寒冷的天气让尸体有较长的存放时间，可供解剖展示，不会有冲天的腐臭味。由于机会难得，

① 旧时硬的轮状皱领。

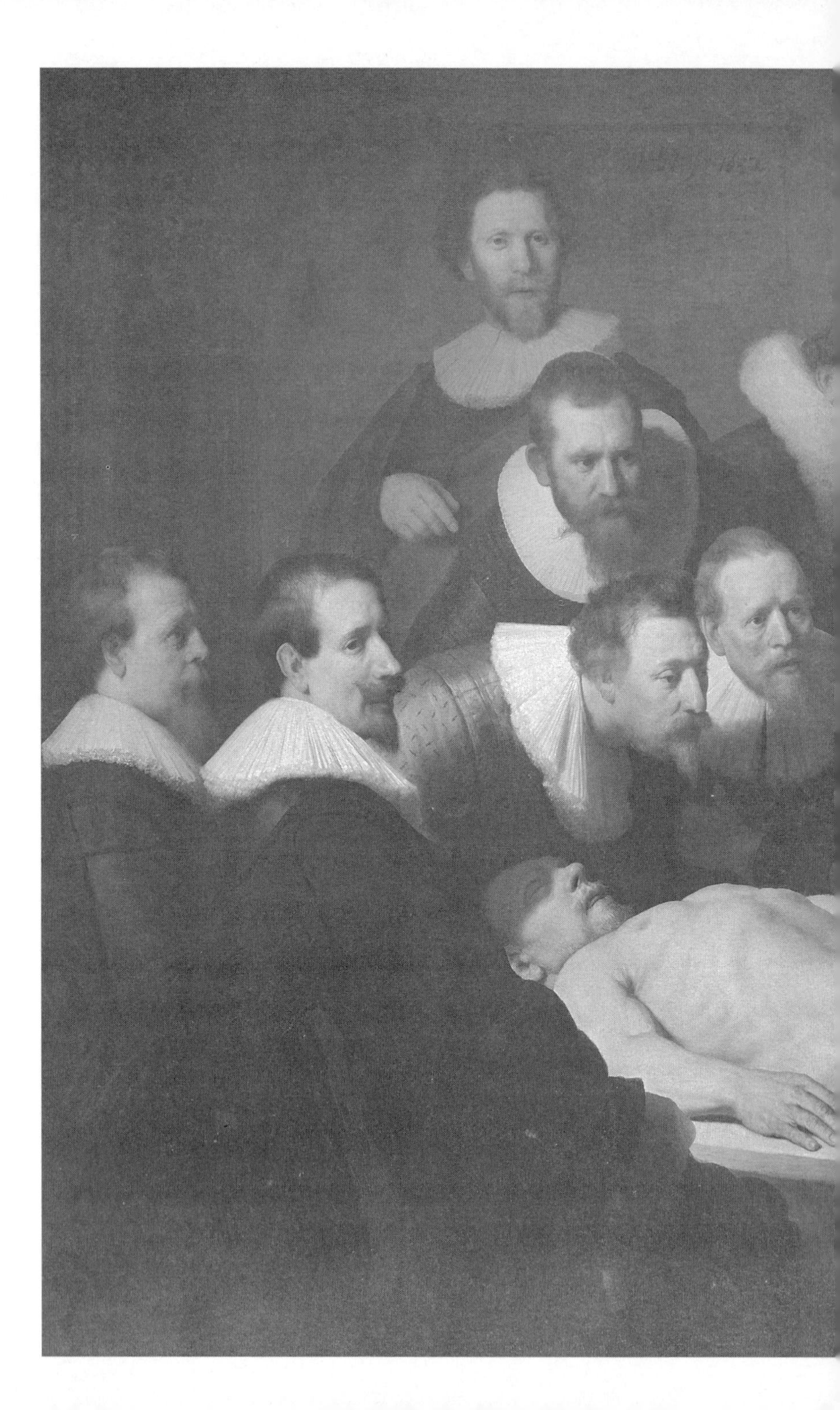

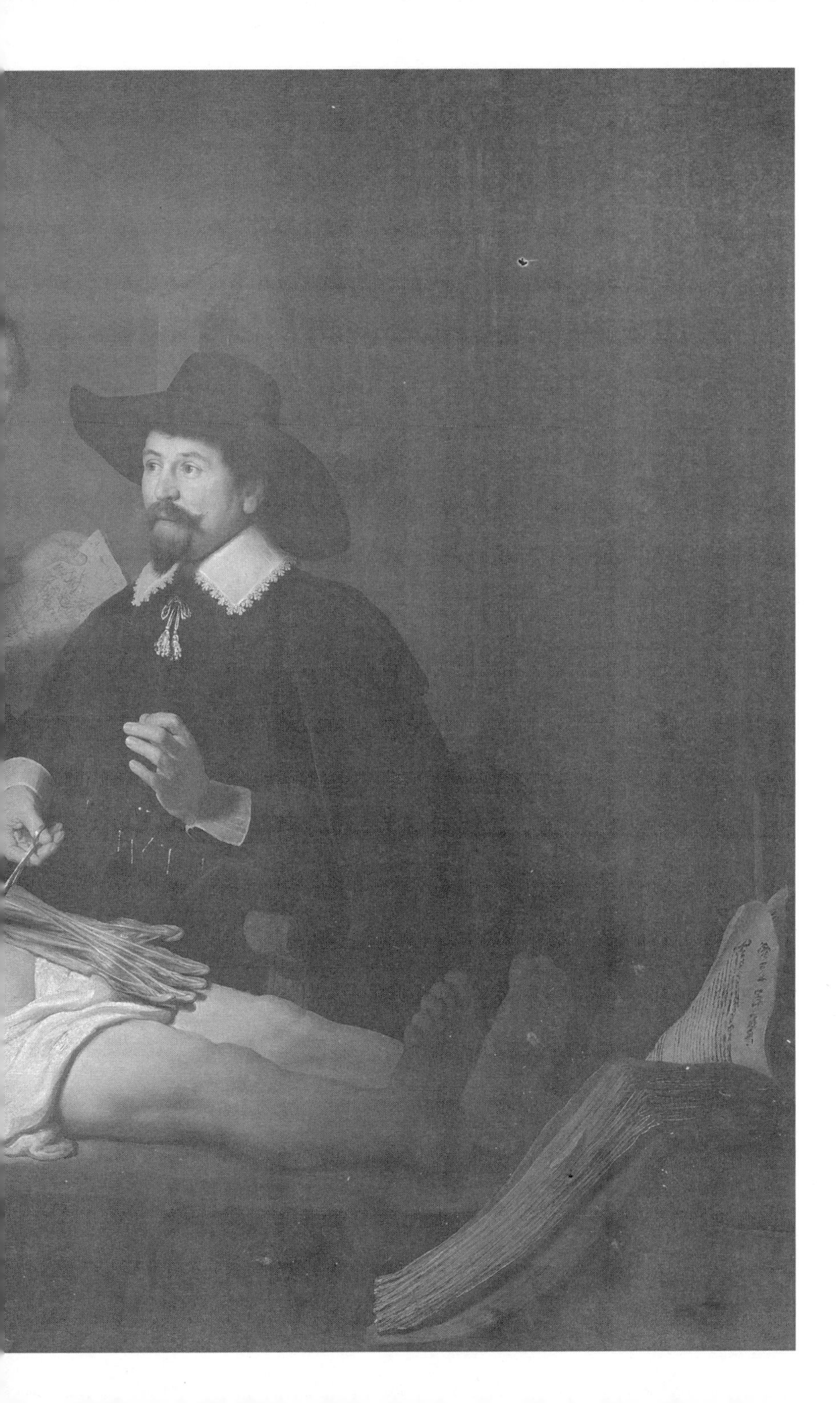

很多人不愿错过亲眼看到恶人罪有应得的场景。你看着他上了绞架，还要到解剖现场确定他真的万劫不复。所以，除了来学习解剖的内外科医师和确保司法正义的官员外，还有些人是来寻求道德慰藉的。票价是 6~7 斯托伊弗（五分钱，约为 1/3 荷兰盾，比演出剧院的票还贵）。

解剖场景是对感官的巨大冲击。不光有寒冷的天气，还有掩盖尸体味道的熏香，放着音乐，摆上要吃的食物、要喝的啤酒和葡萄酒。在文艺复兴时期最伟大的解剖学著作——安德雷亚斯·维萨里（Andreas Vesalius）于 1543 年创作的七卷本《人体的构造》（*De Humani Corporis Fabrica*）中，卷首的巨幅插画就描绘了一条狗和一只猴子走散在吵闹的人群里的场景。当解剖结束，所有的身体部位被清理出解剖台，准备装袋处理时，门口已经收了 200 多荷兰盾，足够打发刽子手，还能为外科医生行会的成员们提供一场盛宴，最后以火炬游行来结束这圆满的一天。

解剖台上，阿德里亚松的尸体与我们形成一定的角度，按透视法缩短。光线倾泻在他的桶状胸①上。我测量了一下，发现他从头到脚总长 120 多厘米。在透视法的作用下，犯人短缩得像个小妖精，不过仍然孔武有力，比身着黑衫的外科医生更加壮硕、强健。阿德里亚松的脸半笼罩在死亡的阴影中，却仍能看清。他的头部一定是有些许支撑，才能让我们这般无礼地审视。但他本应有绞索勒痕的脖颈却隐而不见。相较于医生们健康红润的脸色，阿德里亚松的尸首呈现出一种浅灰绿色，因为伦勃朗往颜料里掺入了少许灯黑。

① 又称“气肿胸”，指胸廓前后径增加，有时与左右径几乎相等，呈圆桶状。

1781 年，约书亚·雷诺兹（Joshua Reynolds）[1]看到这幅画后，在自己的旅行日记中评论道："尸体的颜色再逼真不过了。"

但这幅画纯属虚构。在正常的解剖课上，讲师会先将尸体的肚子剖开，露出主要器官，翻出味道最难闻的消化系统，再迅速将其移除。伦勃朗画笔下的阿德里亚松身躯完好无损。只有左前臂的皮肤剥落，显出下面的肌肉和筋腱。伦勃朗与委托人杜普医生有意选择罪犯的手臂作为解剖对象。这样公然违背事实的解剖，个中原因何在？

在"小孩"逐渐被开膛剖腹、大卸八块时，伦勃朗很可能混在观众中观看。他还可能在解剖开始前见缝插针地画了几张尸体素描。也可能后来参考了另一对象才画出这条剥去皮肤的左前臂与手。又或者，他参照的是自己工作室里一件有些年头的标本。因为一位古文物收藏家在 1669 年伦勃朗逝世前不久曾拜访过这位艺术家，发现他收藏有"维萨里解剖的四条剥了皮的胳膊和腿"。此外，有人怀疑画中的右手也不属于这具身体。阿德里亚松犯有盗窃罪，按当时的刑罚，他的右手应该已经被砍掉，而伦勃朗很可能又在移花接木。X 光研究表明，画中尸体的右手曾经是残肢，而且在某些检视过真迹的人看来，现在右手的指甲"绝非一个窃贼能有"。

因此，在伦勃朗这幅早期杰作中，真相并不都浮于表面。阿德里亚松的尸体要成为画作主题就必须经受双重"残害"，不仅要被医生肢解，还要由艺术家像制作弗兰肯斯坦的怪物一样进行拼接。两种行为都离不开对身体的新认识：或像可以打开的储藏室和藏宝

① 18 世纪英国著名画家，以肖像画和"雄伟风格"艺术闻名。

箱，或像包含神秘有趣部件的组装品和容器。

从 1543 年维萨里出版人体解剖学专著到 1632 年伦勃朗创作这幅作品，人体解剖话题逐渐成为一种风尚。1453 年，君士坦丁堡被奥斯曼帝国攻陷，欧洲涌入大量源于阿拉伯和古希腊的医学知识。曾经，如果医生兼任教士，他们便不能解剖人体。如今，这类限令已经取消。教皇和王室颁布法令，将死刑犯的遗体用于解剖。一时之间，所有的一切都可以被“解剖”，身体层面可能无法实现，但精神上却毫无保留。约翰·多恩（John Donne）在《祷告》（*Devotions*）中称：“我施行了对自己的解剖。”罗伯特·伯顿（Robert Burton）在抑郁中写就《忧郁的解剖》（*The Anatomy of Melancholy*）。威廉·莎士比亚让李尔王在极度苦闷中呼号：“叫他们剖开里根的身体，看看她心里有些什么东西。”

任何想在医学研究上保有竞争力的大学，都要配备一间相宜的解剖教室。在新教地区，这类教室通常是改装后的小教堂，但这并不意味着无神论的医学代替了宗教，而是宗教接受了新的科学方法。1596 年，莱顿大学的解剖教室就是这样改造而成的。莱顿距离阿姆斯特丹仅 32 公里，伦勃朗在这里长大，杜普医生在这里求学，所以其中一人必定在这里第一次见到此类教室。现在，莱顿市的布尔哈夫博物馆藏有一座现代风格的复原模型。整间教室呈圆形，为了让尽可能多的观众看清教室中央那张旋转台上展示的解剖过程，座位设计得相当陡峭。教室里还点缀着人体和动物骨骼，包括地面支架撑起的一位跨在骷髅马背上的骷髅人。这些可怕的装饰物与室内的一幅 17 世纪版画暗合。版画上，骷髅们混迹于观众之间，手持“勿忘你终有一死”（“MEMENTO MORI”）和“认识你自己”（“NOSCE

TE IPSUM”）的旗帜。1619 年阿姆斯特丹建造的解剖教室也采用了类似设计。这就是杜普医生实施解剖术的地方。虽然它早已没入历史的尘埃，但在它的旧址——圣安东尼门（St Anthony's Gate）其中一座塔楼的入口处，“解剖教室”一词却依然留存。

当时，杜普医生是这一体面行业的先驱及领军人。如此的成就全拜他自身努力所赐。他出生在一个信奉加尔文派的麻布商之家，刚进莱顿大学时还是不起眼的尼古拉斯（或克拉斯）·彼得松。他的博士论文主题是霍乱。在取得医学博士学位后，他返回家乡阿姆斯特丹开始行医。但他并不是解剖专家，他是个通才，既能进行药物治疗，也能施以外科手术。他以郁金香为标志，在他的宅邸和徽章上都装饰着这种花。当时郁金香刚从土耳其传入，不久便受到荷兰人的热捧，并且由于荷兰人哄抬这种新潮的外来鳞茎植物的价格，形成了世界上第一次经济泡沫，但这是几年后的事。不得不说，医生极具前瞻性，随着他的成名，他的标志便成了他的姓名：郁金香医生（Doctor Tulip）。1628 年，他跃升为外科医生行会的讲师，并在 1631 年 1 月举办了他的第一次公开解剖课。一年后，伦勃朗用精湛的画笔描绘了这位年届四十、处于事业巅峰期的医生，时任市议员的他正全神贯注地讲述着第二次解剖课。

杜普这一角色赋予了这幅画更广泛的内涵。伦勃朗果然不负众望，让这件作品超越了单纯的群像画。在 1 月的严寒和自身价值的驱使下，画中的外科医生们面部发红。他们的表情像翻页动画一样，从左到右循序渐进，从简单感知到真正理解，再到最后类似神启的透彻。杜普自身散发着宗教信念般的光芒，因为在伦勃朗笔下，他同时掌握着玄学和科学真理，这就是为什么他们选择手作为解剖的焦点。无论是外科医生、画家，还是窃贼，都可以通过手充分表现自己的机敏、技巧、创意和手法，然后辞别人世。人既有生命，又终有一死；人类会创造，但他始终是上帝的创造。

画家似乎怕信息传达得不够清晰，站在后面的那位外科医生一边用手指向尸体，一边盯着画外的我们。他几乎要耳提面命了。

我们应该做好准备去接受解剖课。

第一次见到剖开人体时，我非常惊讶，因为竟然是个女人的身体。解剖课本上大都是男性身体，因为解剖学家和外科医生都是男性，而且绞架上可用的也都是男尸。蓬勃发展的医学界可能经常缺乏可研究的尸体，但健康的年轻男性尸体却并不罕见。解剖学课本里的插图画满了肌肉丰满的男青年。

我还惊讶于其他。那位女人去世时显然年事已高，她皮肤呈油灰色，就像鸡肉在冰箱里冷冻太久的颜色。最让我震惊的是她的头已经切除，不是想象中沿脖颈整齐砍下，而是从下颌处切断——牙齿随大半个头部一起被摘除，用于牙科研究，只留颅骨的下半部分和颚骨。

这是牛津大学医学教学中心的一间解剖教室，室内有十几张钢制解剖台，她躺在拉链张开的白色运尸袋中，横陈于其中一张台上。这间教室是白色的，浅浅的阳光顺着长窗照进来，加上头顶的日光灯，房间很亮。解剖教室里只有一件物品不那么现代，即解剖台之间的架子上悬挂的骨骼。后来，我在某本书上看到过一张维多利亚时期的大学解剖教室照片，解剖台和骨骼的排放与这里如出一辙。那时的解剖台为木质，尸体裹在布绷带里，但整个场景并无变化。

拉斯金美术学校（Ruskin School of Drawing and Fine Art）一年

级艺术班的学生来这里作画，我作为访客随同前来。拉斯金美术学校是全英唯一一所要求学生作解剖画的艺校，而这曾是所有艺术家训练的必经之路。于是我发现我更能设身处地理解伦勃朗，而非杜普医生。

绘画能锻炼人的观察力。我也尝试画下我的眼睛所见。我们的教员萨拉·辛布莱（Sarah Simblet）是一位艺术家兼学者。她在博士论文中研究了绘画与解剖的关系，对比了画笔与解剖刀作用的异同。这天，她骑自行车到牛津镇，满脸绯红。这时正逢寒冷的 1 月，她的脸颊也如杜普医生和画中他的同行一样红润。

萨拉说我们要面对的遗体是当地人捐赠作医学研究用的。（医学系成员的遗体如果要捐赠，最好送往别处，以防给前同事一个尴尬的惊喜）这也并非全无问题。虽然没有了先前的性别偏见，但现在大家更偏爱解剖自然死亡的老年遗体，因为英年早逝的遗体通常要经历尸体剖检，之后很可能不再“可用”。

我们穿上白色的实验服，戴上医用手套。萨拉一再强调所有的东西“绝对不会动”，不需要摆弄或触碰它们。学生们还是开始紧张，一两个学生开玩笑称对方为“医生”；还有人大声地问死者是否用过午饭。

轻挑慢选后，她先呈给我们一箱骨头。学生们研究过塑料骨骼，已经掌握了人体解剖的基础知识，但对大多数人来说，这是他们第一次接触真材实料。“请便。”她一边说，一边挑出自己要绘制的对象。她擎着一块薄得透亮的肩胛骨，指出曾附着肌肉的较大骨骼上的脊线。我之前接触过骨头，不过还是惊讶于它们的轻巧。

我们继续解剖。紧邻窗户的那排解剖台上放着的是解剖到不同程度的完整人体，是医学院外科医学学生的成果，也是他们本学年要逐步学习的课程。其余的解剖台上分类摆放躯干和四肢，有几处切除了皮肤和皮下组织。这些所谓的示教品，详述了人体解剖的主要特征，是专门为那些无须亲自动手解剖的普通医学学生做教学准备的。

我们围在老妇人平躺的第一张解剖台周围。由于刀法精湛，她的皮肤能从胸部揭掉，露出下方一层薄而黄的表面脂肪。我们看到了连接乳房和肋骨的肌肉。肌肉逐渐转细，变成肌腱。萨拉说，肌腱“有种很美的银色光泽”。肋骨和胸骨被整齐锯开，与剩下的骨骼分离。讲到兴头上，她将垂到脸上的金发拨开，又意识到也许应该扎根马尾，然后探视着胸腔。“啊，今年你们真走运，”她说，“剖得干净利落。”她掏出老妇人的肺，右肺有三瓣，左肺有两瓣。肺部淡蓝色的海绵组织说明她曾生活在乡村（城市人的肺是黑色的，我后来拜访过伦敦一家教学医院[①]的博物馆时发现的）。萨拉将肺捧在手中，给我们展示两块肺如何像铸件一样合在一起，同时为心脏留出适当的空间。接着，她扯下固定心脏的杯形心包膜。心脏出现在我们眼前。

第二具遗体仍然是女性，较第一位更强健。遗体虽然浸在保护液中，却仍能闻到一股身体脂肪缓慢氧化时产生的微弱腐臭味（解剖对象一般不会是过度肥胖的人，因为脂肪在解剖学上等于废料，还要额外花力气清除）。她的肺被挤到胸部，也许是因为某种病症，

① 教学医院是指具有教学用途，提供给医学院及护理学院学生见习、实习和作研究的医院。

例如肝脏增生，又或许只是正常的变异。

第三具遗体是男性。他右臂的刺青清晰可见，是一颗心加一把剑。胸毛没有剔除。这些私人印记让人很难只把他当成一具尸体。因为血液排出不畅，他的身体颜色比前两位女性更暗。他身材高大，而且我们观察到他的心脏在动脉阻塞的压力下已出现增生现象。

这些遗体让我震惊的是各主要器官为了整齐排列而“采用”的形状。这种整齐度似乎只能解释为造化，因而在早期的解剖学家（包括杜普医生）看来，这就是上帝造人的证据。我最初问的一个幼稚问题——器官真的存在，还是文化的虚构？——似乎得到了解答。器官们看起来各不相同，与其他身体组织也完全不同。它们各有各的颜色、质地和密度。我可以像对待塑料模特中的器官一样把它们逐个取出再放回。将肝脏滑入横膈膜下或将一侧的肺按回心脏后方，这些都是很有趣的体验，因为器官和它所在的腔室会互相吸引，轻车熟路地回归原位。在看过更多遗体后，我明白人体内部的差异一点儿都不比外部小。皮囊之下，我们其实千差万别。体内这些巨大的差别如果显露在外，无疑会引来批评、指责、厌恶和歧视。而藏在体内，甚至连自己的主人也不曾知晓。那么，这与我们的人性有怎样的关联？

解剖示教是一盘大杂烩，包括：几颗心脏、像餐柜门一样整齐打开的胸腔、一只淡绿色的胆囊、带输尿管和膀胱的肾、带卵巢和输卵管的子宫、肠子不像漫画里的一串香肠，肠壁上布满了输送养分的缠结的血管网。其中一颗心脏里有根塑料管，那是之前外科手术的遗存。还有一个颅骨被沿着颅缝（颅骨在婴儿期首次长合的地方）强力分开。分离方法是先在颅骨中装满干豆子，然后浸水，豆子吸水之后逐渐胀大，将骨头撑开。一些示教品已经有些年头了。保存示教品的酒精、甲醛和水的混合液散发着刺鼻的气味，在课程结束几小时后，我身上和衣服上都还留有余味。肌肉组织比解剖体上的皱纹多，而且我竟然注意到肉体是文火烹煮的肉的颜色。其中一份剖好的脊髓有 150 年的历史，解剖水准至今都无人能及。

萨拉的课程一共八节，教大家一节一节地认识身体：肩与手臂，前臂与手，躯干与其他。我上了第二周的课，绘画对象是头与颈部。十几颗头颅陈列在一个箱子里，每人从中选一颗临摹。其中一颗是一位长者的头颅，他下巴尖削，胡楂花白，鹰钩鼻歪向一边，舌头略微外伸。他看起来个性饱满，像一只滴水兽。另一颗头颅的大脑被移除，一只眼球吊着，眼窝周围的肉也都被切除了。还有一位男性的头颅被垂直剖开，连姜黄色小胡子也从中分断，他的半张脸似乎已足够有辨识度，这不禁让我思考起人脸与人体对称的重要性。

头颅是极好的绘画对象。首先，它的外形很难把握。脸部隐含着死者的特征，或是遗留的特征。再者，为眼前的尸体注入一股生机是有难度的，或者说不只是难度。艺术家或许有责任用某种方式让绘画对象起死回生，但脸部细节太多，无法穷尽。艺术家的一大任务就是编辑，露出什么？省略什么？这就涉及创作动机。艺术家是要刻画一件无生命的古董，还是要讽喻人类的虚荣心，还是想要交一份精确的科学图解？

紧张的玩笑过后，学生们开始动笔，室内一片静默。我选了平放在解剖台上的一颗头颅和肩膀。脸部完好无损，但略微偏离我的视线。上面的皮肤、脂肪和部分颊肌已切除，脖子经过处理，显现出大量血管和肌腱。我试图忠于视觉印象，先勾勒出头部轮廓，然后将主要特征填进去，例如皮肤被硬生生切除后，留下的那条触目惊心的线。我原希望随着画笔的描摹能自然明晰地再现各个部位，但事与愿违。头部纠结成一团的筋、肌肉和血管，似乎乱得无可救药。我发现我用铅笔徒手可以很轻易地描出五官的轮廓，比如电话一样的鼻孔。但人脸表面繁杂的起伏，以及皮肤、血肉和骨头之间肌理的变化难倒了我。

学生们比我画得好，而且要快许多。我换了更软的铅笔，想加快速度，让笔触更自然。但果然不出所料，没有什么效果。我观看了学生们的作品。有些显然兴致寥寥——无论是对绘画技巧还是对人体解剖这一课程，但大多数作品都可圈可点。他们的绘画技艺之高和挑选的对象之难、之晦涩，让我印象深刻。其中一位画的是颅骨内侧，他用大面积的交叉平行线画出阴影，突出颅骨凹面上光线的深与浅。还有一位似乎找出了示教品（包括主动脉）中所有的圈环和螺纹——都是我敬而远之的线条，并顺着它们创造出一幅几近抽象的作品。

所有的身体部位都非常复杂。它们可能在平整度或光滑度上略有差别，但并没有真正的难易之分。对我来说，全都很难。用器官的形状和规则的几何形状作对比，还不如与一篮水果或桌上的烟斗对比更容易些。

“哦，能看出是她。”萨拉看到我放弃后替我打圆场。她一边监督学生，一边画了相同的头颅，对它们熟悉得就像老朋友一样。萨拉自己的作品从人体解剖拓展到植物。她用钢笔画的树木似乎重在突出瘦骨嶙峋的树干，树枝末端逐渐抽出杂乱的指头粗的嫩枝，树干上多瘤结。她从绘画主题的变换中受到了启发。“那些知名教材中人体图的谬误多到难以置信，”她说，“但植物图却不会犯错。对于植物，我们没有‘已经知道它是什么样’的虚妄假设。”

但身体就等于我们自身，我们自以为很了解自己，其实不然。大家知道，甚至维萨里也曾将某些解剖细节弄错，而在伦勃朗的画中，罪犯“小孩”的手解剖得是否准确还有待商榷。萨拉告诉我，达·芬奇画的心瓣膜是正确的，从某种程度上说，这是20世纪才达到的水平。但即便是他，也忍不住在心包膜上穿孔，供精神通过，因为当时的人们认为这是贯通全身的生命流。

我意识到，我对这些课程的描述听起来比我现场了解的更可怖。读来可能会很震撼：带轮子的塑料箱随意贴着类似“手与臂”的标签，然后发现里面真的盛着手和胳膊，每一只都剖开来展示解剖的具体位置，但所有这些都杂乱地堆着，扭在一起，少数几根从保护液中伸出来。这情景真是触目惊心。但背景环境也很重要——不只是明亮的灯光和解剖台，以及防腐剂的味道，还有我们面对这些遗体时自动形成的肃穆氛围。

同时，我对这些死者感到好奇。他们将遗体捐给“科学”，但是否知道自己也可能成为艺术主题？他们是否会介意如此？拉斯金学校的艺术家们以自己的方式学习人体解剖学，他们固然不是医学学生，但人体也不应该局限于医学领域。他们可能将所学知识运用在别的方面，虽然对人类没有太直接的好处，但他们是在延续一项高尚的传统，迫使其他人去认识人体的真正模样。

一提到尸检，我们立刻就会想起犯罪惊悚片中的画面。片中不乏迫切追凶的刑警——他们面容憔悴、气势汹汹、压力重重，也不乏探查遗体寻找关键线索的病理学家——他们有条不紊、镇定自若。

病理学家总是用清醒的头脑来解决案件。但直到后来，尸检才明确（甚至专门）用于遗体的检查，以探明死因或病因。尸检（autopsy）一词的字面意思是“用你自己的眼睛看”，源于西方（古希腊）对人体解剖学的首次研究，以及第一次看到并认识身体器官和部位所产生的新奇感。

用我们自己的眼睛看必然是看向别人的身体。解剖教室上刻有箴言“NOSCE TE IPSUM”——“认识你自己”。但我们不可能用这种方式认识自己，因为我们看不到自己的身体内部。这种“不可能”使我们相信自己是不朽的。我们认识不到真正的自我，无论内部（因为我们必须先失去生命）还是外部（因为我们无法抽离到身外看自己）。因此，最好的方法就是假定我们有相似的身体，然后观察别人的身体。这一步很重要。它不仅要求我们接受“自身必死”的命运，还要承认人类的一致性。

如果有专门的医师在旁指导，并为我们指出需要注意的“地方”，我们都能进行尸检。我们还将发现，医师、哲学家，艺术家和作家，各自都有关于人体和人体部位的真理。

为了找到出路，我们首先需要一张地图。

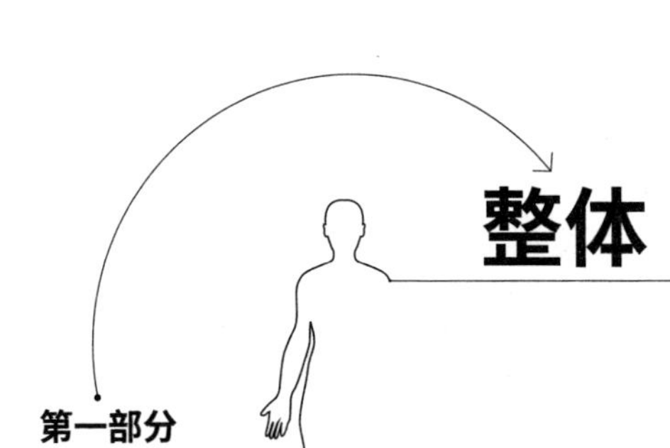
整体
第一部分

绘制地形

某次在希腊度假时，我记得船夫曾从风光旖旎的波罗斯岛（Poros）为我遥指出海峡另一边陆地上的地理景观——基莫梅尼山（Kimomeni Mountain）。“基莫梅尼”的意思是沉睡的女人，而你一旦知道了它的含义，就再也无法忽视山脉的形状了，尤其是在夜晚，当落日凸显山的轮廓，松香葡萄酒氤氲的时候。她面容清晰，双峰傲然挺立，胸廓最下面一根肋骨后面跟着凹下去的平坦小腹。她双腿蜷起，因此一个膝头弯成另一座山。这自然是旅游噱头，但话说回来，这些山从古至今都是这个样子。这位“沉睡的女人”比雅典卫城出现得还早。古希腊人应该也注意到了她，也曾为旅人遥指出来，就像现代人一样。甚至是远在30公里外的雅典的柏拉图，或许也谈论过她。

泰国、墨西哥和其他地方也有“沉睡的女人”，多少都有点儿味道。苏格兰境内被称作“乳头”的山脉，和其他类似的山峰一样，被喻为女人的胸部。而孤立的岩石，则被冠上孤独的神话人物之名，例如“罗得之妻”[①]。加利福尼亚的群山里藏有“荷马之眉”[②]。打

① 所多玛与蛾摩拉是两座沉溺罪恶的城市，上帝决意要毁灭这两座城市，派天使营救罗得一家。天使叮嘱不可以在逃命时停留站住及回头看，然罗得之妻并未遵从天使的吩咐，在逃命时回头，立即变作了一根盐柱。

② 加利福尼亚群山中有荷马之眉、荷马之鼻等以身体部位命名的地区。

开世界任何一个地方的地图，只要轮廓够曲折，你迟早都能找到以人体部位命名的地域。即使在精确制图和航测图普及的今天，类似的“解剖”——地理巧喻依然存在，如“密歇根之手”，便是一块形似连指手套的区域，凸向北侧，隔开了密歇根湖和休伦湖。

不过，古希腊人在找寻完美的人体形态时，眼睛从陆地移到了天空。他们认为人是宇宙的复制品。在柏拉图的形而上学中，大宇宙——我们可以译为“秩序的大世界”——呼应的是小宇宙，即人体这个秩序的小世界。当时，人体部位对应着黄道十二宫（大致说来，十二宫从上到下顺次排列，白羊座代表头，双鱼座代表脚）。

“人体即小宇宙”这种观念普遍存在且源远流长。它出现在印度教和佛教的传统中。文艺复兴后，随着科学的兴起，人体的奥秘被解剖学家破解，这种抽象的形而上学或许确实受到了一些冲击，但对于斯宾诺莎和莱布尼茨等哲学家来说，它的魅力并未损减。直到今天，它仍有共鸣之声，例如新时代思潮[①]和将地球比作活的有机体的盖亚假说[②]。

因此，我们能在地理学与宇宙学中寻找到身体的模样就不足为奇了。实际上，我们人类的身体本身就是一种环境，非常像地域，让我们的生命得以存在和发展。身体既是我们本身，在某种意义上也是我们的生态系统。“我有且是一个身体。”社会学家布莱恩·特

---

① 起源于20世纪70～80年代的社会与宗教运动。它吸收东方与西方的古老的精神与宗教传统，并且把许多观念同现代科学的观念融合在一起，特别是心理学与生态学。主要的概念有万物归一、一切都有神性等。

② 詹姆斯·洛夫洛克（James Lovelock）在20世纪60年代末提出的一个假说——“地球整个表面，包括所有生命（生物圈），构成一个自我调节的整体，这就是我所说的盖亚。”

纳（Bryan Turner）曾这样解释道。或者，用斯多葛派哲学家埃皮克提图（Epictetus）训诫学生的话来说："你只不过是拖着一具躯壳的一个小小灵魂而已。"这种双重性让地理成为身体的一种极其贴切的隐喻，反过来，也赋予了身体本身以隐喻潜能。

身体作为地形的比喻，会在本书中重复出现。在解剖学家的逸事中，这一比喻会更加清晰，因为他们探索横亘在眼前的人体时，就像进入了未知的海域——他们发现新大陆，并用自己的名字为它们命名。在发现麦哲伦海峡和德雷克海峡的那个世纪，人体的输卵管和耳部的咽鼓管，由意大利内科医生加布里瓦·法罗皮奥（Gabriele Falloppio）和巴托罗梅奥·埃乌斯塔基奥（Bartolomeo Eustachi）分别发现并命名。这也奠定了局部药物疗法的基础（希腊语 topos，意为"地方、局部"），也就是身体的哪个部位出现了问题或病症，就单独治疗哪个区域。它反映了我们单纯的愿望，希望医生能够"指"出病痛，就像指明地图上某个地方一样。据伦敦皇家外科医学院收藏部主管卡瑞娜·菲利普斯（Carina Phillips）介绍，最近，馆藏解剖样本按"部位"而非功能性进行了重新排列，反映出医学教育的重点也发生了类似改变。人体解剖学插图本有时候仍被称为地图册，与 17 世纪相比并无明显变化。那时它们被称为小宇宙志，让人想到太阳系和星座图解这类宇宙志。不过，两种叫法都沿袭了身体作为宇宙缩影的古老观念。

为什么地理隐喻如此有效？因为身体内部明显贯穿着多条路径，如神经、静脉和动脉。它们为某些器官输送血液，或者从另一些器官输出血液。由于为人体输送宝贵的血液，它们就像希腊人顶礼膜拜的生命之河一般。只要追踪它们在人体内的路线，我们脑海中就能立刻浮现出一幅地图，包括全身不同的节点，以及中间平淡无奇的区域。后来，笛卡儿用哲学证明了灵肉分离。随着现代科学的不断发展，威廉·哈维发现了血液循环，我们可以开始将身体视作某种机器。但在那之前，身体始终是一个完整的世界，是一块轮廓熟悉但从未被探知的陆地。

人体还是一种激发灵感的原型。整座城池或单体建筑都曾仿效人体。15 世纪时，建筑师安东尼奥·迪皮耶特罗·阿韦利诺为纪念他的资助人——米兰公爵弗朗西斯科·斯福尔扎，设计了一座名叫斯福尔扎城（Sforzinda）的假想城市。这是文艺复兴时期众多假想城市规划的发端。斯福尔扎城的外墙呈八角星形，用于防御，但在墙内，城市设计的目标却是构建出能够像人体组织一样顺畅运行的社区。其实，波兰东南部的扎莫希奇（Zamo'S'C）就是遵照这些意大利文

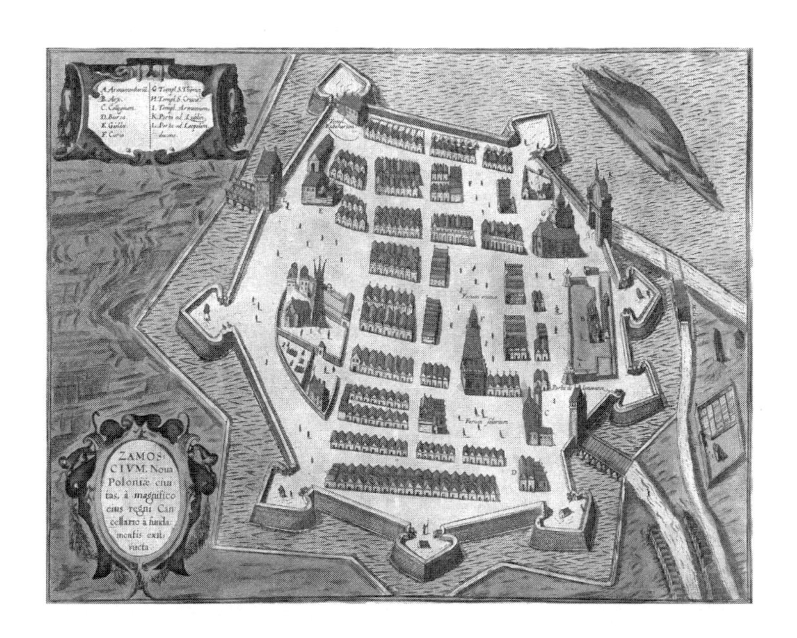

艺复兴时期的原则建造的：城市中心是胃——大市场，圣卡塔日娜教堂（St Catherine's church）偏向一侧，恰如心脏，扎莫伊斯基宫（Zamoyski Palace）则是头部，甚至还有一座水市场，大约落在肾的位置。

而在之后的16世纪，建筑师兼著名的艺术家传记作者乔尔乔·瓦萨里（Giorgio Vasari）在为理想宫殿做概念规划的时候，也参照了人体结构。立面对应人脸，庭院是身体，楼梯为四肢，不一而足。不过，建成以后，要想从这些结构看出其背后的灵感来源，却没那么容易。毕竟，即便没有什么装腔作势的拟人化阐释，大多数建筑也都有一个迎宾的立面和一个处置垃圾的背面。身体典范在文学中探讨得更充分。例如在埃德蒙·斯宾塞的《仙后》中，骑士亚瑟和居仁来到一所结构类似人体的华丽城堡。想要登上高处的楼层，需要踩着肋骨——“十级裹着石膏的台阶”。到头部后，两骑士发现城堡的嘴是一扇人员齐备的门：“瓮城内一门房静坐”——这是舌头——在他两旁“有十六名守卫护航”，即牙齿。眼睛是“两座漂亮的烽火楼”，还有三间独立的房间，分别担负大脑的不同职能。第一间满是嗡嗡叫的苍蝇，代表着人的幻想与想象；第二间包含智力和判断力；而最后一间里，等待的是“一位很老很老的人……带着无尽的回忆。”

从诗人转为牧师的约翰·多恩，曾花大量时间从肉欲和精神两方面思考身体，但他想象里的身体既不是宫殿，也不是城堡。相反，他把目光探入地下室和辅助用房，并在一篇布道词中描述身体的“储食处、地窖和密室”，里面满是“半加仑[①]及一加仑容器”，分别盛

① 1加仑=4.54升。

着尿液、鲜血和其他液体（即生命的燃料和废料）。

居斯塔夫·福楼拜的友人马克西姆·杜坎（Maxime du Camp）将巴黎分解为功能齐备的一整套器官，而社会主义哲学家昂利·圣西门幻想重构一座乌托邦巴黎，并在城市正中建造一座形似女人的巨大神殿。在他的空想中，这位丰碑似的女救世主将一手擎着火把，照亮自己柔和的脸庞，另一只手则撑起一个球体，里面盛着一座完整的剧院。她的长袍将散落到一片开阔的阅兵场上，人们可以在香橙花的香气里略作消遣，自娱自乐。这一基本理念并不鲜见。神话作者玛丽娜·沃纳（Marina Warner）解释道，奥克尼群岛（Orkney）的斯卡拉布雷（Skara Brae）[①]发掘出的一座石器时代神殿，也采用了“类似女性身体的梅花形状，入口就在产道处”。

毋庸置疑，将住所建成人形暗含了弗洛伊德式的重回子宫的愿望。但更重要的是，在理智认识的层面上，人体被视作设计典范，因为其中似乎包蕴着完美的形态。如果人是按照上帝的模样塑造的，那么万物不都应该遵循人体的形态吗？

艺术家的脑海里显然有完美人体的概念，但它能够被明白无误地传达给所有人吗？或者，它能够被简化成希腊人发明的新语言——数学吗？柏拉图认为视觉在五感中最为高贵，因此他所谓的人体之美是视觉上的，并从此规约了关于美的哲学讨论。实际上，这种偏见如今依然存在，例如一位电视主持人只因为像常人一样衰老就忽然被解雇。但无论公平与否，我们正在找寻的美的标准一定也是视

---

① 斯卡拉布雷是一个新石器时代的人类定居点，位于苏格兰奥克尼群岛中最大的一个岛上。1970 年，经放射性碳年代测定，发现这些村落大约出现于公元前 3180 年至公元前 2500 年。

觉上的。

公元前 5 世纪下半叶，擅长雕刻运动员的希腊雕塑家波留克列特斯（Polykleitos），将人体之美的规范写进了《规范》（*Canon*）中，并用比例和数值造出了一座青铜裸像的典范——《持矛者》（*Doryphoros*）。原始雕像没能保存下来，但遗留的残片和罗马的大理石复刻品足以真实还原出它的样貌，这些还原品现在广泛藏于世界各地的博物馆。当时艺术家们的雕刻重点在躯干，于是雕像都拥有强健的胸肌和腹斜肌——臀部正上方的肌肉。在现代人看来，后一种肌肉发育尤为过度，但这种被称为“阿喀琉斯的腰带”或“希腊褶层”的肌肉却有助于认识经典雕塑中的完美人体。《持矛者》可能是被复刻最多的古代雕像。他的胸膛甚至成为铸造贴身青铜铠甲的模型，为后来的希腊和罗马的士兵世代采用。这种“肌肉胸甲”（法语为 cuirasse esthétique）不仅再现了原作武士般的特征，如胸肌和肋骨，还摹刻了肚脐，甚至乳头。如此完美的形态仍在超人和蝙蝠侠等漫画英雄的形象中延续，他们的紧身衣突显出每块肌肉——但通常会略去引发同性情欲的部位。

和《持矛者》原作的遭遇一样，《规范》的文本也失传了，有可能揭示波留克列特斯完美比例体系的数值也随之流失。奇怪的是，这些数值竟然无法从雕塑本身推断出来。人体有太多维度，也有太多可测量的点，反而无从下手。

波留克列特斯逝世大约 400 年后，古罗马建筑师维特鲁威确定的人体比例体系更为清晰。它出现在古典时期唯一一部遗留下来的建筑著作——《建筑十书》（*De Architectura*）中。维特鲁威的十卷著作一直被奉为建筑师的圭臬。直到文艺复兴时期，莱昂·巴蒂斯塔·阿尔伯蒂（Leon Battista Alberti）和安德烈亚·帕拉弟奥（Andrea Palladio）等建筑师著成了自己的多卷本建筑指南。维特鲁威的完美人体范式出现在第三卷，其中还收录了他设计庙宇的原则：

> 实际上，没有均衡和比例，就不可能有任何神庙的布置。即与姿态漂亮的人体相似，要有正确分配的肢体。实际上，自然按照以下所述创造了人体：即头部颜面由颚到额之上生长头发之处是十分之一；手掌由关节到中指端部也是同量；头部由颚到最顶部是八分之一；由包括颈根在内的胸腔最上部到生长头发之处是六分之一；由胸部中央到头顶是四分之一。颜面本身高度的三分之一是由颚的下端到鼻的下端；鼻由鼻孔下端到两眉之间的界线也是同量；颚部由这一界线到生长头发之处同样成为三分之一。脚是身长的六分之一；臂是四分之一；胸部同样是四分之一。此外，其他肢体也有各自的计量比例，古代的画家和雕塑家都利用了这些而博得伟大的无限的赞赏。[①]

在维特鲁威的体系中，四根手指等于一掌，六只手掌等于一臂，人的身高等于四个臂长或六个脚长。他甚至通过一些详细的论述成功证明了“数字本身便来源于人体”。如今，我们可能会怀疑维特鲁威在推导这一体系时耍了花招：他挑选我们不常用的部位来生搬硬套他的比例，例如选鼻孔下方却不选鼻尖，选眉毛而不选眼睛，此类范例不胜枚举。

---

①《建筑十书》，维特鲁威著，高履泰译，知识产权出版社，2001 年 3 月，第 71 页。

维特鲁威继续讲道，肚脐是“人体天然的中心点”，因为如果人把手脚张开，以肚脐为圆心作圆的话，身体两侧的手指和脚趾都会与圆周接触。同样，他写道，双臂完全水平伸展等于四臂长，即与身高相同，于是又能以此在身体外画正方形。这两种纯粹的几何形状——圆与方，在庙宇设计中有重要的象征意义，将它们与人体联系起来，展示人体的神圣比例，也非常重要。

维特鲁威没有为他复杂精密的文本配图解。一些艺术家在为 16 世纪出版的《建筑十书》作插图时，发现很难满足维特鲁威的所有条件——人体规格、正方形和圆形。他们以为圆形和方形一定是同心的，于是不得不歪曲人体来满足二者。只有莱奥纳多·达·芬奇用一张协调的设计图，满足了这位古罗马建筑师的全部准则。

达·芬奇可能是第一位亲自解剖人体、画下身体内部景象的艺术家。他自诩解剖过十多具尸体，随着尸体的逐渐腐坏做不同阶段的解剖，并在其他尸体上重复操作，借此理解两具尸体之间的主要区别。他将解剖体验记录在笔记本中，读者读到他写下的“整晚待在这些尸体中间，有分成四块的，有剥去皮的，极其骇人”的笔记会感到毛骨悚然。

他的天才之处在于他以真实人体为最终参照，让设计图中的几何形状迁就人体，所以他只是将站立在正方形中的人叠加到四肢伸展到圆周的人上，就轻松解决了问题，两组肢体甚至还为人体带来些许动感。最后，方形和圆形都落到地面。按照维特鲁威的要求，圆形中的人体以肚脐为中心点，但方形的中心点落在圆心下方，虽然偏离了肚脐，却与生殖器重合。这就是人体，既指向源头又包括后代，自身能造人又是造化的产物。利落齐整，堪称完美。但真是这样吗？人体为什么要用简单的数字比例来描述呢？

20 世纪的瑞士建筑师勒·柯布西耶在其职业生涯后期感到有必要重塑现代的维特鲁威人。如果柯布西耶没有从事建筑，他很可能去打拳击。在职业瓶颈期，他画下拳击手素描，并将自己比作拳击手。他创作的新型完美人体——《模度》（*Le Modulor*），举着巨大的拳头挥向天空。《模度》的首个版本参考了身高 1.75 米的典型法国人，但建筑师不喜欢公制单位，因为它丈量的是土地而非人体，后来他宣布《模度》应该是一位六英尺（182.88 厘米）高的英国人，“因为在英国侦探小说中，警察这类外表俊朗的人永远都是六英尺高！”“模度”举起的拳头顶部离地面 226 厘米，他的肚脐则在正中点，离地面 113 厘米。从地面到肚脐和从肚脐到头顶的距离为黄金比例（0.618 ∶ 1=1 ∶ 1.618），与头顶到拳头的距离也符合上述黄金比例，而“模度”的身高其实为六英尺。他在 20 世纪 40 年代创造的这种人体比例体系决定了马赛公寓（柯布西耶在法国马赛建造的著名公寓楼）的比例。用一位建筑评论家的话来说，按《模度》比例造出的建筑“在各方面都与帕台农神庙一样迷人、杰出、震撼”，尽管这种“语义强度”没有体现出其中的神秘数字比例或与人体的内在比值。后来，“模度”化为混凝土浇筑的浮雕，但很多居民并不知道他们进进出出都在一位英国警察的“监视”之下。

《模度》看起来可能有些潦草，甚至轻微嘲讽了完美人体的概念，但他和维特鲁威人的身高相同。因为无论要接近哪种“完美的人类”，不仅要有协调的比例，还要有适中的身形，这是毋庸置疑的。

古代的测量单位直接以人体规格为基础，很多沿用至今。英寸的一种说法是（皇室人员的）从拇指指尖到第一个指关节的长度。

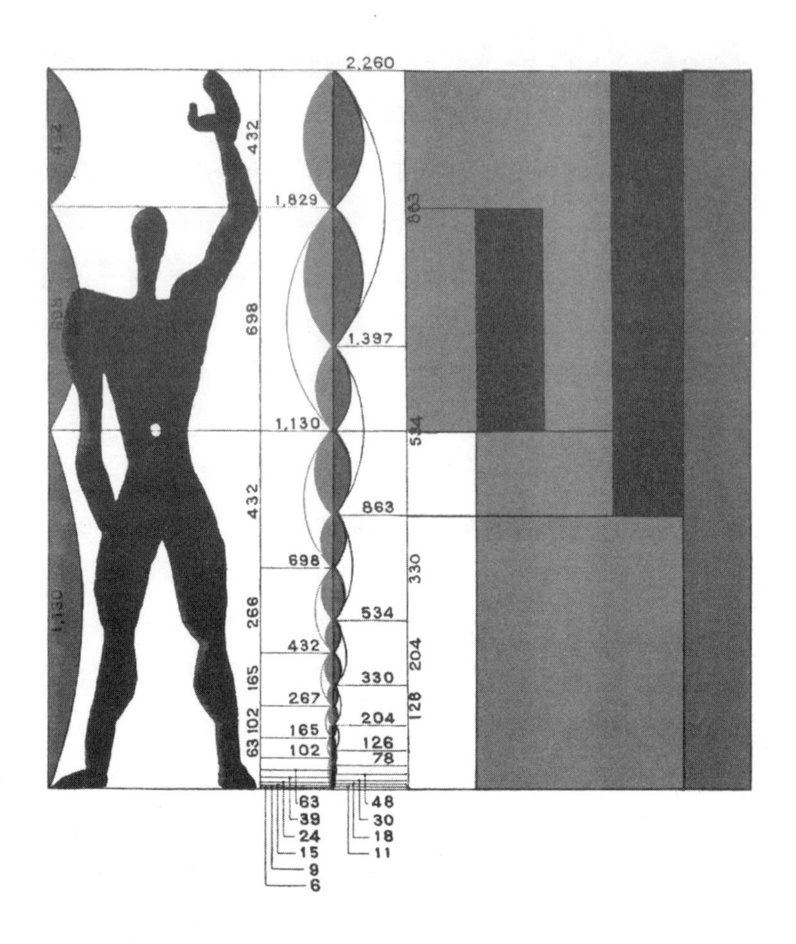

英尺则是人脚平放所占据的长度——12 英寸脚当属标准。臂长等于四掌宽，指的是从肘部到最长的指尖的距离，通常为 18 英寸，偶尔有21英寸或更长。长度单位“厄尔”(ell)源于拉丁语的“肘部”(ulna)，最初与臂长长度相同。但后来，厄尔成为量布的单位，长度增加到 45 英寸。采用“厄尔”作单位的原因可能是，量布时需要用一只手将布搭在另一个肩膀上，然后伸直肘部，直到这条胳膊在相应的一侧完全展开。不管怎样，我都比勒·柯布西耶的“英国偶像”矮一些，矮将近 45 英寸。

所有这些测量单位都源于不同的身体部位。虽然它们彼此不一定要成单纯的算术关系，但我们只认识到这种关联——例如 12 英寸正好为 1 英尺——说明维特鲁威和他的数学化理想主义仍在影响着我们。

不过，这些量度都是线性的。若要测量面积、质量和体积，身体就帮不上多大忙了。有些单位不是基于人体尺寸，而是源于个人能力。例如，一英亩是一个人和他的牛每天大概能耕作的土地面积。但就数量单位来说，身体无法提供有效标准，例如一个人可以举起的重量或他能喝下的水（啤酒）量，差别非常大。甚至维特鲁威的“六英尺人”也可以瘦削或健壮。然而，还有少数所谓的人造度量，甚至包括时间单位。在印度传统中，“nimesha”指的是眨眼的时间，“paramaanus”指眨眼的间隔时间。

在体形不正常的故事中，正常的体形便显得尤为重要。在《爱丽丝漫游仙境》与《格列佛游记》这两个脍炙人口的故事里，主人公的相对体形非常重要。爱丽丝和格列佛分别体会了不同的经历。爱丽丝喝了贴着“喝掉我”的瓶子里的液体，身体缩小，接着吃了蛋糕，身体复原，她从这些经历中揣测走向极端体形可能带来的恐怖后果——也许“一下就消失了，像烛焰一样”。爱丽丝坠入了一个度量（甚至数字本身）不再可靠的世界，因为她发现想背乘法表的时候，出口都是错的。

但是，格列佛对物的丈量仍然很有把握。他信心满满地称小人国最高的树有“七英尺高”，而在大人国，一位农夫发现他，把他举到了“离地约六十英尺的地方”。读者读到这里就会知道格列佛仍是正常体形。计算也是《格列佛游记》中的一大特色，最著名的一处是，小人们计算出格列佛的饭量是他们的1728倍，因为格列佛在三个维度上都是他们的12倍（12的三次方为1728）。

爱丽丝掉进兔子洞时，身体一定是缩小的，而格列佛造访了居民体形大小不一的国度。他们的相同点是，两个故事都不遗余力地强调了纪律。“你在这里无权长大”，榛睡鼠这样告诫爱丽丝，因为爱丽丝开始恢复身高，准备回到地面。“第四十二条，所有身高超过一英里[①]高的人要退出法庭。”国王喊道。小人国的国王也为格列佛制定了规则：“第一条，没有加盖我们伟大印章的许可，巨人不能离开我们的领土。”体形很重要，而体形与众不同的人会遭到惩戒，被迫从众。

如今，我们已经基本放弃了完美人体的幻想。18世纪画家、漫画家威廉·贺加斯（William Hogarth）宣称，人脸上不可能有几何形状，并在讽刺漫画中赞美面部的不规则性。但在1757年出版的著名论文——《崇高与美之源起》中，爱德蒙·伯克在“比例不是人之所以美的原因”（“Proportion not the Cause of Beauty in the Human Species”）这一节驳斥了“完美人体”的整个概念。他指出，“完美”比例既可以出现在美的人身上，也可以出现在丑的人身上。“只要你愿意，你可以随意在人体中指定某种比例；我保证，一个画家就会虔诚地引之以为原则，尽管他会创作出一幅奇丑无比的画像来。”他特别批判了维特鲁威人。人体绝不是四方形，

① 1英里=1609.344米。

即便说真的像什么，也更像十字架。“这个人体画像从未适用于他所设计的建筑。”

多亏了比利时统计学与社会学先驱阿道夫·凯特勒（Adolphe Quetelet），我们现在有了对“平均”[①]人体的认识——它催生出统计学及其平均值（平均数）和标准偏差（平均数两侧的偏差幅度）的概念，推动了对人性的认识。凯特勒是系统收集人类身高体重数据的第一人，并在1835年的一本书中引入“平均人[②]”（l'homme moyen）概念。他甚至想方设法分离这两种度量，推出以他的名字命名的指数，即我们大多数人更熟知的“身高体重指数”，这样便可以根据身高来有效判断人们是否肥胖。

凯特勒的新方法推动了数据收集的广泛传播。数年后，由此兴起了新的研究领域——人体测量学。人体测量学家认识到人们的身体条件各不相同，且测量这些不同之处可能获得有用信息，因而含蓄地承认每个人都同样有价值，从事实上否定了完美人体的概念。

这类数据的效用极高，很快便从科学传到其他领域。巴黎的警察博物馆（Museum of the Prefecture of Police）中陈列着一间复原的摄影室，里面除了当时庞大的照相机，还有各种卡钳、标尺和其他用于丈量和摄影的工具。阿方斯·贝蒂荣（Alphonse Bertillon）就在这里做出了世界上第一批身份证。贝蒂荣的身份证不仅包括正面与侧面照，还有主要的身体尺寸，以及一些令人讶异的小部位，例如耳郭的16种特征。他先试着给自己的家庭成员制卡。他自己的

---

① 原文为“average”，指一般、平均、标准的身材。

② 指可以通过数据收集、统计和分析得出的，一般人必要的人格特质。

身份证则制作于 1891 年 5 月 14 号，当时他 38 岁，留着修剪整齐的胡须，坚硬的短发，额头饱满，头部与身体相比显得有些过大。从他的身份证我们可以看出，他的头部长 19.4 厘米，腰部以上为 78 厘米，胸围为 95.2 厘米，而他的左脚为 27.4 厘米。有趣的是，贝蒂荣全家似乎有做此类工作的遗传基因：他的大哥是巴黎的统计司长，他的父亲创办了巴黎人体测量学院，而他的祖父承继凯特勒的工作，创造出“人口统计学”一词。贝蒂荣本人在 1879 年加入法国警察局时尚是一个地位低下的文员，凭借着上述发明（包括引进犯罪现场照片），不到十年，就领导了颇具影响力的司法鉴定部门。“贝蒂荣体系”很快被世界各地的警务系统采纳。虽然这种方法无法确定罪犯身份，因为警局辖区外的人也可能有相似的身体尺寸，但却足以将不符合目击者描述的嫌疑犯排除在外。

身体尺寸无法查证罪犯，但人们手指上独特的指纹可以。1857 年印度民族起义后，孟加拉的一名英国殖民地总督威廉·赫歇尔（William Herschel）由于要求当地工人在签合同时按手印，声名较以前更加恶劣。赫歇尔记录了自己数年来的指纹图样，发现它们始终不变。这一发现引起了维多利亚时期科学界巨擘之一弗朗西斯·高尔顿（Francis Galton）的注意。即使在那个普遍热衷测量的年代，高尔顿仍然出类拔萃。他孜孜不倦七十余载，为科学做出了许多贡献，包括绘制第一份气象图、设计调查问卷和智商测试。他发明了一种手持式“袖珍注册器”，与飞机上空乘用来计算乘客的设备有些相似。它可以根据你按的按钮，一次性测量五种不同的参数。《自然》杂志认为，这种仪器能让科学家“在人群中不露声色地采集任何人类学数据”。高尔顿总是闲不下来。他曾写过一篇名为《浴缸中的水纹札记》（*Notes on Ripples in Bathwater*）的论文。还有一次，皇家地理协会的讲座枯燥无聊，他便尝试通过焦躁不安的观众的比例来推导人类何时厌倦的量化指标。他真正的遗产不在于实际测量的某件物品，而在于处理整体数据时所开发的先进统计方法。

高尔顿用自制的缩放仪研究赫歇尔和另一些人的指纹——那台机器原本是用来测量、探查并放大飞蛾翅膀的关键特征的。他注意到任意两个指纹都不相同，接着透过表象用数据分析确证了指纹的独特性。高尔顿曾与贝蒂荣通信——两人都非常自豪地带着自己的贝蒂荣体系身份证——不遗余力地将贝蒂荣体系推荐给英国警方。指纹偶尔也像贝蒂荣做的其他度量一样，用于排除嫌疑犯的罪行。但现在，高尔顿认为用指纹抓捕罪犯其实要有效得多。1902 年，一位名叫罗斯 · 基尔德（Rose Guilder）的客厅女侍应在供职的宅院失窃后，注意到新的漆面上有片拇指印。这是法庭上首次出现指纹证据。与此同时，高尔顿也进行着自己的研究，收集了数千份指纹，徒劳地希望可以用它们阐明人与人之间的关联。

高尔顿对自己的表兄查尔斯 · 达尔文极其崇拜（这或许解释了他为什么著有《遗传的天才》[①]一书）。达尔文研究动物领域，高尔顿的着眼点却是他的男性同胞，以及女性。1850 年，年轻的高尔顿随着一队传教士游历非洲，惊讶地发现队中一名口译员的妻子“魅力四射，不仅有霍屯督人（Hottentot）的外表，而且可以称得上霍屯督人中的维纳斯”。他自然希望测得她的身体尺寸，但并不好办。

① 原文为 *Hereditary Genius*，指出天才间的亲属关系似乎不是偶然机遇所促成，换句话说，天才有其遗传性。

"我对霍屯督语一窍不通，因此永远无法向那位夫人解释我这把英制尺的用途。"他也不敢托口译员代为转达。然而她就"落落大方地站在那儿，正如所有希望被赞美的女士那样"。这时，高尔顿意识到他的仪器可以派上用场。他站在适当的距离外，拿起六分仪，记录"她各个方向的尺寸，上下、左右、对角线等等，然后我将它们小心地标示在身体轮廓上，以防出错。做完这些，我大胆地拿出卷尺，测量了我和她所站之地的距离，这样便得到了底边长度与角度，然后通过三角与对数计算出结果"。

1884年，在伦敦南肯辛顿举办的国际医疗展上，高尔顿设立了一间实验室，收集志愿者们的"视力和听力的敏锐度、色觉，视觉的辨别力、肺活量、反应时间、拉力和握力、击打力、臂展、站立和端坐的身高，以及体重"。他还用一种新式摄影技法来制作"合成"肖像，即将单幅肖像叠加，产生一个所谓的平均值。通过这种方法，他企图提取诸多不同种族的典型形象，但再次徒劳无功。总而言之，高尔顿的人体测量项目影响深远，我们将在后面的章节作深入了解。

科学家们不需要高尔顿的合成肖像这类具有误导性的合成物，但确实需要典型的样本。动物学家为每种动物保留一个样本，称之为正模标本。这是用来衡量其他样本是否属于同一物种的基准。首次描述某个物种的科学家有选择正模标本的优先权。这些正模标本现分散在世界各地的大学博物馆中。

那么人类的正模标本在哪里？或者，谁是人类的正模标本？奇怪的是，人类竟然没有正模标本。一部分原因是，只有1931年之后描述的物种才需要建立正模标本。另一部分原因是，人类这一物种在科学上并无不确定性（种族主义者可能会反驳，但他们的抗议在很大程度上是因为不同种族可以通婚，这说明了我们共同的人性）。不过，1959年，瑞典博物学家卡尔·林奈（Carl Linnaeus）被提名为人类正模标本的候选人，尽管他已经离世181年了。林奈在1758年创造的自然系统（Systema Naturae）中引入物种命名法，至今仍在沿用，其中还收录了他对人类这一物种的描述，以及他赋予它的新名字——智人。他并不是唯一的候选人。最近，传言美国古生物学家爱德华·德林克·科普（Edward Drinker Cope）曾经自荐。他在1897年离世前不久，将自己珍藏的化石卖给了美国自然历史博物馆，并指示要将他的遗体妥善保存，争取这次“永垂不朽”的机会。该行为可能是科普在与对手——古生物学家奥塞内尔·查利斯·马什（Othniel Charles Marsh）展开的“化石战”[①]中的最后一搏，他还希望给自己的大脑称量，鉴定它是否比马什的大脑重——马什没有接受这个挑战。科普竞标失败的原因是他的故事很久后才为人所知，当时，林奈已经在后世竞标者毫不知情的情况下获得了这一殊荣——虽然他的尸骨还在瑞典乌普萨拉的墓中未受惊扰。

经过对人体标准参考图像的长期探索，如今有了“可视人计划”（Visible Human Project）。从维特鲁威和波留克列特斯至今，我们取得了长足的进展。现在，男性和女性均得到展示，虽然男性还是一如既往排列在前。

“可视人计划”是1988年美国国家医学图书馆（NLM）基于以下两种新兴技术而提出的方案：一是冷冻但不破坏人体组织的技术；

① 19世纪后期的美国，这两位古生物学家互相竞争以发现更多、更著名的新恐龙，又名“骨头大战”。

二是数字图像处理技术。具体做法是找一具尸体，将其切成薄片，然后拍照，基于真实的人体，拼出第一幅详细的人体内部可视化参考图。

正如很久以前伦勃朗和其他画家笔下被解剖的尸体一样，这里选择的也是一名已定罪的犯人。得克萨斯州韦科市的约瑟夫·保罗·杰尼根（Joseph Paul Jernigan）因盗窃杀人罪被判死刑，1993 年（判刑 12 年后）被注射致命剂量的氯化钾处死。由于监狱牧师的劝说，再加上剧毒的氯化钾，他无法捐赠器官做移植手术，于是他签署了一份同意书，捐献了自己的遗体。杰尼根通过了“面试”，因为他既没染上损毁外貌的疾病，也没做过大型手术——任何一种都会让他在解剖学上失去代表性。不过杰尼根并不是理想人选，他曾做过阑尾切除术且缺失一颗牙，这也反映出当时想要推进这一项目的迫切心情。死刑后的几小时，他的遗体被空运到科罗拉多大学，被拍了一套供参考的磁共振成像。然后他被冷冻，再次扫描。冻实后，他的身体被切成很多只有一毫米厚的薄片，剖面被拍了下来。每次切下来的身体组织都微小如“锯屑”。

1994 年 11 月，美国国家医学图书馆将这些图像上传到网站上。从杰尼根的全貌图来看，他是一位中度超重的男性，光头、脖子粗短、身上文身极多，非常容易辨认。不过他的身体切片在外行人看来却很费解。每一片都像肉铺里切下的一大块肉。在暗红的组织中间，甚至连主要器官都难以辨认，这与我在牛津见到的尸体形成了鲜明对比。但这种将复杂的三维人体转为一系列平面的做法，又一次将人体变成了某种地图——在黄色的脂肪海洋中有着无名的红色岛屿。

一年后，一名女性加入了“可视人计划”。她隐匿了姓名，人们只知道她是一位“来自马里兰的家庭主妇”，死于心脏病，终年五十九岁。她的头型较方，嘴部宽阔，下巴圆润，几乎没有脖子。美国国家医学图书馆原以为“可视人计划”主要益于医学生，但受众之广远超预期，也有许多人难以抵御可视化概念的冲击力，竟然去制作与自身专长相关的血管切片或身体部位切片图集。它还引发了大众的兴趣。媒体和参与“可视人计划”的科学家们常常将这两个标本叫作“亚当”和“夏娃”。“亚当”的知名度较高，因为他是第一个捐献者，而且我们知道他穷凶极恶的历史，也相信他想通过捐赠遗体间接地拯救了其他人而可能获得某种救赎。他虽然因罪被切分，但却被数码重构，按字面意思（“体形还原”）几乎可以说是真正重生了。可视女性却没有这类叙述。人们并不知道：她比杰尼根的科学价值更高。后来的记录表明，她被切得更薄——切片总数是杰尼根的三倍——组成了一个更详尽的图片库。但几乎与圣经故事一致的是，“亚当”仍然是主要参照物。大多数主流研究都以他为基础，而“夏娃”则“主要用于生殖解剖”。

在美国视觉文化和性别研究专家莉萨·卡特赖特（Lisa Cartwright）看来，“可视人计划”“……很可能在未来几年成为人体解剖学的国际黄金标准”。它远不止是视觉记录。人们可以体验并操纵这种切片和重组过程。这便提供了一种沉浸式的虚拟环境。现在的梦想自然而然变成“复活”这些身体碎片。

然而，“可视人计划”也有缺陷。它忠实地展现着身体内部，却不一定有助于教学——由于细节过多过密，很难挑出重点。它只能补充医学课本中整齐的、色彩缤纷的图解，但无法将其取代。另外，身体切片是水平排列的，与实习医生以后看到的实际临床图像并不一致，临床图像可能呈不同的角度，身体放置的方式也可能不同。那些图片可能对外行人意义更大，因为它们能让我们换种眼光认识自身。

在这层意义上，“可视人计划”与更为知名的“人类基因组计划”（Human Genome Project）或许截然相反。虽然解码的人类基因组会生成一列神秘莫测的字母和数字，描述着数千种基因和数十亿种氨基酸（构成人体 DNA）的精确序列，但“可视人计划”为我们展现了两个真实的人。在澳大利亚社会科学家凯瑟琳·沃德比（Catherine Waldby）看来，这两种计划都想以自己的方式成为“人体信息的完全版档案馆”，“可视人计划”只是更“壮观”。如果诚如维特根斯坦所说，“人类的身体仍是人类灵魂最好的图景”，那么，这也许就是我们长久以来想要可视化自身的最佳答案。

下面，让我们拿起人类的肉身切片。

肉体

一磅[1]肉的价值究竟有多高?

对《威尼斯商人》中的夏洛克来说，它是无价的："我向他要求的这一磅肉，是我出了很大的代价买来的。它是我的所有，我一定要把它拿到手。"你一定还记得，商人安东尼奥正在等他的船返航，手头很紧，但他还是义无反顾地支持他的穷朋友巴萨尼奥按计划前往贝尔蒙特，去追求可爱且富有的鲍西娅，于是他让巴萨尼奥去借求婚必需的三千块金币，由他来为这笔钱做担保。巴萨尼奥找到这位放债的犹太人，双方约定条件。奇怪的是，夏洛克并没有要求利息，但如果安东尼奥到期不能偿还贷款的话，夏洛克就要他身上的一磅肉。夏洛克和安东尼奥是敌人也是商业对手，因为安东尼奥遵从基督教教义无息放款给自己的朋友，损害了夏洛克放高利贷的利益。三个月后，贷款期限一到，安东尼奥确实无法偿还，他认为自己的船在海上失事了，于是这场纠纷闹到了法庭。在绝望中，巴萨尼奥愿意双倍偿还欠款，一共六千块金币（他与鲍西娅订婚后忽然变得富有）。但夏洛克傲慢地拒绝了六倍的还款。"我只要照约处罚。"他坚持道。

① 1 磅约等于 0.45 千克。

按实物算，这磅肉有多少？割掉后，人还能活吗？莎士比亚让他笔下的人物相当详细地思考了这件事。在剧中，夏洛克自然是挥刀割肉的人——当时一些最优秀的外科医生和解剖学家都是犹太人。但他会从哪里下手呢？立约的时候，夏洛克要求“那你就得随我的意思，从您身上的任何部位割下一磅肉，作为处罚”。但在法庭上，请来裁断本案的“法学博士”（鲍西娅假扮）却说“你必须从他的胸前割下这磅肉来”。这与她之前劝他“慈悲一点儿”自相矛盾。

“一磅肉”的桥段并不是莎士比亚的首创。他可能挪用了“英译”的意大利作品或者间接地从14世纪的诺森伯兰方言作品《世界旅行者》（*Cursor Mundi*）中得来。在《世界旅行者》中，来到艾伦女王法庭上的这位犹太人赌咒要以最残忍的方式割下对方的肉，要挖出他的眼睛，割下他的双手、双眼和鼻子等，直到契约达成。这种处罚方式与法律上的截肢处罚不谋而合。身体某一部分的重量通常很难估测，因为在大多数正常的情况下，它与整个身体是无法分割的。但要估计一磅肉大概的重量也不是难事。人与动物的肉密度几乎相同，因此可以直观地看一磅牛排有多少。更简单的方法是将手浸入一只盛满水的桶，直到溢出一磅的水（水和人体的密度也几乎相同）。就我而言，从手腕上方几英寸切掉的肉就是一磅。或者，一磅等于一名男性的大半只脚。从我在拉斯金学校能接触到的器官来看，心脏最接近一磅的重量。剖开的心脏约为三分之二磅。如果加上新鲜血液，大约就是一磅。

然而，夏洛克又被告诫不能挖走心脏，只能割下心脏周围的肉。所以肉只在与“非肉”的区别中存在。它不是身体中有特殊功能的器官。就动物而言，肉常常指代的是可食用部分，不包括内脏（即被屠夫丢到案下的部分）。它也不是硬骨。《圣经》中的“骨和肉”暗示肉是柔软的。而“血和肉”——莎士比亚剧中常出现的词语——则意味着肉与流动的血液不同，它是固体。虽然有时候“肉”的意思与皮肤相近，但它不是皮肤。肉与“灵”也不相同，事实上，二者在诸多道德战中是对立的。肉体是身体的物质躯壳，主要为肌肉，也包括脂肪。肉有厚度。我们想象它是立体的。蒙田在其著名的随笔《论食人族》中，生动描绘了某些部落会把俘获的敌人烤熟，并给“未到场的朋友送去几小块”的情景。

不过，我们永远无法知道安东尼奥要被割除哪块肉了。因为思维敏捷的鲍西娅在查看契约之后，发现上面指定的是“一磅肉”，分毫不许差。她便答应夏洛克可以割肉，但不能流下“一滴基督徒的血”，而且要正好割掉一磅，哪怕有 1/20 谷的偏差（一谷比一克略重）都不行。

这番法庭声明除了为难解剖人，还提出了一个道德难题。律师的阐释遵照了《圣经》的传统，将血与肉分离。但在犹太教教义中，肉即身体（这两个词在希伯来语中均为 bâsâr）。但在《利未记》中有言，“活物[①]的生命是在血中”。因此，二者的确有必要加以区分。《圣经》中“血与肉”一起出现时通常与燔祭[②]或牲祭有关。安东尼奥可以被割掉一磅肉，但宝贵的血是不能流失的，我们至少清楚他不会遭受残忍的献祭。

莎士比亚的笔下经常出现身体与身体部位。“肉”一共出现了

① 原文为 flesh。

② 燔祭是指将所献上的整只祭牲完全烧在祭坛上，全部经火烧成灰的一种祭祀仪式。

142 次，《威尼斯商人》中该词出现的次数是其他任一剧本的两倍。在全部剧本和十四行诗中，“心”出现了 1047 次，另有 208 处类似“衷心地”“甜心”和其他变体。出现“心”的次数最多的剧不是你想的《罗密欧与朱丽叶》，而是《李尔王》。当李尔王问考狄利娅是否比她两位巧于辞令的姐姐更爱自己时，她真诚地回答：“我不会把我的心涌上我的嘴里[①]。”但莎士比亚学者们注意到，考狄利娅的名字暗示着她才是父亲最爱的女儿，因为 Cordelia 等同于 cor-de-Lear（李尔之心）。

哈姆雷特亲口承认，自己“像鸽子一样胆小，缺乏勇气”。这位丹麦王子站在奥菲利亚面前时，“他的袜子上沾着污泥，没有袜带，一直垂到脚踝上；他的脸色像他的衬衫一样白，他的膝盖互相碰撞”[②]，这是莎士比亚剧中唯一一次出现脚踝的地方。麦克白讲到自己“不戴面具的权利”，“不戴面具的”一词在英语中首次出现。“鼠胆”也是莎士比亚的首创，在《麦克白》和《李尔王》中共使用两次。浅色的肝脏被认为是怯懦的标志，因为那时人们认为肝脏是产生血热和体热的地方。他的作品中出现了上百次头、手、眼和耳，不过更值得注意的是，书中还出现了 82 次大脑、44 次胃、37 次腹部、29 次脾脏、20 次肺、12 次肠子、9 次神经和 1 次肾。肾出现在《温莎的风流娘儿们》中，福斯塔夫历数他在“风流娘儿们”手里遭的罪，企图将自己粉饰成一个可怜人——“有我这种肾脏[③]的人。”他气急败坏地说。其实，莎士比亚笔下的人物没有一个比福斯塔夫拥有更

① 此处为直译，可理解为“爱你在心口难开”。

② 威廉·莎士比亚，《哈姆雷特》，朱生豪译，上海文艺出版社，第 24 页。

③ “a man of my kidney”，也可理解为“像我这样的人”。

精彩的肉体了，在同一场中，他已经提醒我们，自己是如何中了其中一个女人的计，导致肥硕、塌软的身躯“给人装在篓子里抬出去，像一车屠夫切下来的肉骨肉屑一样”。

莎士比亚的创作是在人们对身体的认知渐长的动荡时期完成的。大约就在这时，人体被赋予了一层坚韧的外壳，将全世界隔绝在外。我们变成了“封闭个性的人”（homo clausus），或像社会学家诺博特·伊里亚思（Norbert Elias）给我们贴的标签：封闭的人。我对这项理论并不全然信服。当然，生命体一直是无解的谜题。当我抓痒的时候，我知道人体发痒的原因就隐藏在皮肤之下，但我们对它却一无所知。我常常想，要是我能一眼看透或者暂时剖开皮肤探视该多好，这样就能更有效地处理瘙痒问题了。医生对这类无力感的体会一定更多。然而这明显是现代人的思维方法。据理论家所说，身上发痒的[①]中世纪人并不这么想。他们会从外部寻求身体莫名抱恙的原因，也许求助于占星术和魔法。

解剖学的兴起是造成人们认识转变的原因之一，因为要想解剖身体，首先就要求身体是完整封闭的。和怀疑论者一样，解剖学家必须亲眼见到才能相信和理解。维萨里在《人体的构造》中敞开了人体内部世界的大门。人们开始更加大胆、更加底气十足地使用这些与身体有关的词汇。甚至伊丽莎白女王在征讨西班牙无敌舰队的军队出发前，也如此动员：“我知道，我是柔弱的妇人之身，但我有国王的心胸，也有英格兰之主的襟怀。”莎士比亚在剧中不仅大量提到外露的身体部位，还提及我们绝少目睹的内脏结构，这是作

① Itchy，同“求知欲强的”。

家对新知识的回应。身体部位催生了大量新鲜的景象和隐喻。意大利医学史家阿尔图罗·卡斯蒂廖尼（Arturo Castiglioni）甚至宣称莎士比亚剧中最著名的场景——哈姆雷特在墓园中拿起国王前弄臣的头颅，双手捧着哀叹道：“唉，可怜的郁利克！”——这一描述源自维萨里作品中的一幅插图，即“沉思的骷髅”，画中骷髅的右手按在身前石墓上的一颗头骨上。

莎士比亚对这一新领域的探索比他同时代的人更为深入。他懂医学，在剧本中提到了当时大部分的病症和疗法。此外，他采用肉体形象把读者引入剧中，并使读者对他剧中人物产生强烈的认同感。这使他有别于同时代的人，比如克里斯托弗·马洛、本·琼生，甚至血腥的约翰·韦伯斯特等作家。当然，只有当莎士比亚的观众理解他对人体的认识时，这种源于身体部位的新语言和生动的隐喻才会产生奇效。

哈姆雷特最常纠缠于人的自我，在连续几个场景里不断深入探究这一问题。人的自我受身体躯壳的拘囿吗？他的叔叔，即新王克劳迪斯，宣称哈姆雷特有“变化”，因为他观察到“无论在外表上或是精神上，他已经和从前大不相同”。哈姆雷特则说：“倘不是因为我总做噩梦，那么即使把我关在一个果壳里，我也会把自己当作一个拥有着无限空间的君王的。”[①]确实如此，他挣扎着去调和身体的局限与越来越疯狂的想法。他希冀着：“啊，但愿这一个太坚实的肉体会融解。”在他最著名的独白中，他思量着是否能够永远消除“心头的创痛，以及其他无数血肉之躯所不能避免的打击”。

① 威廉·莎士比亚，《哈姆雷特》，朱生豪译，上海文艺出版社，第28页。

在《麦克白》中，血的意象主导着全剧。血在剧中汹涌澎湃，像河水拍岸一般。从身体里涌出后，血沾染了匕首、手与脸。它甚至从剧中流出，流入了剧院所在的真实世界，如一位剧中人所说“威胁着这该死的[①]舞台”。女巫们在锅里混合着狒狒和野猪的血。到第三幕，麦克白已经深陷其中，他发现自己必须在血液中“跋涉”。苏格兰与丹麦一样，也被比喻成一具身体。麦克德夫呼号着：“流血吧，流血吧，可怜的国家！”几句话之后，马尔康应和道：“（我们的国家）流泪，流血。”

福斯塔夫——那辆满载屠夫切下来的肉骨和肉屑的手推车——出现的三部剧中也有类似的液体意象。在《亨利四世》第一部分中，年轻强健的王子亨利不断嘲讽福斯塔夫的脑满肠肥——“软心肠的牛油”“那个堆叠着脏腑的衣袋”“你的肠子就要掉到你膝盖下面去了！”这两个角色代表着国家的不同面貌，当下松弛软弱，但却有瘦削和精益的可能。我们如今还会听到类似的话，例如财政保守派经常会认为国家的预算“膨胀”。事实上，一位过度肥胖的人今天是否有资格当选国家元首尚存疑问，即便选区的选民都有肥胖症。

在结束讨论莎士比亚作品中的身体之前，我们应该停下来想一想“这一具腐朽的皮囊”[②]，即哈姆雷特那段最为著名的独白“生存还是毁灭”中最著名的生命意象。它究竟是什么？莎士比亚笔下奇特而有力的短语通常有多层含义。在16世纪，“coil”一词代表混乱或动乱。在口语中，“coil”指代杂音或喧闹，它从法语“coillir”

① 原文为“bloody”，也与血液相关。

② 原文为“this mortal coil”。

演化而来，原本为动词，意味着“堆叠、聚集或收集”。但在莎士比亚创作《哈姆雷特》的时候，“coil”还用来指代堆叠得较为整齐的线圈。于是，它似乎可以完美地表达人类内脏的混乱结构（从上文可以看出，哈姆雷特对肠子情有独钟）。从更广的意义上看，它还近似于人的一生：生命不仅是一场有始有终的混乱旅程，还具有循环往复的特征。此外，它无疑超前地暗示了生命分子 DNA 的双螺旋结构。

福斯塔夫最显著的身体特征自然是肥胖。他被称为“胖家伙”“胖汉”，或更具侮辱性的“该死的肥猪”。亨利亲王苛责道，肥胖的人只能无所事事地闲坐。福斯塔夫尖锐地反驳说脂肪也有其用处。他反问，肥牛不比“法老王的瘦牛”更好吗？那么人身上的脂肪呢？在《温莎的风流娘儿们》结尾，福斯塔夫抱怨起自己所有受过的骗，敌人们一定会“让我身上的油一滴一滴溶下来，去擦渔夫的靴子”。在莎士比亚时期，人体脂肪来源于被处死并被解剖的罪犯。它被称为“人油”，是一种 18 世纪末以前用于治疗残肢的药膏，毫无疑问，偶尔也会用于擦靴子。

看到布尔哈夫博物馆那具独特的人体解剖蜡像，我想起脂肪的好坏仍无定论。19 世纪早期，乌特勒支大学一位病态的解剖学家柏图斯·科宁（Petrus Koning）大胆地制作出真实的蜡像，摒弃了意大利出产的完美化模型。蜡像耐用持久，可代替尸体在医学教学中使用。蜡像制作者们声称追求真实，但明显有整理修饰的痕迹，偶尔还有理想身体尺寸混进来。蜡像要比后来鲜艳的彩色塑料模型美观动人许多。科宁的本意是要将其他艺术家刻意忽略的黄色脂肪层如实展现出来，而直到今天，塑料模型中仍未见其身影。

我们对自身脂肪的态度非常矛盾。在《创世记》中，法老保证追随者们也要吃“这地肥美的[①]出产”，显然，土地最好的出产便是脂肪。在鲜有人能够变胖的时代，肥胖本身就是种理想，是富有和健康的标志。由于生活富足，从哈特谢普苏特（Hapshepsut）[②]到征服者威廉，再到亨利八世，统治者们都有浑圆的身材。极度肥胖症在那时也有传闻。古希腊医生盖伦（Galen）曾到士麦那（Smyrna）探视一位名叫尼科马库斯的人，后者由于过于肥胖，已然无法下床。苏珊·博尔多（Susan Bordo）所说的“苗条暴政”直到维多利亚时代末期才在一些富人中流行起来，他们对更为丰裕的食物持禁欲式态度。影响他们的因素，除了饮食与运动的新科学理念，必定还有这时期发明的体重秤。据说，最新的体重秤能够向体内传递微弱电流，除了测量全身体重，还能单独追踪脂肪重量的变化。

苗条日渐成风，有鉴于此，不那么苗条的人便要找到合适的新标签来应对。1913 年，妙不可言的形容词“鲁本斯式”诞生。它源于三个世纪前彼得·保罗·鲁本斯画中红润迷人的裸体，它提醒人们“肉感”也没那么坏。鲁本斯式的人物在“纸片人”为王的世界里反其道而行，它并不意味着肥胖，也不是体形高大，而是指丰满和明晰的曲线，让人产生欲望而非厌恶。它是柔软的肉体，不是“封闭个性的人”的坚硬躯壳——更像是玛丽莲·梦露，而不是后来的麦当娜。

最近，对身体魅力感兴趣的科学家们研究了这位佛兰芒艺术家

---

① 原文为 Fat，也有脂肪的意思。

② 埃及第十八王朝女王。

的作品，想要测试进化心理学家普遍认同的观点，即男性从生理上更偏爱腰臀比低至 0.7 左右（腰围 25 英寸，臀围 36 英寸）的女性，虽然某些非西方社会里的女性魅力与体重成正比。他们测量了鲁本斯画中的 29 位裸体女人——公认的画中美人——的腰臀比，结果发现比率偏高，达到 0.78，进一步证实了比率为 0.7 的沙漏型身材不是所有社会或所有时代的理想型。

那么，多少脂肪算作超标呢？我们知道脂肪有许多重要的功能，最显著的便是储存能量。我们全身大约有 300 亿个脂肪细胞。体重刚开始增加时，这一数目并不会变。这时每个细胞会储存更多的油脂，直到重量变为原来的四倍。但如果体重超过一定限度，这些细胞就会开始分裂，形成新的脂肪细胞。之后，减重就更加困难。不过脂肪还有另一些作用，例如产生脂肪酸、控制细胞活动、生成激素、调节多种身体功能等。

所以说，虽然对脂肪的研究远少于肉、骨骼和器官，但它绝不仅是身体的填料或垫料。不过，这就是脂肪通常留给我们的印象，要么拥塞过多，要么过于匮乏。脂肪没有固定形状，生长也不受控制。它似乎是连续的、均匀的、没有结构的，但它无穷无尽。它没有明确的目的，却依旧不断堆积，顺着身体的“外壳”开疆拓土。而且，由于它四处膨胀鼓凸，也嘲讽了冥顽的“封闭的人”的概念。

老普林尼[①]是最早鄙弃脂肪的人之一。在《自然史》中，他告诉我们脂肪是没有知觉的。肉有知觉和触觉，但松软的脂肪层只会削

① 盖乌斯·普林尼·塞孔杜斯（Gaius Plinius Secundus），古罗马作家、博物学者，著有《自然史》（*Natural History*）。

弱感觉，阻碍我们与世界的联系。在现代语境中，脂肪也未被视作肉的必要补充，反而在某种程度上成为累赘。有些人甚至认为减脂等于增肌，或能让身材更苗条。我采访的一位整容医生讲到，现代男性越来越流行手术去除几条细长的腹部皮下脂肪，做出“六块腹肌”，让人误以为其腹直肌——横跨腹部的大块平坦肌肉，其间三根横向肌腱线条清晰可见——非常发达。

即便去掉了脂肪，问题还是没有解决。它究竟是废料还是有用的资源？在手术室，它被列为医学废料①。但如果它不能通过人体预留的孔口排出体外，自然不算身体废料②。如果需要强力才能切除或吸除，那么它对我们必定很宝贵，更类似我们身上的肉。然而，一旦它被去除，便再没有人想要，这种庞大的物体就会像普通的身体废料一样让人生厌。

复杂的社会规约与禁忌左右着我们对血液与排泄物的看法。但脂肪没有这类规约。这种不确定性刺激着艺术家们。德国艺术家约瑟夫·博伊斯（Joseph Beuys）就以在作品中使用脂肪而闻名。虽然他用的是动物脂肪，但观众显然会认为这是人类脂肪。博伊斯在解释为什么采用这种材料时，讲了一段发生在异国的故事：1944年，他在纳粹德国空军服役时，在克里米亚上空被击落，随后鞑靼人将他裹在一层层脂肪和毛毡中细心照料，直到恢复健康。

随着抽脂术越来越流行，我们不得不重新思考脂肪的文化含义。去除脂肪意味着什么？弃置体外的脂肪又意味着什么？在古希腊，

---

① 易腐烂并潜在传染性的危险垃圾，但也包括外包装、未用的绷带和输液袋之类。

② 排泄物，例如尿液、粪便。

脂肪用于献祭或葬礼供奉，它的流动性被视作生命的本质所在，同时还滋润着干枯的骨骼。如今，这些仪式以怪异的新姿态出现，也带来新的意义。2005 年，澳大利亚装置艺术家史泰拉克（Stelarc）及其搭档尼娜·塞拉斯（Nina Sellars）先做了抽脂手术，之后将体内抽出的脂肪放入一个大型透明容器中混合，他们把这件艺术品叫作“搅拌器”（Blender）。每过几分钟，电动搅拌机就会搅动混合物，让它始终保持均匀的液态。两位艺术家认为，他们的主要成就是获得了自己身体残留物（脂肪）的合法所有权，这样才使作品成为可能。食品作家、自称“美食家”的史蒂芬·盖茨（Stefan Gates）更加激进，他借抽脂术从自己身上抽取脂肪做成甘油，用来制作蛋糕糖霜，然后亲口将其吃下。前者怪异地模拟了两性融合，后者则令人震惊地演示了同类相食，这些不寻常的表演要告诉我们什么？也许只是暗示我们与脂肪矛盾重重的关系还将继续。

然而，不要轻信某些小报中的故事，例如杀人犯将受害者的脂肪刮掉，高价卖给化妆品生产商，或者整形外科医生用病患的脂肪作自家车的燃油。从大部分实用功能来说，不同的脂肪相差不多，且动物脂肪极其廉价易得。所以，既然市面上有同等功效的动物或植物脂肪，人们没道理自找麻烦使用人体脂肪。如果“人油”将来确有价值，也更可能与细胞壁物质有关，而非其中的油脂。2002 年，加利福尼亚大学洛杉矶分校的帕特里夏·苏克（Patricia Zuk）团队证实，相较于身体其他部位的成体干细胞，人体脂肪产生的干细胞更容易分化成肌肉、软骨或骨组织。至此，我们终于有了一个珍惜腰间赘肉的理由。

骨骼

无论是在古代或现代的解剖室里，还是大学书店的医学角，或是绞刑架上，那些显眼的骨骼都被认为是一个纯粹的结构。当我们在陈述一个争论的要点（the bare bones）时，意思是阐释它的本质。我们的骨骼（bare bones）不仅代表了我们的某种本质，还是一种美学和工程学奇观。

1896 年，X 射线面世，人们第一次有机会观看活体中的骨骼，一阵观骨热潮兴起。当年 1 月 5 日，维也纳的《新自由报》（*Neue Freie Presse*）发布了一篇配有伦琴夫人左手 X 光片的文章，宣告了威廉·伦琴（Wilhelm Röntgen）的发现。图中只有她的骨骼与婚戒；手上的肉不见踪影。几天内，狂热的人们都在制作 X 射线设备，一边用作自己消遣，一边像伦琴一样用作

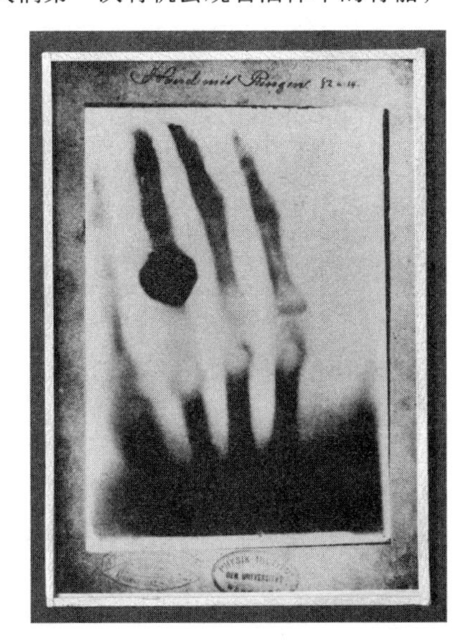

医疗诊断。如果你认为医生会让病人携带他们在家里拍摄的 X 光片，那就大错特错了。因为病人在家拍摄要长时间暴露在射线中，这会造成某些非常严重的射线烧伤。

这种技术在托马斯·曼 1924 年出版的小说《魔山》中令人印象深刻。书中，天真的主人公汉斯·卡斯托普（Hans Castorp）去参观一家位于阿尔卑斯山的肺结核疗养院。他陪同表兄拍摄 X 光片，顺势也拍了自己的手，虽然他并没有生病。于是，他得以看到他所期待的，“那是从来没有人愿意看见的，也是他自己从来没有料到能看见的，他看见了自己的坟墓”。

这些新的身体图像所蕴藏的色情意味更加明显，不是让人透过衣服看到皮肤，而是更深一步，透过皮肤看到骨骼。在书中某处，医生让卡斯托普看一条女性手臂的 X 光片，还提醒他：“幽会的时候，她就是用这样的前臂拥抱情人的，您知道吗？”等待自己的 X 光片时，他爱慕着一位女病人，她的“颈骨十分突出，几乎整条脊柱都从紧身毛衣上凸显出来”。

很快，人们便不满足于用 X 射线观看骨骼了。1896 年 2 月 5 日，发现 X 射线后仅一个月，美国报业大王威廉·蓝道夫·赫斯特（William Randolph Hearst）致电发明家托马斯·爱迪生，问他能否拍摄一幅人脑的 X 光片。爱迪生起初接受了他的提议，让助手的头暴露在 X 射线中整整一小时，但只能看到头骨内“弯曲幽暗的一团”。几十年后，其他技术的发明才部分揭开了这个最神秘的人体部位的谜题。同时，由于 X 射线能隐没肉体和其他软组织，仅仅显示骨骼，因而仍是一种主要的医疗手段，骨骼如幽灵般骇人的轮廓在人们脑海中久久挥之不去。

肉体可能有罪，但承载我们身体的骨骼却是一位无辜的奴仆、一种诚实的机械装置，对工作尽职尽责。它是人体唯一永恒的存在，这使它有了一种超越死亡的意思。虽然它看起来僵硬死板，毫无生气，却代表着生命的延续（生理上确实如此：有了骨骼就有骨髓，而后产生血细胞）。

从象征意义来看，骨骼中最重要的当属头骨——两只空洞的眼窝向外凝视，两排牙齿似乎在大笑，无唇的嘴在控诉。头骨是对人类虚荣的最后警告，是古典艺术中虚空的象征，因为它虽可辨认为脸孔，却空空如也。尼古拉斯·普桑（Nicolas Poussin）曾作两幅《阿卡迪亚的牧羊人》（*Et in Arcadia Ego*），在知名度较低的那幅中，一颗头骨不祥地放置于棺盖上，前面是墓棺上的铭文。鉴于头部常用来指代活人，头骨便可以代指死人。航海日记中曾用手绘的头骨来记录船员的死亡。这种传统或许可以解释 17 世纪海盗船上悬挂的海盗旗（Jolly Roger）——白色头骨下有两根股骨交叉的黑旗。这也许是黑化的法国海盗旗（jolie rouge）[①]，因为这种旗帜原本是红色的，更贴近海盗们的血腥意图。

但头骨平时是与身体连在一起的。整副骨架跳《骷髅之舞》（*Danse Macabre* 或 *Totentanz*），是 15 世纪黑死病后盛行的寓言式艺术主题。1874 年，卡米尔·圣-桑（Camille Saint-Saëns）为乐团创作《骷髅之舞》（*Danse Macabre*）时，巧妙地运用了木琴来重现尸骨碰撞发出的恐怖声音。

过去的医学文本常常将骨骼视作一种自然奇迹。精密的人体骨

① 法国海盗使用的红旗。

骼精结构使人类能够走、跑、拎、扛，这些都被认为是上帝存在的证据。1802 年，威廉·佩利（William Paley）在《自然神学：从自然现象中收集的关于神性存在和其属性的证据》[①]（大约是赞美神性的作品中最著名的一本）中写道：“我打赌，没有人能借助世上最复杂或最灵活的机器接头和枢轴造出比人类颈椎更巧夺天工的结构。”佩利尤其赞赏颈椎骨，使头部可以上下和左右运动。这是纯粹的天工：因为骨骼的功能如此神奇，它们一定是由奇迹之手创造的。佩利提出了一个著名比喻：自然造物恰如一只手表。手表的机制极其复杂，没有造物主的干预根本不可能实现。这一灵感很大部分源于复杂的人体解剖学。

无论如何，一具骷髅在我们眼中绝不只是一幅死亡图景，它还是某种确凿无疑的机械系统。有些骨骼属于承重支柱，另一些则像横梁。它们运作的方法多种多样。想象一具拎购物袋的骷髅，这袋物品的重量从手与臂的骨头传到肩关节，然后，重量通过锁骨、肩胛骨和其他骨骼传到脊柱，接着，向下穿过椎骨到达盆骨，再往下经过两条腿骨，到达地面。拎购物袋时，手臂上的骨骼受到张力，脊柱与腿骨却受到压力。锁骨就像一根横梁，在重物的作用下，张力拉起锁骨的顶端，而压力将力传到下面。

其实，无须诉诸神圣的造物主，我们也会和佩利一样承认骨骼拥有出神入化的技能。假设一位身材苗条的年轻女性体重五十公斤，她的骨骼净重不超过四公斤。你一定会想，这简直轻得不可思议，

① 原文为 *Natural Theology, or Evidences of the Existence and Attributes of the Deity Collected from the Appearances of Nature*

甚至比卖给医学生的塑料骨骼仿品还轻。为什么我们会如此惊讶呢？在现实生活中，我们倾向于认为骨骼重，肉体轻。因为后者会主动活动，而前者是被带动的。我们认为肌肉主动，而骨骼被动、迟缓，不按我们的意愿活动。但在一具剖开的尸体前，我的看法改变了。如果你先亲手拿过骨头再去托举整块肢体，就会发现肉非常重，而骨头很轻。

枯骨的主要成分是羟基磷灰石，即磷酸钙的水合形式。这种矿物质的密度足以阻挡 X 射线，于是可以显示出骨骼在体内的分布，以及其中的缺陷，但遗憾的是，关于它们是如何运作的就不得而知了。不过，我们确切地知道，人体大约有 206 块骨骼。

为什么是大约 206 块？毕竟 206 也不是一个数不清的天文数字。使用约数的原因是某些骨头在人类生长过程中会融合在一起。当最下面五块承重的椎骨在骨盆处融合在一起后，便形成了一块叫作骶骨的骨头。再下面，另外三块、四块或五块椎骨融合在一起形成更小的尾骨，连接到骶骨的底部。尾骨是我们退化的尾巴。有尾生物仍具有更多的有关节的椎骨，形成灵活的身体结构。也许有人认为尾骨在人体内纯属多余，但它是我们的久坐不动的生活方式演化的结果，在我们静坐的时候作为骨质三脚架的“第三条腿”（另外“两条腿”是骨盆上的坐骨结节，这名字令人印象深刻）：这就是我们随身携带的骨质“三腿凳”。一般来说，人体不止 206 块骨骼，但有时候，融合的骨骼略多，骨骼总数就会偏少些。

骨头的融合是因为重力。在几乎无重力的水下环境中，鲸和其他鱼类的骨骼可能永远不会融合，所以它们会不断生长。在某些情况下，由于生长没有限制，我们甚至能通过体型来判断动物的年龄。

不过人类在长到一定高度后就会停止生长。关于这点，生物学家兼哲学家约翰·伯顿·桑德森·霍尔丹（J. B. S. Haldane）在一篇著名的文章中写道：

> 让我们举个再明显不过的例子，假设一位巨人高达六十英尺——约等于我小时候阅读的插图本《天路历程》中巨人教皇和巨人异教徒的身高。这些怪物不止身高是基督徒的十倍，宽度和厚度也是十倍，因此总重量就是他们的一千倍，大约八十或九十吨。不幸的是，他们骨骼的横截面只有基督徒的一百倍，所以巨人身上每平方英寸的骨头所承受的重量是人类骨骼的十倍。人类的股骨承受十倍的人体重量时就会断裂，那么教皇和异教徒每迈一次步股骨都可能会断。我记得他们在图中总是坐着，这就解释了原因。但这也减少了人们对基督徒和巨人捕手杰克的敬畏。

上述论点极有力地证明了人体完美的尺寸，同时也几乎否定了完美人体比例的存在。因为如果我们能长到六十英尺高，我们的身体比例将会和波留克列特斯及维特鲁威给出的截然不同。

二百多块骨骼总重量只有几千克，那么平均每一块不到一盎司[①]重。这些骨骼在尺寸和形状上自然各不相同。《格氏解剖学》（*Gray's Anatomy*）中记载，“骨头中最长、最大，也最结实的骨头”是股骨。股骨中间长而直，两端有肥大的球状骨节，像一个方便的棍棒，就像《2001：太空漫游》开篇中猿人找到的那些骨头。最小的骨头在

① 1 盎司约等于 28.35 克。

耳朵里——锤骨、砧骨和镫骨。镫骨的重量大约只有三毫克，外形几乎与马镫毫无差别。

许多骨头都是以形状命名的，即使它们形似的物体如今可能已不太常见。据说，胸骨与一种罗马的匕首相似，相连的胸骨柄和胸骨体便以匕首的手柄和刀片命名。而颅骨被比作一座住宅：名为颅顶骨的侧边骨骼源自拉丁语“墙壁”。下方的颞骨，可能与庙宇有关，因为它在头上的位置符合更高深思想的地位，也可能与时间流逝有关，因为这里的头发最先变白。格雷形容锁骨像斜体字母 f，名字源于拉丁语“小钥匙”（当时的钥匙普遍较大）。手腕上有豌豆骨，形状大小都像极了豌豆。手和脚上的其他骨头则与几何学相关。如果你懂拉丁语或希腊语的话，就会发现它们的名字都非常直白。大多数骨头没有普通的英语名称，但主要器官和外部的身体部位却有。只有脊椎、肋骨和最显眼的骨头——头骨，拥有植根于当地方言名字。其他骨头的名称，主要指四肢和关节处，就简单地以所在的部位命名。

上述所有名称与描述都是基于男性骨架。女性主义者复盘过去的医学文本后，认为“18 世纪之前不存在对女性骨架的描述”，只有一幅粗劣的插画，作于 1605 年。这种可悲的情形最近有了一定程度的改观，但可惜的是，人们主要关注于女性与男性骨架的不同之处，尤其是生育功能方面。

两性的骨架确实有许多不同之处，但这些几乎都只是度的不同，而不是类的差异。女性的骨骼通常较纤细，胸腔较窄，头骨较圆，盆骨相对较大、较宽。（或者将上述表达反过来，我们可以说男性的四肢一般更粗壮，胸部更宽阔，头骨更有棱角。）不过，男性和女性的骨架自然不能以肋骨的数量来划分。据说女性有十三对肋骨，而男性只有十二对，因为《圣经》中讲到，夏娃是用亚当的一根肋骨创造的。《圣经》学者们质疑这个故事的意义。在希伯来语中，肋骨这个词（tsela）也作“身侧”讲，那么上帝用亚当的身体创造夏娃的时候一定做了次大手术。这种不寻常的造人方式也将基督教神学与其他神话联系起来，例如狄俄尼索斯从宙斯的大腿中出生。虽然女性没有多余的肋骨——这样一来，那本著名的女性主义杂志《肋骨》（*Spare Rib*）的标题便显得极为讽刺——但每二百个人中确实会出现一位拥有额外肋骨的人，提醒我们人类是由拥有肋骨更多的生物（例如伊甸园中的蛇，应当有数百根肋骨）进化而来的。

男性和女性另外一种明显的区别不在骨架，而是喉结。只听名字就会让人觉得这是男性专属的结构[①]。但《创世记》却解释道，夏娃先尝了智慧树上的果实，然后才引诱亚当去吃。从解剖学来看，男性和女性的喉头附近均有一种叫作喉突出部的特征，它是一种软骨凸起，并非硬骨。喉头是一个空腔，通过声带使其中的空气振动。其固有共振频率由空腔的体积及其开口的尺寸和形状决定。物理学家称这种空腔为亥姆霍兹共振器（Helmholtz resonators），以设计这种装置来分辨音乐乐调的19世纪德国生理学家兼物理学家赫尔曼·冯·亥姆霍兹命名。空瓶子就是一种典型的空腔。如果你从瓶口往里吹气，瓶内的共振频率会产生一种音调。注入半瓶水后，音调会变高。青春期时，喉头附近的软骨开始向外凸出，增大喉头的体积，从而产生更为深沉的声音。男生的喉凸出部比女生更明显，

① Adam's apple，因亚当吃了智慧树的果实而有喉结，且有定语“Adam's”，因此像是男性专属。

通常为 90 度，而女生则为 120 度，这种差异就是男性喉结更大、声音更低沉的真正原因。

骨头本身比很多人造材料更加先进。骨头——包括人骨，例如头骨碎片被用作刮削器——是人类最早使用的工具之一，如今仍激励着材料科学家去寻找强力且轻质的材料。由于骨头在大多数时间都在支撑我们的体重，所以你可能会认为它的抗压能力强于抗拉能力。一般说来，每平方厘米的骨头上可以承受一吨半的负荷。比如，儿童手臂上的骨头可以轻易承受一辆私家车的重量。它的抗拉能力与抗压能力几乎相当，可与铜或铸铁的抗拉能力相媲美。但骨头在抗扭转力上略显薄弱，这就是为什么大部分骨折都是因为剧烈的扭转力。

大多数骨头，尤其是四肢的长骨，通常都比较顺直。这种构造并不是为了用最短的骨头贯穿最长的距离，而是因为直骨较弯骨更有力量。这也是为什么建筑中起支撑作用的结构柱都是直的。许多较大的骨头基本都呈管状。如果你将它切开（可请屠夫帮忙），就会看到里面是充满孔洞的海绵状结构。这种疏松结构自然让骨头比密实结构更轻巧。其实，这并不是海绵，而是一种构造精密的微型结构，在骨头最有可能受力的地方提供一个小小的支撑网。现在，家具设计师也开始用这种极简原则设计桌椅，他们参照电脑生成的受力图解，在最恰当的地方安置支撑结构。

真正启发人的不是某一块骨头，而是所有骨头协作的方式。灵歌《枯骨》（*Dem Bones*）告诉我们（好像有些不恰当），每根骨头都至少连着另一根。基本上，身体就是硬而直的“梁”，与其端部相邻的“梁”以各种方式铰接在一起，以此类推，形成相互勾连的整体。在美国空间计划开始之前，很少有人研究人体的力学体系，不过此时必须弄清身体在失重状态下的反应。而这一领域的两位先驱是德国莱比锡的克里斯蒂安·布劳恩（Christian Braune）和他的学生奥托·菲舍尔（Otto Fischer）。19 世纪 80 年代，他们做了人类步态的早期研究，然后受到艾蒂安–朱尔·马雷（Etienne-Jules Marey）和埃德沃德·迈布里奇（Eadweard Muybridge）等人运用早期的高速摄影方法考察人与动物活动的启发，他们想要确定人体的重心。通过小心翼翼地平衡冰冻的尸体，他们完成了这项工作。他们还将尸体切分开，进行相同的平衡测试，确定了身体各主要部位的重心。今天的许多计算（例如估测车祸中颈部扭伤的程度），仍然有赖于极少数像这样的原始研究数据。

上面对骨架的粗糙描述几乎掩盖了佩利所赞赏的优雅的复杂性。人体骨架要承担的任务不胜枚举，包括运动、平衡、抗压和操作，所有任务都会使骨头承受高压。正常行走要不断调整许多单块骨头的位置。例如，每一步包含了六种动作，先是骨盆旋转，使身体随着站立腿移动，另一条自由的腿便可以向前迈步，直至脚跟着地，然后将身体的重量从原先站立的腿移至迈到前方的腿上，如此交替循环。膝盖、脚踝和脚的多重屈曲确保脚的每一步都能顺利落地、离地。这种复杂的活动产生的力是身体重量的八倍。

所有的骨骼都相互联系，相互依赖。我觉得我应该先搞清基本原理，所以我咨询了一位结构工程师，而不是骨骼学家。克里斯·伯戈因（Chris Burgoyne）是剑桥大学混凝土结构课程的高级讲师，同时也做骨骼的力学研究。工程师们最擅长用笔和纸来表达，他也不例外——一边说话一边以闪电般的速度画下简单的力学图示。基础杠杆类型有三种，人体全部囊括。第一种的支点（即轴心点）位于将被抬升的重物与向下的力中间，像一块跷跷板；另外两种的支点位于杠杆的一端，或者要从另一端发力抬升中间的重物，或者从中间发力抬升端点的重物。抬手指时，你调动的是手臂中穿过指关节正上方的肌肉，指关节为支点。这就是跷跷板型杠杆：指头的重量与肌肉力量分别位于支点的两边。现在，用肱二头肌抬起整条手臂。此时支点便在肩部，而发力的肌肉位于支点和手臂重心之间。最后，踮脚站起来。此时向上的力由跟腱与腿部肌肉提供，支点是脚趾与脚面的连接处，身体的重量就在二者之间。

当肌肉酸痛需要休息时，你会意识到骨骼并不仅仅是一具框架，它还是所谓的肌肉骨骼系统的一部分。任何功能性结构一定有承受拉力和压力的部分，否则它就会分散或坍塌。骨头主要是承受压力的，肌肉则承受拉力。在某项研究中，伯戈因分析了人类肋骨的结构。他发现，肋骨的切面不像木棒切面那样圆滚，也不像鲸骨胸衣的撑骨那样扁平。事实上，它们的切面是不断变化的，接近脊柱的地方呈梯形，接着是三角形，到胸前又成为椭圆形。乍一看，这与它们作为身体最重要器官的保护性笼架似乎没什么关系。你可能简单粗暴地认为整条肋骨的切面都呈最大面积即可。但肋骨的形状还要适应肌肉组织，后者通过骨头表面偶有的粗糙纹路附着其上。这种肌肉组织将有效地和肋骨连接起来。如果把肌肉也考虑进去，就会发现，肋骨的形状在不断变化，以适应可能承受的压力。

这场讨论既然以机械工程开场，就不应当忽视骨架在机械工程上的某些缺陷。我们骨架的结构并不像威廉·佩利和其他人想象的那么完美。我们可以像佩利赞叹的那样上下点头，左右摇头，但我们的头部无法进行360度旋转，这就有点儿掉链子了。此外，肋骨虽然能抵抗外部的撞击，却最容易被身体自身伤害。肋骨骨折的一个常见原因是剧烈咳嗽时，胸廓内部产生的压力。

人体骨架还有一种意想不到的好处：手臂的两根主要骨头通过前臂的第二根骨头——尺骨，在肘部形成闭锁，成为一个坚硬的杆。只要掌心向前，人就可以负担起大件重物，例如一桶水，但要与身体保持一定的倾斜距离，以防撞击膝盖。不过在其他方面，肘部又十分脆弱，比如撞到肘部的“麻骨”，这种脆弱部位——通向小指和无名指的神经在肘关节和皮肤之间遭到挤压又缺乏肌肉保护的位置——是我们进化为两足动物的恶果。如果我们还是四足动物，前肢便会呈一定角度，使肘部向后而非向外弯曲，从而更好地保护肘关节。我们知道，到了一定的年纪，膝盖也会受损，这也是进化的结果，因为我们用两条腿来承受原来四条腿承受的重量。至于阿喀琉斯之踵，倒不算真正的弱点：任何人脚后跟中毒箭都会像神话中的阿喀琉斯一样昏厥。这一维多利亚时代的隐喻的真正源起，据说是塞缪尔·柯勒律治的诗句：“爱尔兰，英国脆弱的阿喀琉斯之踵！”

骨骼的物理性已经足够瞩目，然而它还是一种活体组织。它必须一边跟随身体成长，一边发挥结构功能。骨骼的生长源于压力。在平常的锻炼中，骨头受力形成小小的裂隙。这些裂隙发出化学信息，指示生成新的骨组织。但是，如果施加的力略微超出正常限度——大概到120%（钢等材料可承受至200%）就会发生骨折。“人体的设计既不过分也无不足，因为所有骨头承受的限度都是120%。”克里斯对我说，“这样你的身体自然处于最优状态。”换句话说，某块骨头不会变得“太强壮”，除非你特意做出努力，但结果也只是变得“足够强壮”。相反，它一般也不会退化到威胁人体安全的水平，除非缺乏使用。运动员所说的“付出110%的努力”，蕴含的道理可能超出了他们的认识。

考虑到重力作用，身体在成长时需要控制重量，否则就会像霍尔丹提到的《天路历程》中的巨人一样。为此，身体采取的一种方法是让骨骼的竖向的生长速度大于横向（代价是成人骨骼的相对强度有所减弱）。身体中显然有种力量引导骨骼向着它最有需要的地方生长。无论是什么（我们稍后会讲到），它对身体周遭的环境都有极强的适应性。我们早已知道，如果对骨骼反复施压，它们的尺寸会变大，力量也会增强。罗马士兵持长矛那条手臂的骨骼要比另一条大些，现在的网球运动员也一样，他们挥拍的手臂骨骼更大。青少年时期的体育活动尤其有效，像芭蕾舞或体操，可在身体骨骼硬化前根据锻炼塑形。

这种变形能让我们从祖先遗存的骨骼中获知更多信息。我们曾骄傲地认为我们有更好的膳食条件，所以必定比祖先个头高。但从直立人和早期智人的骨骼来看，他们的个头比我们高，因为他们要为了生存而艰苦地劳作。从骨头上的肌肉附着面积来看，他们相应的体重更重，身体也更强健。如果我们愿意付出努力，一定可以重获这种超人身材——我们如今缩小的体型不是进化变异，而是适应环境的结果。

直到最近，人们对骨骼的生长都知之甚少。身体成长中正常的骨骼生长方式大家都非常清楚——位于长骨顶端的软骨细胞分裂，然后硬化成骨骼。虽然明知道要深入探究锻炼或不锻炼对骨骼的影响，但很长时间内都无人解谜。例如，在腿骨折打石膏的短暂时期内，骨头会丧失多达三分之一的重量。幸运的是，一旦恢复训练，骨头的重量很快就会复原。骨头在失重环境中也会萎缩，因此有必要规范宇航员的身体动作。

现在，让我们来解谜。其实骨头有一种神奇的压电效应，也就是说，当施加外力时，骨头会产生一个很小的电场。这就是骨头受力形成小裂缝时周围的现象。尽管细节尚不明确，但似乎这种效应就是骨头能重塑自身的关键因素。新的骨细胞由名为造骨细胞的前体细胞生成，造骨细胞因带有造骨钙离子而携带正电荷。锻炼时，某些骨头受压产生压电效应，可形成负电荷，然后自动将这些造骨细胞吸引到它们最需要的地方。这个细节应该会让威廉·佩利欣喜万分。

也许我们也像佩利一样，倾向于认为人体骨架是完美的结构，大多数骨架都大同小异。但要想了解形成一具正常的骨架到底有多难，你需要参观一家解剖馆。在伦敦皇家外科医学院的解剖馆中，一具骨架患有罕见的进行性骨化性纤维发育不良症；它的肌肉组织转化成骨骼，产生大量钙质增生，随着病情逐年加重，最后彻底无法动弹。我必须承认，人体骨架不是建筑中钢结构那样坚如磐石的甲胄，而是一种绝对有机的生命体，可在化学物质和外力作用下改变形状。

艺术家们如今痴迷于在实验室条件下培养骨组织。2005 年，伦敦皇家艺术学院的托比·克利奇（Tobie Kerridge）寻找着对新的爱情信物（即用对方的骨组织做成戒指）感兴趣的夫妇。愿意参与生物珠宝项目的恋人们都必须将智齿拔除。通过正常程序拔牙后，克利奇便利用这些小块骨头培育新的骨组织，在合适的营养条件下，只需要几周，它们便可沿着戒指状支架生长、硬化。接着，每位浪漫的伴侣都能戴上由对方身体的“一部分”做成的戒指。“对于相爱的双方，我想不出比这更亲密、更能代表我们关系的物件。”该项目的一位申请人写道。这些伴侣背后的参与动机各不相同。其中有一对是材料科学家，另一对是为了抗议珠宝交易，还有一对是身体穿洞师[①]，他们想将穿洞艺术推向身体更深处。戒指由佩戴者参与设计，其雕刻与装饰的方式让人不由自主地联想到人类三万年的制作骨工具、佩戴骨饰品的历史。

① 在身体上穿洞，常见的有耳洞、鼻洞、脐洞等。

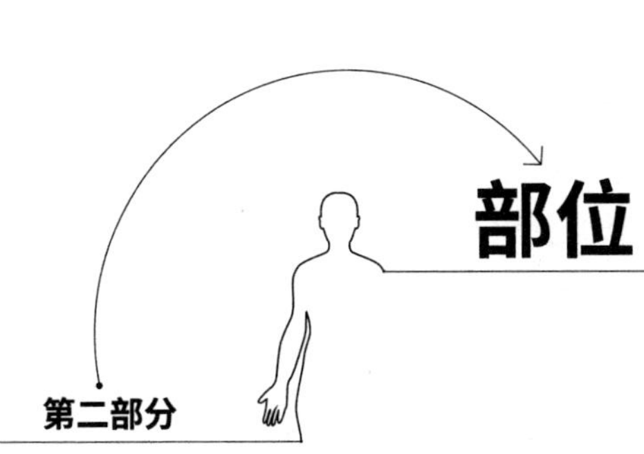
部位
第二部分

划分地形

维萨里的七卷本人体解剖学著作中配有大量精美插图，正是这些插图的背景材料讲述着作者自己的故事。这些梨木版画由一位不知名的威尼斯艺术家雕刻，共200多幅，展现了解剖各个阶段中身体及身体部位。维萨里作的图注详细论述了这些部位的外观和功能，配以他自己的发现、一流学者的权威观点和自传性逸事。1543年，这本《人体的构造》一经出版，便成为当时最科学、最准确、最完整的人体百科全书，在很长一段时间内独领风骚。画中的重要主题一目了然，与维萨里追求的指导和启蒙人民的愿望不谋而合，但其中也有些戏剧性和悲怆的场景。例如，在表现肌肉的插画里，剥下的皮肤还悬在身体上，就像萨尔瓦多·达利画中软塌塌的钟表一样。在内脏器官图解中，剖开的躯干上四肢被利落地砍掉，恰似古典时期的雕塑。器官呈现出纤毫毕现的真实，但手臂与腿的残肢的颜色暗示它们只是雕刻家的大理石制品，并非真实的血肉之躯。这些插图是艺术与科学的完美融合。

维萨里唯一一幅被认为是真实的肖像便藏在其中一幅木刻画里（杜普医生和伦勃朗一定熟悉这幅肖像）。他用手抓着一条剖开的前臂，正在讲解手的活动原理。他五官紧凑，脸色偏黑，贴头皮的短发如金属丝一般，胡须修剪得整整齐齐。他的头部与身体相比显得过大，而他的身体和正在解剖的尸体相比，无疑十分矮小。他面向读者，直视我们的眼睛，目光中藏着些许顽皮。他的态度与其他一些画中的冷酷幽默感如出一辙。例如，一具肌肉外露的尸体以手持刀，炫耀胜利似的高举着他自己划开的皮肤。另一幅画中，一具骷髅冷漠地倚着他的铁锹，显然刚把自己挖出来。他舞着另一条空闲的手臂好像在说："好吧，又怎么样呢？"

不过，我之前说过，正是这些细节透露了作者的故事。这幅画背景中的山脉经考证位于帕多瓦（Padua）附近。1537 年，年仅 23 岁的维萨里任外科主席，并计划使解剖学成为欧洲各大医学院的核心课程。罗马遗址出现在多幅插图中，或许象征着维萨里对盖伦作品带来的破坏，后者是活跃在公元 2 世纪罗马的古希腊名医兼解剖学家，其著作主导了世人对医学的认识将近 1400 年。

其中一幅版画想侧面呈现一具骨架，就是包含哈姆雷特动作[①]的那幅：骷髅右手放在一只位于棺木顶端的头骨上。棺木上刻着古拉

① 指哈姆雷特在墓园中捧起约利克的头骨。

丁语格言“VIVITUR INGENIO CAETERA MORTIS ERUNT”，原意是比较客观的——“天才永生，余者皆逝”，但在这里可能指代维萨里的野心，希望自己的才能超越对手而长存。骨架后面，一丛灌木被砍断的残枝重新扦插，意味着生命既被切断又得到重生，这也是其中不少木刻插画的主题。

《人体的构造》中有一卷专门讲述肌肉，在这卷的第一幅插图中，两位丘比特围绕着文本中一个花体大写字母。如果你仔细观察，就会发现他们其实不是天使，而是“清尸者”。这种设计似乎只是为了好玩，后面一幅插图中被解剖的人体由绳子吊了起来，好像它是被绞死的，但绳套的位置又不在脖子，而是穿过两个眼窝使头部向后仰，以便将喉部的肌肉展露在观众眼前。这些画不仅让我们看到了那个年代的粗蛮，还了解了维萨里为获得研究素材不得不依靠的手段。他讲述了他如何从鲁汶（Leuven）城外的绞架上偷取罪犯的遗骸，鲁汶是一座佛兰德大学城，他当时在此求学，后来去巴黎和帕多瓦深造。有一天，他出去散步，“乘学生之便，走到经常放置被处决罪犯的乡村路旁”。他在这儿遇到一具风干的尸体，肉已经被鸟儿啄空。“最后骨头完全裸露在外，仅靠韧带连接，因此只有肌肉的根部和嵌入骨骼的部分保留了下来。”在一位医生好友的帮助下，他爬上绞刑架，将股骨从臀部扯了下来，还将带着手臂和手的肩胛骨卸掉，并“偷偷地”带着这些部位回去，来回好几趟。他把头部和躯干留下了，因为它们由链子固定在绞架上。但不久后的一个晚上，他故意让自己被锁在城外，这样就可以趁着天黑从容地把剩下的尸体偷回来，不受任何干扰。“我太想得到这些骨头了，于是在午夜时分，我独自来到这些尸首中间，小心翼翼地爬上绞架，

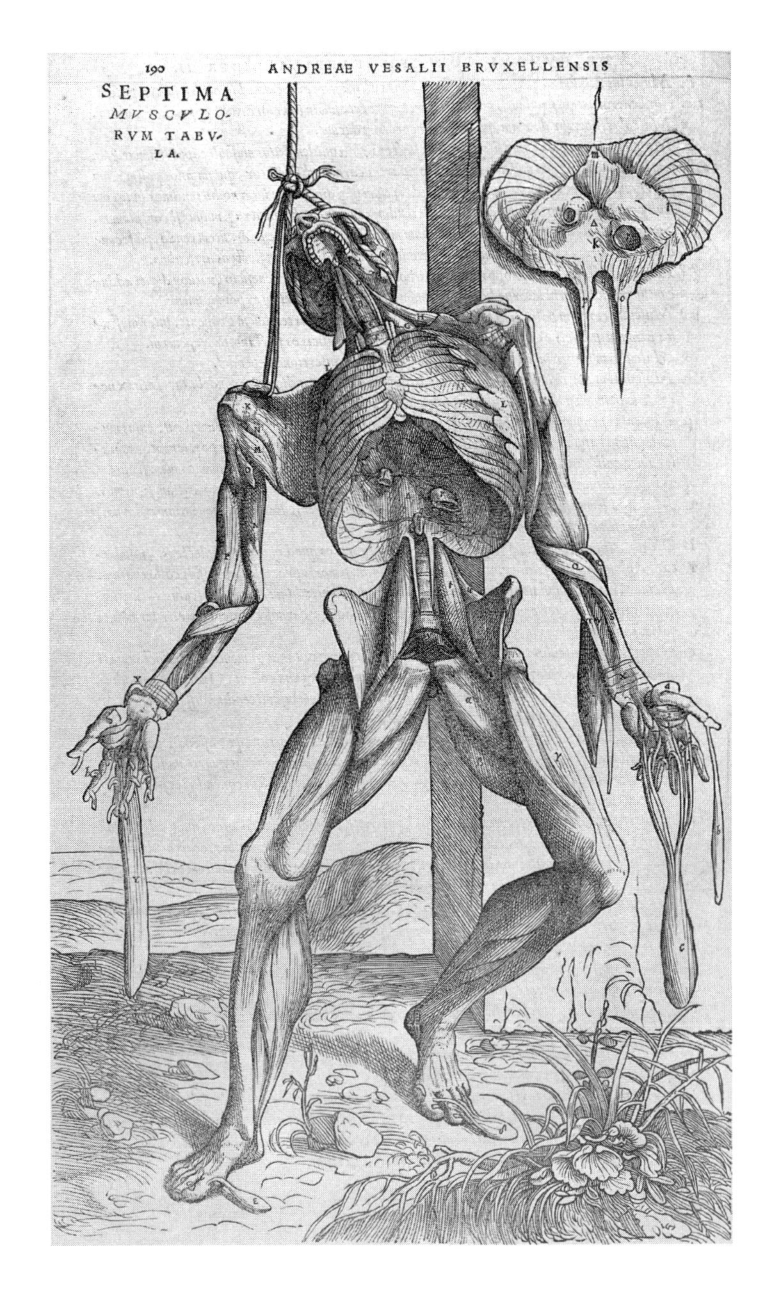
190 ANDREAE VESALII BRVXELLENSIS
SEPTIMA
MVSCVLO-
RVM TABV-
LA.

毫不犹豫地拿走我渴望已久的东西。”他将偷来的骨头藏在绞刑场，然后“一点点”运回家，这样他便能在卧室组装一具完整的骨架，而缺少的几个部位——一只手、一只脚和两块膝盖骨——则从其他尸体遗骸上拼凑而来。

安德雷亚斯·维萨里其实是他的拉丁名，他原名安德里斯·范·韦塞尔（Andries van Wesel），1514年出生于布鲁塞尔。他父亲是药剂师，他后来在巴黎大学接受医学教育。通过直接观察尸体，维萨里在很大程度上彻底改造了人体解剖学的研究，革新了古典时期最伟大的医学家盖伦的医学理论。盖伦沿袭了古希腊亚里士多德和希波克拉底的观念，在他的极力推崇下，后者迄今仍被视作医学科学的始祖。盖伦后来到罗马，成为古罗马皇帝马可·奥勒留的私人医师，享有崇高声誉。盖伦对人体的研究集中在身体的主要部位上，例如重中之重的大脑、心脏和肝脏——分别管控着对应的身体部位：头部、胸腔和腹部。这些部位由四种体液[①]——血液、黏液、黄胆汁和黑胆汁，和一种较稀薄的液体——精神（灵魂存在的证据）联结在一起。约等于我们今天所说的整体观。

在维萨里到巴黎求学前不久，盖伦的作品被重新研究并出版。维萨里支持这种复兴，并以此为基础形成了自己的解剖学，但当他的亲眼所见与经典理论不符时，他又极其大胆地反驳盖伦。在一种叫作“异网[②]”（rete mirabile）的解剖学特征上，两人的理解出现了分歧。这种网是动脉与静脉组成的复杂网络，包覆在诸多物种（例

① Four humours，又称四种气质，起源于古希腊医学理论中的“体液学说”。
② 细脉网，是一个牵涉到混合血管和动脉的复杂系统。

如绵羊和猩猩）的大脑外部。盖伦和其他医学者认为它是精神的导管，后来基督徒们接受此种观点，将其奉为身体与灵魂的交界。维萨里早期解剖的对象是动物，没理由反驳这一点，但当他在帕多瓦开始解剖人体，并为《人体的构造》做储备时，始终没有发现“异网”，于是他大胆地认为人体中并不存在这种结构。维萨里对盖伦的质疑不仅是解剖学研究上的重大时刻，也成为现代科学的重要瞬间，它让人们认识到，希腊人确实遗留下了有价值的积淀，但他们的知识高度也并非不可逾越。不过，维萨里起初非常小心地不去触怒他的盖伦派同辈和师长，直到1555年《人体的构造》第二版中，他才终于指出了这个错误。

解剖学中有太多观点源自动物解剖而非人体部位解剖，导致了医学进步缓慢。维萨里责备盖伦开此陋习，据说他自己却也抄此捷径。他原本计划用《人体的构造》来修正关于人体的所有知识，但由于缺乏可用的尸体，他不得不时常查阅先前出版的作品或动物解剖材料。维萨里虽然是描述前列腺的第一人，但在生殖系统的研究上却常常显得薄弱。他解剖子宫时，使用的显然是“通过可疑手段得来的一位僧侣的情妇的遗体”，结果相当可靠；但讲述孕期解剖的那一章却站不住脚，因为缺乏相应的人体标本，孕期的女人身体一般都比较健康，于是他在人体胚胎部分配的插图是犬科胎盘，实属不光彩的无奈之举。

《人体的构造》一书揭开了人体内部这片等待探索的未知领域。解剖学的航海家们开始扬帆起航，纷纷占据领地，在途经的身体“海峡”和“岛屿”留下自己的名字。维萨里的学生法罗皮奥绘制出女性的生殖系统，填补了老师的空白。于是如我们所见，子宫与卵巢之间的管子虽然早先已经描述过，却命名为法罗皮奥氏管。埃乌斯塔基奥则在耳朵中拥有自己的命名地。甚至尼古拉斯·杜普也分得一杯羹：杜普瓣膜指的是大肠与小肠之间的褶皱状门户。

人体解剖学上这种占地命名的做法催生了许多误导性的假想。例如，它让人错以为被认领的部位具有不同的结构或功能。但这只在某些部位中属实。它还会造成一种分裂感，遮蔽各部位的相互联系。主要器官可能看起来独特出众，但与其他身体部位却有千丝万缕的联系。同时，“中间构件”，例如分隔胸部和腹部器官的横膈膜，却被认为无法构成独立的身体单元而被无情地忽视。

将身体划分成不同的部位确实有些重要作用。例如，为了正确理解器官的真正作用，颠覆器官一直以来的象征性，并取得科学进展，这种简化的手段必不可少。但它还带来了一些麻烦的新想法。如果将人体看作一个可拆分的工具箱，我们会感到不安，因为当所有身体部位都明明白白列出来，曾经被认为寓居体内的至关重要的灵魂，似乎就消失不见了。分解还意味着身体有组装起来的可能性——维克多·弗兰肯斯坦用从“停尸房……解剖室和屠宰场”偷来的身体部位（想必人与动物的部位都有）创造了他的怪物。玛丽·雪莱非常简洁地描述了这位“悲惨的怪物”。她借弗兰肯斯坦之口说：“他的四肢倒还符合比例，我也尽力按照美的标准挑选他的五官。”但是，当它真的“活过来”，这些美的部位却显然组成了一个恐怖的、没有灵魂的整体。

要探明身体究竟如何运作，自然要从心脏开始。心脏是所有器官中最有活力的一个——内部满是由强健肌肉驱动的部件。幸好，相较于解剖，人体在功能上与动物体更为接近，所以（动物）活体解剖就成了一种重要手段。人体活体解剖曾在古代亚历山大港实行，后因基督教的教义废止，但用活体动物做实验却没有任何限制。如果在足够数量的不同类动物身上发现一种起类似作用的器官，那么它就可被视为普遍存在，人体上也应该能找到。在16世纪40年代中期，继维萨里后任帕多瓦大学外科主席的雷尔多·科伦坡（Realdo Colombo），首次给出了详尽的肺循环描述，即血液通过肺部从一个心室转移到另一个心室（许久之后才知道大马士革的伊本·纳菲斯早在300多年前就发现了这一循环）。维萨里与其他医学者都接受了盖伦的观点，认为血液一定是穿过分隔这些心室的肌肉壁上的孔直接循环，虽然没有人找到过这些孔洞。科伦坡通过活体解剖发现，使用过的血液其实全部离开了右心室，经由肺动脉注入肺部，之后再经各级肺静脉将新鲜血液注入左心室。且不说其他，科伦坡的发现至少生动地阐释了器官不被视作独立封闭的单元所带来的好处。亚里士多德曾认为左侧心室里的血液是冷的，右侧心室中的血液是热的。科伦坡的发现可以纠正这种理解。进入左心室的血液更暖，因为据我们所知，血液从肺中重新摄取了氧，而氧和血红蛋白反应会产生热量。此外，他还能证明心脏最重要的活动是强力收缩挤出血液，而不是收缩后的舒张。

科伦坡的实验也并不是每次都有意义。在一次极度乏味的公共示演中，他从一只怀孕母狗的子宫中剖出了一只小狗，将其弄伤，然后递给母狗，母狗不顾自己的伤痛，急切地舔舐着小狗。这一情景自然会让观众中的神职人员欣喜不已，因为它证明即便是产崽的动物也散发着母爱的光辉。

科伦坡的工作为威廉·哈维发现全身的血液循环规律奠定了基

础。哈维——又一位帕多瓦医学院毕业生——是英格兰詹姆斯一世和查理一世的御医。在 1628 年发表的著作《关于动物心脏与血液运动的解剖研究》或《心血运动论》中，他为查理一世写了一篇充满溢美之言的献词，认为国王之于王国就好比心脏之于身体。“因此，我恭请您，最杰出的陛下，以您极度严谨的心态，接受我这篇关于心脏的论文，因为您就是这个时代的心脏。”他如此写道。

哈维经常教导学生说，解剖学能“充实头脑，指导双手，并让心脏习惯必要的无情”。历史学家鲁思·理查森（Ruth Richardson）指出，这种“必要的无情”正是我们现在所称的“医学式冷漠”。哈维的经验自然是相当老道。他甚至解剖了自己父亲的遗体，而当他的妹妹去世后，他再次挥刀，补全了女性解剖学的知识——这也反映出当时供医学实验的尸体的极度匮乏。在英格兰，亨利八世定下的一年供给外科医生四具尸体的皇家配额，到一百年后的查理二世才提高到六具。

哈维取得的突破几乎可算是无心插柳柳成荫。他本人极其保守，还曾建议日记作者约翰·奥布里（John Aubrey）回到医学源头亚里士多德和 11 世纪波斯的阿维森纳[①]，如果他想学医的话，不要理会维萨里等时髦的“紧身马裤”之流。不过好在哈维与维萨里一样，都相信眼见为实。他在解剖活体动物时观察它们跳动的心脏，发现心脏瓣膜只向一侧开启，所以从肺返回心脏的富氧血只能通过主动脉再次流出，也就是说，人体全身一定也有种血液循环，与科伦坡发现的心脏与肺之间的血液循环类似。哈维测量了心脏每次跳动抽

① 一般简称伊本·西那。中世纪波斯哲学家、医学家、自然科学家、文学家。

送的血液量——约等于酒馆中双份酒杯的容量。照这样下去，全身的血液在不到一分钟内就能全部通过心脏！先前认为肝脏是造血之源，现在看来显然不对，肝脏不可能以这种速度造血，所以哈维认定它只是循环中的一环。他认为进出心脏的静脉和动脉的粗壮程度进一步证明了大量血液必然从这里传输，而且他曾手握一只跳动的动物心脏，注意到它每次剧烈收缩时都会变得无比坚硬。

发现全身血液循环让哈维有些惊慌失措。现在人们大都接受勒内·笛卡儿将身体比作机器的观点，认为心脏是其中的机械泵，但哈维拒绝这种阐释。他更乐见血液在全身循环的路线图，这让他更加坚信宇宙中古老的循环观念。不过他的发现对外科医学和所有的医学分支都极其重要，例如过去的医生曾非常困惑疾病为何能在体内迅速传播，如今就有了新的认识。

据记载，英国的遗体供应量在1752年“为更好地预防恐怖的谋杀罪”议会法案通过后得到了提升。该法案规定，绞死的罪犯遗体不需按照一般的基督教仪式下葬，遗体解剖也可以看作是惩罚的一部分。然而，这一规定也未能满足日益增长的医科人员的需求。爱丁堡当时的医学比较发达，对遗体的需求非常大。在灰衣修士教堂（Greyfriars church）的墓园，你仍然能看到护墓的笼架（mortsafes），即坟墓上方搭的铁栅栏，以预防18世纪普遍存在的掘尸现象，以及该市和英国其他城市出现严重的动乱。这些掘尸人（外号“复活者”）从新坟里挖走新的尸体，能捞一大笔钱。（他们非常谨慎，只挖尸体，不带走任何陪葬物品，以防被指控盗窃罪——无生命的尸体是没有主人的，但陪葬品属于死者的亲属。）

在爱丁堡，本市墓园中的尸体也很快供不应求。1827年11月到 1828 年 10 月，来自阿尔斯特的两位临时工威廉・伯克和威廉・黑尔在该市共杀了 16 个人，将他们的尸体卖给罗伯特・诺克斯（Robert Knox）教授的解剖课堂。由于尸体不能够有残缺或伤口，伯克和黑尔便选择容易就范的人下手。他们先是给目标灌威士忌，接着其中一人用手掩住目标的口鼻，另一人压在目标身上，防止目标挣扎。品相最好的尸体，诺克斯能给到十英镑。

诺克斯教授其实不太适合医生这一职业。他认为人体内部难看又肮脏，没有任何“感官可以领悟或向往的模样”。在剖开的尸体面前，他不可避免地看到了自己的死亡结局。但人体的外表似乎是另一回事。伯克和黑尔的第三位受害者是一位年仅十八岁的妓女——玛丽・佩特森，诺克斯太痴迷于她的容貌，迟迟不肯落刀。相反，在这个主角为尸体的皮格马利翁[①]式故事中，他将玛丽的身体摆出曼妙的斜倚姿势，并请一位艺术家为她作画，仿佛她还活着。他用威士忌将她完好无损的尸体保存了三个月，然后才让学生们在她身上施展解剖术。许多年后，已臭名昭著的诺克斯出版了《艺术解剖学指南》（A Manual of Artistic Anatomy），他在书中回顾了玛丽・佩特森像米罗的维纳斯一般完美的胴体，身体表面没有任何迹象能显示“内部器官或腔室的存在”。由于出自外科医生之口，这种对人体美的定义更具有启发性，同时也大胆驳斥了科学简化论及其身体由部分构成的理念。

爱丁堡并不大，熟悉的人消失后很快就会被人发觉。当诺克斯

① 皮格马利翁与伽拉忒亚的神话。皮格马利翁疯狂沉迷于自己雕刻的完美女子伽拉忒亚，每天为她穿衣打扮，后爱神被其打动，复活了伽拉忒亚。

的某些学生发现解剖台上的十五岁男尸像是智障少年詹姆斯·威尔逊——镇上有名的“蠢杰米”时，伯克和黑尔差点儿暴露身份。诺克斯坚决否认，但那天的解剖课却一反常态地从解剖脸部开始。他们的下一位也即最后一位受害者还没来得及转移到诺克斯所在的学校，就在两人的住处被搜出，至此，两位杀人犯终于落入法网。黑尔因为交待了伯克的罪证而免除死刑，而伯克成为英国最后一批被处死并解剖的杀人犯，身份讽刺性地遭到逆转。他的骨架如今陈列于爱丁堡大学的医学博物馆。

伯克和黑尔的行为虽然臭名昭著，但在英国解剖史的早期，情况更加恐怖，连最高的医疗学府都难脱干系。1774 年，威廉·亨特（William Hunter）出版了《人类妊娠子宫解剖图集》（*The Anatomy of the Human Gravid Uterus*）。它是关于女性生殖系统和胎儿发育的图集，基于作者二十五年来的研究和对至少十四具死于分娩或妊娠各阶段的新鲜女尸的解剖。亨特是如何获得这些尸体的？我们都知道，身怀六甲的女性不太会生病（也不会去犯罪被判绞刑），所以新坟里、绞刑架上资源应该很少才对。亨特自己也写道：“从容地解剖人类妊娠子宫的机会少之又少。”事实上，著述这本书的主要目的是为了让医学生看到他们在平时解剖中不太可能接触到的东西。然而，这本书也只在伦敦这样人口稠密的城市才能写成，只有在这里，亨特才可能通过合法或非法手段，历经二十余年，收集到十四具尸体为己所用。2010 年，一位名叫唐·谢尔顿（Don Shelton）的艺术史学家对亨特的《解剖图集》做了数据分析，发现他除了从“复活者”手中获得有据可查的几具尸体外，还有一些无据可考，那么其中一些只能通过持久不衰的谋杀手段了。

我作此联想可能是因为协助威廉·亨特工作的他的弟弟约翰。约翰后来为医学的多条分支做出贡献，并被认作科学外科医学之父。他可能是首位使用人体组织“移植”（transplant）一词的人。他做的移植实验在今天看来可能令人不快，而且具有误导作用：将同一只动物的组织从身上一处移到另一处——例如将一只小公鸡脚上的某根尖趾甲移到鸡冠上——还将不同动物甚至不同物种的组织互相移植。

他还做实验替换病人的坏牙。有些牙齿可能从掘尸者处购得。但他发现用活人牙齿效果更好，尤其是换牙后的儿童刚长出的成人齿。成人齿已经达到正常大小，所以一位正常男孩的牙齿并不比一位正常成年男性的牙齿小，但为了保险起见，他更推荐用女孩子的牙齿。不过当时也可能找不到相配的牙齿。假如真找不到，亨特写道：“最好的方法是找到几位牙齿外形可能相配的人；如果第一位不符，第二位可能配得上。”牙齿移植一度广泛流传，直到 1785 年，一位年轻的姑娘因为移植了梅毒病人的牙齿染上梅毒而亡。一本现代史中的评论所言极是：“亨特似乎对道德批评无动于衷。”

亨特兄弟的所作所为无疑会在现在的医学伦理委员会里引起轩然大波。但他们也毫无疑问地深刻影响了产科教学，拯救了许多婴儿的性命。如今，他们享有崇高的声誉：格拉斯哥有以威廉·亨特命名的亨特博物馆和画廊，伦敦的皇家外科医学院中的博物馆则以他的弟弟约翰命名。然而，唐·谢尔顿请我们类比亨特兄弟与约瑟夫·门格勒等纳粹“医师”，后者的数据通过在奥斯维辛集中营的受害者身上实验得出，也可供研究员使用（虽然研究员经常避而不用）。类似地，另一些人号召抵制 1943 年德国首次出版的一本解剖图集，因为书中可能使用了集中营里的尸体。书的作者爱德华·彭科夫（Eduard Pernkopf）是位狂热的纳粹分子，为其作彩色插图的一些艺术家在签名时还加上了 SS 标志[①]。彭科夫与亨特兄弟一样，虽然面临着道德问题，但作品的专业度又无可挑剔，甚至被誉为维萨里之后最好的解剖学图集。如今，该图集的修订版还在发行，增加了新的插画，删除了纳粹时期臭名昭著的 SS 标志——除了明显逃过出版商注意的两处。

在大众眼中，与解剖学联系最密切的名字一定是格雷。有些人最后化成自己的作品——例如《韦伯词典》《罗热同义词词典》——但很少有像亨利·格雷这样默默无闻的。韦伯斯特与罗热的作品是一般工具书。当时，贝迪克的旅行指南和布拉德肖的英国铁路时刻表也是。但为什么人人都应该知道格雷的《解剖学》呢？

1827 年的某一天，亨利·格雷在伦敦出生并悄无声息地长大。有关他的第一条记载显示，他住在贝尔格莱维亚区（Belgravia）[②]，十五岁时到家附近的圣乔治医院学习医学。他入学前没有按惯例先做药剂师学徒，说明他很早就励志成为外科医生。在他同窗好友拍摄的一张照片里，他天庭饱满，留着乌黑的卷发，下巴有些突出，唇角深邃，像蒙娜丽莎一般。他的眼珠乌黑，目光率直，深色的眉毛低低地挂在眼睛上方，看上去不仅保有侠气，还非常有浪漫主义诗人的气质。格雷很快便初露锋芒，荣获了几项重要的论文奖——其中一项是当时非常流行的比较解剖学奖，他比较了所有（可食用）生物的视神经，显然是把伦敦市场上能搜罗来的样本全部用上了。

① Schutzstaffel，“纳粹党卫军”的标志。

② 伦敦的上流住宅区。

接下来的一篇获奖论文是关于脾脏的，并在 1854 年拓展成了他的第一部著作。但这本书没有引起太大反响。

格雷和他的出版商没有气馁，而是将眼光投向了最宏大的目标——整个人体。虽然书名是《格雷的解剖学》，但内容却不是格雷一个人的功劳，一位叫亨利·芬戴克·卡特（Henry Vandyke Carter）的年轻插画师也功不可没。卡特也是年少时进的圣乔治医学院，较格雷晚几年。他所学也是外科，当格雷请他为自己的新书做插图时，他正在课余为著名的自然学家理查德·欧文（Richard Owen）绘制动物标本插图赚零用钱。

1855 年，两人决定合作，当时格雷二十八岁，卡特二十四岁，两人都已是合格的外科医生，并在医学院担任教职。他们立志创作一部新式解剖学著作，不仅要入时、清晰，价格还要实惠。两人的合作自然长久而密切，但也不乏矛盾。在不到两年的时间内，他们在医学院位于骑士桥（Knightsbridge）的解剖室里辛勤工作，解剖了大量尸体，做出 360 幅插图。他们获得尸体的方法已无从查证，因为医院当时的记录没有保存下来，但那个时候，医院基本依赖死于济贫所或本院病房的尸体。无论真相如何，他们的罪过未曾昭彰。在鲁思·理查森看来："格雷的《解剖学》中埋藏着一片沉默，其实所有的解剖学著作都是如此，对不可言说之事的沉默：这是所有解剖学家都背过身去不愿提及的空白。"

两位年轻人的关系非常有趣。卡特早已注意到格雷是医院里冉冉升起的新星。因此，这位来自赫尔文法学校的男孩起初认为格雷和他的圈子都是"势利眼"，但很快就发现格雷"无比聪明又勤奋""没有架子""人很和善"。当格雷因关于脾脏的论文获得阿斯特利·库柏奖（Astley Cooper Prize）时，卡特注意到它是“碾压了许多人”获得的。他对格雷又崇拜又羡慕——他在日记里抱怨格雷“雷厉风行”的做事风格，可自己却总是拖拖拉拉，一事无成；格雷的第一部书（他贡献了几幅插图）还激起了他的“好胜心”，但他也鄙弃格雷——格雷的目的就是“钱”，而且也没有“非常坦率地”声明卡特不能在他的作品上署名。当他们开始这项更为浩大、两人地位似乎更为平等的解剖学工程时，卡特称协议中有关插图的条件很“吝啬”，但他还是接受了。每卖出一千本，格雷可收取 150 英镑的版税，而卡特只一次性得到 150 英镑。当格雷看到校样的篇章页上他的名字与卡特的名字采用同一字号时，便将卡特的名字划去，批示将他的名字改小一些。在后来的版本中，卡特的名字一再被缩小，最终在 1909 年出的第十七版上彻底销声匿迹。

于是它就彻底成了格雷的《解剖学》。虽然 1858 年第一版的书脊上印刷的是“格氏解剖学”这几个字，但该书更妥帖的标题应该是《描述与外科解剖学》。出版商希望“格雷的单卷本著作胜过老牌的多卷本解剖学作品——例如奎恩（Quain）和威尔逊（Wilson）等人的著作。”它的确做到了。在《柳叶刀》（*Lancet*）的评论员看来，格雷的《解剖学》乃“呕心沥血所著，它的圆满完成，是解剖学家与外科医生之列当之无愧的最高造诣。我们可以坦诚地讲，没有任何一个语种的任何一部著述，能够如此清晰、完整地表达解剖学与外科的关系”。

由于格雷的《解剖学》中的人体解剖适应了现代外科学的需要，其声誉才长盛不衰。格雷的写作重点是外科医生在剖开病人的身体进行手术时亲眼所见的部位。当时大型外科手术越来越安全，又新引进了可吸入麻醉剂（维多利亚女王生利奥波德王子时便接受了氯仿麻醉），格雷可谓占尽天时。他的文风质朴、直白，甚至粗俗，没有任何优雅的修饰。卡特的插图也巧妙地呈现出相同的风格。它们印刷得无比醒目——由于雕刻板的尺寸比书的开本大，造成了这种意外惊喜。卡特因为没有接受过艺术院校训练，画风自然真挚，将维萨里和其他传统解剖著作中的经典小道具和捉迷藏似的扭捏姿态一扫而空。书中的标签直接放在插图上，便于学生将众多身体部位的外观和名字对应起来。艺术史学家马丁·坎普（Martin Kemp）将卡特的画风——或没有风格的画风——比作工程图样。在我看来，他的插图就像老式百货商店的商品清单或英国地形测量局地图上标注的地域特征。

格雷的《解剖学》刚出版三年，格雷就被侄子传染上天花，在与母亲同住的家中病逝，终年三十四岁。但他的著作流传了下来，现已出版至第四十版，由八十五名编校人员与十二位插画师共同完成，对比单枪匹马的格雷与他雇用的唯一艺术家：格雷的《解剖学》终于变成了《格氏解剖学》。

我们在这一章的开端提出了器官独立存在的问题。大约 400 年前，海尔克亚·克鲁克（Helkiah Crooke）[①]已经在他的《人体微观论》（*Microcosmographia*）中写道："身体部位的主次之分非常出名，也盛行了很长时间。"其中的主要部位包括心脏、肝脏和大脑。盖伦将睾丸也列为主要部位，因为它们是生殖的关键角色，但克鲁克并没有将它抬到这么高，因为它不是生存的基本条件。

---

① 英格兰国王詹姆斯一世时的宫廷御医，对生理学研究做出了极大贡献。

但身体被分割成这些部分后是否还有意义？我的身体可以分为很多身体部位，但不能“分割”，或说我无法在不流血的情况下将任意一个部位分离出我的身体。这些身体部位真的像达尔文眼中的物种一样，是“界限相当清楚的物体”吗？这种分割究竟是告诉我们更多关于身体的有用信息，还是更多关于解剖学家探索人体的态度呢？

其中一个身体部位比其他任何部位更能证明人体解剖学的地图直至目前还没有彻底绘制完成。它就是阴蒂，在长达两千年的医学史上，它经历了被发现、遗失、重现、再遗失和再重现的过程。

如果女性解剖学家多一些，阴蒂的经历恐怕就不会这么曲折。在少数几个国家，尤其是意大利，女性在一些大学也担任着影响力较大的教职。18 世纪，安娜·莫兰迪（Anna Morandi）成功继任她丈夫在博洛尼亚大学（University of Bologna）的解剖学教职。她精致的解剖学蜡像被俄罗斯帝国的凯瑟琳大帝收藏，法国同时代的玛丽·玛格丽特·比埃荣（Marie Marguerite Biheron）也获得相同待遇。一个世纪后，玛丽-吉内瓦维-夏洛特·蒂洛·德尔孔维尔（Marie-Geneviève-Charlotte Thiroux d'Arconville）在巴黎学习解剖学，翻译了一本亚历山大·门罗——苏格兰一个解剖学家族①的创始人——著述的骨科教材。她还负责监制那本书的插图，但谨慎地在作品中隐去了自己的痕迹。她执意在书中添加了一具女性骨架——在当时的解剖界绝对是可有可无的——但遗憾的是，她任由当时的文化风气左右骨架的外观，未能真实展现出其生理样貌。在德尔孔维尔的

① The monro dynasty（1728—1855），苏格兰代代相传的解剖学家族，又被称为“疯狂的门罗”。

插图中，女性的骨盆更宽，但头部小得不成比例，胸廓呈尖锥形，说明她或者深受当时对完美女性形体认知的影响，或者是模特在身体发育期穿了束胸。她增加的女性骨架成为各地男性骨骼学家沉迷的对象。

希腊人注意到了阴蒂，但要么认为它是男性阴茎的不完整版，要么受小舌和喉部结构的启发，认为它是子宫门户的守卫。在后罗马时代和中世纪，医学文本从希腊语翻译成阿拉伯语，又从阿拉伯语译为拉丁语，但对阴蒂的认识似乎在转译过程中流失了。16 世纪，法罗皮奥重新将阴蒂确认为身体的一部分，不过最先发表文章的却是法罗皮奥的对手科伦坡，文中还阐述了他的重大发现——阴蒂在激发性快感上的作用。然而，维萨里却不以为意。他告诉法罗皮奥："健康女性身上很难找到这种无用的、类似器官的新部位。"他坚持认为阴蒂不过是"女性雌雄同体"身上特有的病理学特征而已。

到 19 世纪，阴蒂在许多解剖文本中又不知所终——例如在一些美版的《格氏解剖学》中它被直接删除——因为女性性意识给社会（男性）带来不适。在澳大利亚泌尿科医师海伦·奥康内尔（Helen O'Connell）看来，态度最恶劣的案例就是如今学生热捧的应试教材——《拉斯特解剖学》[①]。在其他医学教材中，阴蒂仍常常被描述为"女性的阴茎"，然后配以粗略的插图，仅仅表现了外观。如果书中有从前到后沿中平面切开的人体剖面图，就足以显示出位于中心位置的阴茎所具备的功能属性，但不足以表现出这一女性器官的真实内在作用。

① 原文为 Last's Anatomy: Regional and Applied。

最近对“G 点”的重新发现和描述也遇到同样的困难。在玛琳·黛德丽（Marlene Dietrich）和库尔特·魏尔（Kurt Weill）的堕落的柏林，一位名叫恩斯特·格拉芬伯的妇科医生因发明了最早的宫内避孕器而颇有名气。1940 年，他逃离纳粹德国，来到纽约开了一家私人诊所，并在这里继续着对女性性高潮的研究。他没能看到术语“G 点”的诞生——1980 年为纪念他而得名，但更准确的是，他在研究中从未明确过任何“点”的存在，只提过一片让女性兴奋的“区域”。当然，“G 点”并不新鲜，只是刚刚被文化构建而已。有些人相信它的存在，而有些人至今也拒绝相信。

上述争论悲哀地说明，在考察人体时，我们似乎无法摆脱探险家的心态。为了方便自己，我们固执地将身体划分为界线清晰的不同部位（类似国家），并明确重要的生理活动发生的确定地点（类似国家的首都）。但这样一来，我们就将身体这一自然地域变成了政治版图。

头部

在伦敦北部的达尔斯顿（Dalston），有一座名为小丑教堂的三一教堂。我遇到马蒂·费恩特（Mattie Faint）时，他正在这里查看日渐萎缩的小丑行业“花名册”。他本人是一位职业小丑，但这天穿着便装。这里的花名册不是纸质名单，而是彩蛋。在教堂的一块专用区域，墙上的壁橱里整齐排列着几十只蛋。每只蛋都被涂上了颜色，且大多都使用黑、红、白三种颜色来重现不同小丑的样貌，许多蛋的头顶还有一小块毛毡或圆锥纸帽。少数蛋还粘了凸起的鼻子，像红醋栗一般。有些还呈现出小丑标志性妆容下的本来面貌——鱼尾纹和脸部皱褶。我一列一列地寻找耳熟能详的名字，结果找到了格雷马尔迪（Grimaldi）——白色的脸上闪着和善的大眼睛。他脸颊上画着大大的红色三角形，头顶上是几簇橙色毛发。马蒂最喜爱的是卢·雅各（Lou Jacobs），他为马戏团引进了尺寸较小的滑稽小丑车，最突出的特征是脸上高高拱起的眉毛，就像麦当劳的 M 标志一样。

小丑脸谱彩蛋不是在开玩笑，而是一本从业小丑的官方花名册。要做小丑就必须化妆——否则就只是独角滑稽戏演员。一般说来，每位小丑的妆容不会改变，但动作可能会有变化。“小丑和演员不一样，小丑就是丑角，”马蒂解释道，“不是在扮演角色。”因此，如果你做了小丑，你的脸谱彩蛋就是你职业身份的表征。有时候，彩蛋甚至能上法庭作证，解决侵权问题。对比我们其他人拍摄过的严肃的身份证件照，这倒是一种欢乐的变体。

这种名册之所以有效是因为：一来我们习惯用头像代表真实的头部，二来头部可以代表整个人。在古希腊和其他地方的古老习俗中，胸部是意识的所在，但头脑是心智的寓所、生命与灵魂的依凭，也是人的力量所在。人们认为，点头这一动作能将人的力量直接传入世界。而打喷嚏这种动静更大、更剧烈的动作，则被视作意义更重大的无意识行为。它有种预言力量：人在打喷嚏的瞬间无论有什么愿望都会得到满足。这种说法一直流传到 17 世纪。现在有人打喷嚏时我们仍然会说“保佑你”，就是为了弥补打喷嚏时强力喷出体外的部分灵魂。在语言上，我们说国家元首或数人头[①]（比如民意调查，“poll”这个词的本义即是后脑勺）。我们在硬币、雕像、肖像，尤其在官方身份证件上，都用头部代表整个身体。签字、指纹、虹膜扫描和 DNA 基因图都可以用来确证我们的身份。将来还可能增加类似的生物识别手段，例如掌形、耳形和皮肤反射率，或是我们个人特有的声音、步态和按键习惯。但正面照是官方最广泛使用的识别方法。任何身份证明都是对我们复杂人性不尽如人意的简化，且经常带有些许歪曲。不过照片引发的争议要少于高度抽象的技术手段，因为我们的眼睛至少能认出自己。然而，当局希望看到的你是一种指定版本。英国护照指南规定，护照申请人必须“表情自然，嘴部紧闭（不得露齿笑、皱眉或扬起眉毛）”。也就是说，不得像小丑

---

① 国家元首：a head of state；数人头：counting heads。

一样。

头代表着整个人，这一观念再明显不过地表现在头被钉起来的时候。这时候说明身体已经不存在了。头在人死去后可作为获胜方的战利品，威慑他人。例如奥利弗·克伦威尔风化的头颅高悬在西敏寺大厅外二十多年，警告那些企图实行共和制的人。直到长钉在一次暴风雨中损毁，他的头颅才被一些自封的监护人收存下来。1960 年，克伦威尔被戮尸后的三百年，他的头颅最终被葬在他曾经求学的剑桥某学院，曾经，他还是这座城市的一名国会议员。

头颅有时会被保存下来，不仅因为它是确凿的身份证明，还因为一种迷信思想说即便是死去的头颅也寄寓着魂灵。这种说法受到了一次不可思议的检验。1905 年 6 月 28 日，在法国奥尔良，死刑犯亨利·朗吉列（Henri Languille）走上断头台。犯人的头颅从断头台上掉落时，一位好奇的医生加布利尔·博里约（Gabriel Beaurieux）紧紧盯着它。只见朗吉列的眼睑和嘴唇抽搐了五到六秒。这属于正常反应。又过了几秒后，博里约看到犯人的脸放松下来，眼睛向上翻。于是他做了一件古怪的事情：呼唤起犯人的名字。然后他看到头颅上的眼睑张开，朗吉列的双眼“定定地注视着我，瞳孔自动聚焦”。当眼睛闭上时，博里约又开始叫他的名字，又得到了相同的回应。“我当时看到的绝不是那种含混呆滞、没有表情的脸，不是那种将死之人常见的面容：我看到的无疑是正望向我的、活生生的眼睛。”现在的医学解释是，头颅在被砍掉的数秒内其实仍会保持神志清醒，直到血压降低和缺氧导致大脑停工。

在牛津皮特河博物馆（Pitt Rivers Museum）里收藏的维多利亚时期五花八门的藏品中，我发现一个展览柜中存放着几只缩小的人类首级，柜上的标签写着：“处理敌人尸体的方法”。正当我感到震惊时，一张说明文字似乎为了缓和情势，冷静地提醒我：砍下敌人的首级是很多文明中“社会容许的暴力形式”，包括我们自己的文明。这些异常干缩的头颅，或说干制首级（tsantsa），大概与板球大小相近，外观也类似——坚硬、似皮革且随着时间莫名变暗。有些毛发旺盛，有些还用飘带装饰。它们是厄瓜多尔与秘鲁境内亚马孙河上游的舒阿尔部落（Shuar）所制。舒阿尔部落认为人的总数是有限的。对他们来说，砍下敌人一颗头颅就意味着自己的后代可以多占有一个人。然而，如果敌人与自己有血脉渊源，通常不会取他们的首级做战利品，而是用动物的头颅来代替。所以，在皮特河博物馆的藏品中还有若干近似人类的动物首级，例如猴子和树懒。舒阿尔部落和欧洲人一样，也相信灵魂有部分寓居在头颅中，而将敌人的头颅干缩的某种目的就是为了驱除灵魂。

你也许会好奇干缩首级的方法。首先，从颈背部向上划出一条缝，小心地将颅骨上的皮肤剥除。扔掉颅骨、大脑和内部其他杂物。缝合头皮上的伤口，同时缝合眼睛和嘴巴，保证面部形状不变。然后上锅煮，直至缩小为原来的三分之一左右。刮去里面黏附的多余肉质。然后不断往头皮里填充烧热的鹅卵石，这不仅可以烘干头皮，还能保持其总体形状与面部特征不变。最后，这颗缩小的头颅被穿在线上吊起，先是供人们谩骂，接着用木签把它的嘴紧紧扎上以防它回嘴。

制作头颅的过程是一种费时费力的仪式，常在战斗的撤退期分步进行。过程中的每一步都意义重大，且合格地完成整个过程比最后得到的成品更为重要。皮特河博物馆中有许多干制首级真伪存疑，因为它们的制作过程不符合常规。如今，我非常惊恐地了解到，当地人民在旅游红利的刺激下，竟然将动物皮子缝在一起做干缩头颅。

正如头部能够代表整个人，鼻子在某些情况下也可以象征头部。例如，一只红鼻子便足够凸显小丑的身份。鼻子不是最重要的面部特征，但却毋庸置疑是最突出的，因为它形态奇特、位置居中，且从面部向前突出。于是，鼻子总惹人注意。这也难怪它成为人们最爱挑剔的面部特征。从英国整形外科美容协会采集的数据来看，面部整容中人数最多的便是隆鼻术。（第二名分别是男性的耳部矫正术和女性的眉毛提拉术。）

尼古拉·果戈理发表于1836年的滑稽短篇小说《鼻子》，讲述的便是一只鼻子变成一个人所引发的混乱。故事开头，住在圣彼得堡的理发匠伊凡·雅可夫列维奇，有天早上在面包卷里发现了一只鼻子，而且认出它属于他的一位顾客——每周来刮两次脸的八等文官柯瓦廖夫。同时，柯瓦廖夫醒来发现他那“相当好看，而大小适中的鼻子”不见了，取而代之的是一片又平又光的疤痕。当他不知所措地用手帕捂着脸去做晨务时，突然撞见“一位身穿制服的绅士”——就是他自己的鼻子。作为八等文官，柯瓦廖夫在俄国行政部门的官衔相当于军队里的少校。那么这只鼻子呢？从它绣金线的制服和带羽饰的帽子可以看出“他已位居五等文官之职”。柯瓦廖夫鼓起勇气质问鼻子：“您知道您是我的鼻子吗？”他神气凛然。但鼻子纠正了他：“我是跟您毫无关系的人。”事实上，它是不愿意与社会地位比自己低的前主人有任何瓜葛。

遭到拒绝后，没有鼻子的柯瓦廖夫茫然不知该如何继续他的生活，他还指望着升迁，讨一房好太太呢。现在的情形不在他的计划内。讽刺的是，俄语中最后一无所有的说法是“只剩下鼻子”。而他连鼻子都没剩下：这说明什么？他哀怨道，还不如掉根脚趾头，那样只要把残缺的脚塞进靴子，就没有人会注意到。“我就是缺胳膊短腿，那也还好些；就是没有耳朵，样子是难看，那也还可以忍受；可是一个人没有鼻子，鬼知道是一副什么丑样子。”他还企图在报纸上登一则告示，但报馆的职员拒绝了，担心这种告示会毁掉报纸的声誉，本来就有人说报纸净登些荒诞离奇和无中生有的传闻。柯瓦廖夫很愤怒：“（可我请您登的告示）是关于我本人鼻子的事：可以这么说，差不多就是关于我本人的告示。”

最后，鼻子被逮回来了。现在得把它安到原来的地方。“万一它装不上去怎么办？”起初，柯瓦廖夫试着自己安放，但它掉落到桌上，还发出木塞子一般的古怪声响。一位医生警告说复原手术可能只会让情况更糟。不过，几周过后，鼻子又不声不响地回到了柯瓦廖夫的脸上，跟它消失时一样莫名其妙，柯瓦廖夫又高高兴兴恢复了正常生活，似乎什么都没发生过。

如果要在这篇原本荒谬的精彩小说中挖掘太多意义，会显得很愚蠢。果戈理巧妙地利用了鼻子奇怪的外表。柯瓦廖夫在圣彼得堡四处奔走时受到的嘲讽和他引发读者的哂笑，都因想到这种最滑稽的面部特征而放大。这位八等文官对地位的严重焦虑也表明，他自称绝不接受侮辱，其实只是不能容忍自己的地位和头衔受到侵犯。鼻子一回来，他整个人便又恢复信心，但对地位还是一样地看重。最后，他去理发店刮完脸，又光顾了点心店，他在那儿兴高采烈地“微微眯起眼睛，带着一副揶揄的神气打量着两个军人，其中有一个人的鼻子最多不过像坎肩上的纽扣一般大”。

柯瓦廖夫鼻子的短暂自治也幽默地透露了果戈理未完成的代表作

《死魂灵》中的某些思想。《死魂灵》的核心故事是违法买卖死农奴，他们虽然已经死去，但在税收簿上仍然“活着”。在这样的世界里，一个人对另一个人全部或部分地占有，便具有尖锐的讽刺意义。在《鼻子》最后，果戈理笔下的叙述者揶揄读者道，奇怪的事情确实存在，甚至圣彼得堡也不例外，对祖国毫无益处可言的事情也在上演。它让我们觉得，鼻子从脸上脱落这种怪事也不是俄国人会经历的最怪异的事情。这个故事开启了果戈理与审查官的数度冲突，因为他赤裸裸地暴露了国家赖以生存的等级制度、特权和裙带关系。在这里要补充一点，果戈理自己有只大鹰钩鼻，或许和本故事不无相关。

外表出众即是意义重大。鼻子的尺寸和形状总能为寻找喜剧的含义、创意和材料的人带来收获。拉伯雷笔下的高康大问道，为什么约翰修士（Frère Jean）脸上有一只这么漂亮的鸣笛器？他提出了各种可能：或是上帝造就的，“就像一位陶工制作陶器那样”；或是在可以买卖鼻子时挑到了中意的。约翰修士自己说，这只鼻子在乳娘酥软胸脯的温暖下会“像面团一样发起来”。高康大猥琐地补充道，“看他鼻子的样子，就知道他的为人，‘我向你举目’”。在劳伦斯·斯特恩的小说《项狄传》中，同名叙述者特里斯舛·项狄（Tristram Shandy）也忧伤地提到自己家族“祖传的短鼻梁”，发现祖父“因为鼻子较短”，娶亲都受到了限制。总之，即便你不是西格蒙德·弗洛伊德，也能看出来鼻子象征着另一处突出的身体部位——阴茎。果戈理的故事中也有类似的象征意义。当卡瓦廖夫的鼻子重回脸上，他发现他在其他方面也充满了活力，对婚姻的念想减弱了些，但对性生活充满兴趣。

还有些人拿直尺和量角器来认真地测量鼻子。早在 19 世纪普遍划分种族之前，法国医生兼旅行家弗朗索瓦·贝尔尼埃（François Bernier）就首次尝试对全人类进行人种分类。他花了十二年时间，游历埃及、中东和印度，撰写旅行见闻《莫卧儿帝国游记》（*Travels in the Mogul Empire*）。回到巴黎沙龙后，他被称为“大莫卧儿贝尔尼埃”（Bernier Grand Mogol），但路易十四问他最喜爱游历过的哪个国家时，他不假思索地回答：“瑞士。”1684 年，他匿名发表了《根据居住在不同人类类别或种族划分的地球新分野》（*A New Division of the Earth by the Different Species or Races*），阐述了自己的科学观点。他将全体人类分为四个种族：拉普人（Lapps）、撒哈拉以南的非洲人、中亚和东亚人，以及剩下的一大族群，包括欧洲和北非人、中东和南亚及本土裔美国人。这种分类法的特色是几乎不参考肤色，而是基于面目特征，尤其是鼻子的外形。自此以后，鼻子便成为大多数系统人体测量工程中的常客，它在定义种族时的偶然作用为它赢得了新的科学地位。当时的数据在现今的鼻腔手术中仍起到作用，但再也没有种族的意味。事实上，人们真实的鼻梁经常与所属种族的鼻梁参数不符，导致数据变得几乎毫无参照价值。奇怪的是，贝尔尼埃起初并没有意识到这一问题，直到在巴黎求学时结交了西哈诺·德·贝尔热拉克（Cyrano de Bergerac）后，发现后者的鼻子似乎能够单列一族。

按鼻子分类后，下一步就是分析不同鼻形的不同特征。既然有从颅骨的凹凸和面部特征推测人性格的颅相学家和人相学家，自然也有鼻相学家。18 世纪荷兰的解剖学家佩特鲁斯·康柏（Petrus Camper）试图通过鼻梁角度来测量智力，因为鼻梁角度从婴儿期到成年是不断变化的。“甚至平民百姓也知道，口鼻过长的人愚钝。”

康柏写道。根据他的测量，古典半身像的鼻梁最为挺拔，现代欧洲人、亚洲人和非洲人依次顺延。在康柏之后的种族人类学家看来，他的测量标准暗含着种族优劣观，虽然康柏自称相信黑人白人同样都是亚当与夏娃的后代。

美国出版商山姆·威尔斯（Samuel Wells）在他的流行颅相学年鉴中逐条记载了四种鼻形（“四”让人想到面部特征与四种气质相联系的早期观点）。之后，纽约州罗切斯特市的一位名叫约翰·奥兰多·罗伊（John Orlando Roe）的耳鼻喉科医生根据自己的嗜好对其做了有失公允的拓展。1887 年，罗伊发表了一篇论文，定义五种鼻形：罗马鼻（意味着“执行力或勇气”）、希腊鼻（“精致”）、犹太鼻（“重商或唯利是图”）、蒜头鼻或狮子鼻（“软弱且缺乏进步”），以及朝天鼻。罗伊的反犹心态非常明显——威尔斯比较温和地将“犹太或叙利亚鼻”阐释为“机敏、洞悉人性、超前眼光，以及优越的商业意识”。“朝天鼻”是罗伊自己添加的种类。我完全想不出朝天鼻的形状，虽然谷歌好心地告诉我女演员凯瑞·穆里根（Carey Mulligan）的鼻子就是。罗伊认为它和蒜头鼻一样不受待见，另外还“爱管闲事”。

罗伊推广这种鼻形分类的动机再明显不过：他的专业便是“矫正”蒜头鼻，为此，他引进了一种新式鼻内隆鼻手法，不会留下明显的疤痕。在 19 世纪后半叶的美国，蒜头鼻尤其不受欢迎，因为它被认为是口碑极差的爱尔兰移民的鼻子。五十年后的纳粹德国，犹太人的大鼻子被认为是一种诅咒。时代不同，对鼻子的偏见也不同。

从科学测量鼻子到后来的鼻形“分类”，劳伦斯·斯特恩预见到了个中许多荒谬之处。特里斯舛·项狄在他父亲的书房发现了一位名叫普里格尼茨（虚构）的人写的论文，十分赞同文章中的发现，“人的鼻子骨头部分的测定和构型——相似程度远远超出了世人的想象”，“每个人鼻子的大小和漂亮程度，以及鼻子之间的地位高低、价格贵贱，都是由鼻子的软骨和肌肉部位所决定的”。他讽刺地总结道：“优秀的鼻子同鼻子主人的优秀的心意在算术上成正比。”

鼻子还经常出现在我们惯用的、与身体部位有关的习语中。例如“打探别人的事情”（nose around in other people's business）或“洁身自爱”（keep our nose clean），“凭直觉行事”（follow our nose）或“被敲竹杠”（pay through the nose），“让某人心烦意乱”（put somebody's nose out of joint）或“和自己过不去”（cut off our own nose to spite our face），“目中无人”（stick our nose in the air）或“埋头苦干”（keep it to the grindstone），都与鼻子有关。但大部分身体部位，无论内部还是外部，都有出场机会。例如：“对麻烦很敏感”（a nose for trouble），“有商业头脑”（a head for business），“注重细节”（an eye for detail）。我们还可以改编莎士比亚《皆大欢喜》中的“人生七阶”，纯粹使用与这些阶段相关的身体习语。婴儿皮肤滑如丝（skin as smooth as a baby's bottom）。少年世事懵懂（cut our teeth），小心试探（dip our toe in the water）。青年深陷热恋（fall head over heels in love），感情外露（wear his heart on his sleeve）。战士全副武装（armed to the teeth），如若足够勇敢（has the stomach for it），将会全力征战（fights tooth and nail）。法官或许不偏不倚（be even-handed），或许有失公允（put his thumb on the scales）。到退休时，我们卸下全身负担（take the weight off our feet），直至年迈体衰（grow long in the tooth），天寿将近（on our last legs）。或者，我们也可以从头到脚来描述之前提到的理想男性或女性，他（她）可能坚定不移（have a stiff upper lip）、忍气吞声（take it on the chin）、说话直截了当（speak straight from the shoulder），经常一开头就很顺利（get off on the right foot）。而与他（她）相似但不那么幸运的人可能无病呻吟（a misery guts）、笨手笨脚（all fingers and thumbs）、诸事不顺（has two left feet）。

习语是某种语言或文化中词语的特定用法。然而，很多与身体有关的习语在其他语言中也有对应的翻译。例如法语与英语直接对应的有：重活（elbow grease）、忐忑不安（butterflies in the stomach）、讥讽话（fleas in the ear）；他们也会默记于心（learn things by heart），让人议论纷纷（set tongues wagging），有烦心事（get on their nerves）。意大利人也与我们一样在桌底下碰脚调情（play footsie）。其他对应的词组还有：喜欢甜食（une bouche sucrée，意为“粘糖的嘴巴”）；我们感觉肚子里有东西，但德国人感觉它在肾里（Das geht mir an die Nieren）。通常，我们会使用身体特定部位的上位词[①]或下位词，来使表达事半功倍。我们说法网恢恢疏而不漏（the long arm of the law）；捷克人则说是“长手指”（long fingers）。我们讲一败涂地（fall flat on our face）；德国人则更准确地“倒在鼻子上”。如果用身体某部位代指整个人，就纯粹是提喻法，比如我们称某人为大脑（great brain）、帮手（helping hand）、小气鬼（a prick）、混蛋（an arsehole）。有时候，语言

① 概念上外延更广的主题词。例如“动物”是“猫狗”的上位词。

会在身体周围寻找新灵感：花费我们一只胳膊和一条腿（极其昂贵）的事物会花费法国人背上的皮（skin off his backside）或脸上的双眼（eyes in his head）；经验法则（a rule of thumb）成为鼻子法则（une vue de nez）。同时，普遍存在的身体行为，例如生孩子，可能会产生不同的习语："乳臭未干"（wet behind the ears）在德语中有完全对应的说法，但法语的"naïf"的习语是 encore bleu，而意大利语中指鼻尖还挂着鼻涕。总之，很少有习语真正是它们所在的语言中所独有的。

但也有例外。德国人似乎偏爱内脏。"Ihm ist eine Laus über die Leber gelaufen（一只虱子从他肝上跑过）"意思是他心情很糟。而"Der hat einen Spleen（他有脾脏）"则指某人极度沉迷某物。在希伯来语中，形容一个人不好惹，便说这个人"不是一根指头做成的"。西班牙语中的好朋友就像指甲和肉的关系（uña y carne）。所有语言中的习语都在不断增加：我们现在说"眼中的糖果"（eye candy，指华而不实）、"头发糟的一天"（a bad hair day，指不如意的一天）和穷途末路（the arse end of nowhere）。"桶中有些红鲱鱼（red herrings in the barrel，指掩人耳目的事物）"也一样。

虽然有些习语别具创意又非常有趣，但我们更看重的还是它们的直白坦率。身体是我们最直接、最熟悉的语言灵感源泉。身体部位和我们用它们造的词都明明白白在手边、在指尖、在盈盈一握间，或者干脆在舌尖。这些例子并非名家之作，虽然许多更有想象力的用法确实常出自文字作品，例如莎士比亚作品中有关身体的词语。它们是俗语的混合物，大多数是单纯的比喻，仅对日常观察做了些微拓展。它们是如此直白，然而却难以抗拒。在拉伯雷、塞万提斯和莎士比亚的推广下，身体的习语逐渐变得“像脸上的鼻子一样平实（一清二楚）”。

我们其实都“像类人猿一样多毛”（hairy as an ape）。人类和黑猩猩的毛发一样多，只不过我们的毛发更细、更短，颜色通常也更浅，于是我们可以称自己为裸体猿人。不过我们也充分利用了现有的毛发。许多物种花大量时间来梳理自身和同伴的毛发，所以我们不应该再抱怨我们的朋友花时间做头发，但我们却是唯一有发型概念的生物。

我们的头发既自然生长，又烙有文化印记：从演员应时的发型便能一眼认出古装剧的年代。我们可以自己决定剪下、剃去或拔掉哪些头发，让它生长及长成什么形状，但这一决定其实深受长期的文化传统和近期的时尚潮流影响。体毛也受此影响，是否刮腋毛、腿毛和阴毛均由潮流决定。不过受影响最明显的还是我们暴露在外的头发。

我们的体毛以及四肢和躯干连接处那几丛奇怪的毛发，无疑是残存的皮毛。但头顶旺盛的一大片却让进化生物学家感到困惑。这片毛发的主要作用也许是为大脑保温隔热；也许只是一种我们都愿意保留的进化成果，就像孔雀尾巴成为性选择依据一样。当然，这是我们对头发的普遍看法。即便是最不可能对此进行评论的新教改革家马丁·路德也认为：“头发是女人最华丽的装饰品。”

浓密的头发彰显出男性的力量与女性的美——以及两性的生殖力。头发具有极高的叙事价值——例如力士参孙、长发公主、西尼德·奥康娜（Sinéad O'Connor）和布兰妮·斯皮尔斯（Britney

Spears）——因为头发可以剪断，最后却能够重生。头发的去留暗示着这些抽象品德的有无。因此在道德故事中，人物太沉溺于自己的头发通常都是不妥的。“上帝给我膂力时，把它系在我的发丝上，就显示这恩赐的轻微！”约翰·弥尔顿长诗中的力士参孙悲叹道。

男性如果头发茂盛，就会密密匝匝覆盖大块头皮，女性则会留成蜿蜒长发。女性的头发不外露便等同于贞洁，将头发挽起来意味着已经婚配。波浪状长发象征着放荡——这是我们的原罪文化对青春期自然赋予的头发进行的无端揣测。波提切利的维纳斯、罗蕾莱（Lorelei）、露莎卡（Rusalka）、梅丽桑德（Mélisande）、抹大拉的玛丽亚和无情的妖女都留有长发。蓬乱的头发更是一种纷扰。它是一个蛛网般的陷阱，使男性挣脱不得。在亚历山大·蒲柏的英雄滑稽诗《夺发记》中，贝琳达的头发是“迷宫般的卷发”，而西蒙娜·德·波伏娃认为碧姬·芭杜（Brigitte Bardot）有“梅丽桑德式性感的垂肩长发，但发型却像一位邋遢的流浪儿”。

剪发后还会出现奇怪的情况。剪掉的和源源不断生长的头发让人既崇拜又恐惧。人类最常见的恐惧症之一就是毛发恐惧症，厌恶掉落的头发，例如掉在衣服上或堵塞浴室排水孔的那些。这不仅是对缠绕物的恐惧，还包含着一种对剪落的头发的厌恶，认为它就像剪下的指甲、吐出的唾沫和排出的粪便一样，与母体已经分离。但我们却珍藏爱人的一绺头发，越来越多的人甚至戴着别人头发做的发套。歌手洁米莉雅（Jamelia）经常戴假发改变形象，从“有两个小孩的忙碌妈妈到另一个自我——流行歌手洁米莉雅”，像连环漫画中的女主角一样，直到她跟随 BBC 一档电视纪录片探访了假发的源头。DNA 分析显示她假发的源头在印度，她到那里发现女人和小孩的头发都被剃掉，表面是因为宗教仪式，背地里这些头发都被收集起来卖给了西方人。头发买卖现已全球化，但它的历史极为悠久。《小妇人》中的乔·马奇（Jo March）和《林地居民》（*The Woodlanders*）中的玛蒂·苏斯（Marty South）都是卖自己头发的小说人物，而《悲惨世界》中可怜的芳汀（Fantine）还要被迫出卖自己的两颗门牙。乔得了二十五美元，玛蒂得了两个金镑[①]，芳汀得了四十法郎——价钱还不错。

从她们突然失去头发的反应可以看出各种企图解释我们为何有头发的进化理论。乔剪掉头发后，她母亲不合时宜地指出，她现在没有了此前数次提到的“特别美丽之处”。不过乔认为这样会少些虚荣心，她以前太恃头发而骄了。家中的四姐妹都按期成婚（但她们的创作者路易莎·梅·奥尔科特终生未婚）。乔最后嫁的男人不是传统意义上的美男子，而是身材结实且有异域风情的中年教授拜尔（Bhaer），即回到了性选择标准。农家女孩玛蒂·苏斯剪掉头发后，也失去了她爱慕的贾尔斯·维恩特伯恩（Giles Winterborne），后者以经典的哈代风格受寒而死。具有讽刺意味的是，此前剪掉头发的玛蒂抱怨头痛的时候，他回答说一定是因为她的头受了寒。芳汀则安慰自己，至少她的头发换来了她孩子的温饱。

① 旧时英国货币。1 金镑 =1 英镑。

脸部

1859年，学者们正在思索查尔斯·达尔文的《物种起源》的含义，达尔文精力旺盛的表弟弗朗西斯·高尔顿却对不列颠群岛的美女展开了一场系统调研。他最后宣布，伦敦的年轻女子颜值最高，阿伯丁郡的女人最丑陋。

他是如何得出以上的结论呢？你一定还记得，高尔顿是位测量专家。在漫长的职业生涯中，他想方设法去测量画一幅画需要几支画笔，一壶好茶的品评标准，以及祈祷的效用（调查结果表明，神职人员的寿命不比其他行业人员长，但他没有询问他们祈祷的内容）。为了给他所谓的“美女地图”收集原始数据，他将手掌大小的纸撕成十字架形状。然后将针装在套管中，在纸上戳洞计数，记录“我在街上或别处遇到的美丽的、平庸的或丑陋的女孩”。代表美丽女孩的孔洞位于十字架顶端，平庸的女孩位于十字架的横臂，而丑陋的女孩位于十字架的桩部。这种方法的优点在于他可以轻易辨别口袋中十字架纸板的各个部分，在没有被测女性发现或察觉的情况下悄悄记录数据，毕竟，他的评测是非常“不维多利亚式”的。高尔顿后来在回忆录中承认，“这自然纯属个人观点”。但他坚决维护自己的科学方法，认为它是“始终如一的，因为对同一人群多次测评得出的结果具有一致性”。这项工程最终没有完成；也许要对不列颠群岛女性做完全调研，即使高尔顿也只能望而兴叹。

这项调研不仅是为了消遣（也不是为了间接获利，像化妆品厂商大张旗鼓地进行的美女“调查”那般）。在高尔顿看来，除非人类能像牲畜一样发生变异，否则他的数据几乎没有用处。达尔文在《物种起源》中推测动物在圈养后会产生变异，这引起了高尔顿对人种变异的兴趣。1883 年，高尔顿率先使用“优生学”一词来表述这项进化工程，但从某种程度上说，挑选富有、聪慧、生殖力旺盛的女性来改善不列颠民族的后代是众心所愿，并不需要现代科学证明。高尔顿注意到：“不久之前，英格兰的人们还认为比赛中最勇猛的骑士自然会赢得最美貌或最尊贵的小姐……如果婚姻的目的是为了结合两位在精神、道德和身体上最出色、最相配的人，那对我们的种族将产生多么辉煌的影响啊！”

但在生育之前，必须进行大量的测量。这自然是高尔顿最大的乐事，也是他寻找美丽女性的单纯动机。除了在英国城镇的街道上采集现场数据外，他还试图通过其他分析法捕捉美的要素。其中一个办法便是利用新兴的摄影术，分辨样本人群所具有的一般面部特征。他尝试了“复合摄影”（composite photography），把透明底的肖像照一张张叠起来，希望能重叠出一种典型平均值，但并未得出有意义的结果。多年后，他用“分析摄影”（analytical photography）反其道而行之，将一个人的底片放在正面，另一个人的底片放在反面，重合后相似的面部特征会隐去，只剩下显著的差异。两种技法都需要细致的准备工作，为了方便比较，肖像必须同样大小、同种表情。高尔顿接触到不同的群体，他们有不同职业、不同罪行或不同出身。他将其中一些分类如下：美国科研人员、浸信会牧师、

SPECIMENS OF COMPOSITE PORTRAITURE

PERSONAL AND FAMILY.

Alexander the Great From 6 Different Medals.

Two Sisters.

From 6 Members of same Family Male & Female.

HEALTH.

23 Cases. Royal Engineers, 12 Officers, 11 Privates

DISEASE.

6 Cases

9 Cases

Tubercular Disease

CRIMINALITY.

8 Cases

4 Cases

2 Of the many Criminal Types

CONSUMPTION AND OTHER MALADIES

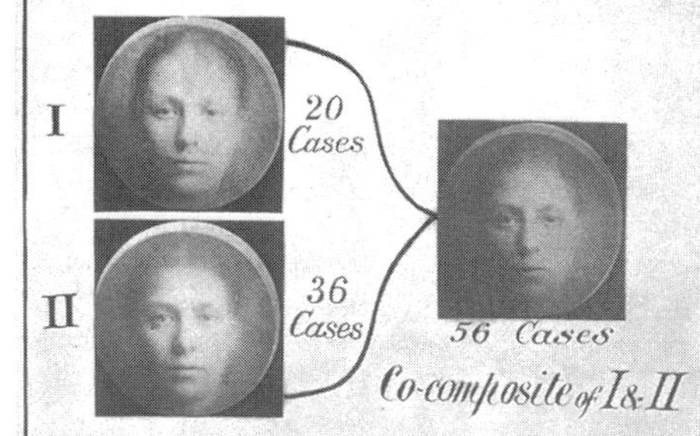

Consumptive Cases.

100 Cases

50 Cases

Not Consumptive.

贝特莱姆皇家医院和汉威尔精神病院的病人、查塔姆的士兵、罪犯、家庭、希腊人和罗马人（显然将他们列为一批人！）、利兹收容所的儿童、犹太人、拿破仑一世和维多利亚女王及其家人、肺结核病人、健康的人、博士、威斯敏斯特的男学生。结果表明，合成后没有得出明确的典型面部特征。我们不得不说，上述分类表与其说显示了某个群体的特征，不如说透露出更多关于高尔顿和他那个时代的讯息。

高尔顿所有合成摄影的（令人失望的）主要结论是，复合的不同照片越多，脸部独有的特征越趋于消解。甚至罪犯也不例外，高尔顿特别希望找出一种可能对警察有用的罪犯脸型，但重叠几张后照片看起来相当无害。

复合照片会对容貌产生一种奇特的影响。高尔顿屡次观察到，复合照片一般要比单张肖像好看些。比如罪犯看起来不那么凶恶，病人也不那么病恹恹的。高尔顿还将古钱币和大英博物馆收藏的奖章上的半身像进行重叠，发现好看的人会更好看。有一次，他很兴奋地提炼出一张“融合了六位罗马女人脸庞的绝美复合照，形成了一张魅力十足的完美侧脸”。这张复合照呈现出一副兼具力与美的容貌，鼻梁挺直，下巴突出，下唇有一定刚度。在探寻美的路上，高尔顿自然没有忽略博物馆中刻有克利奥帕特拉头像的埃及钱币。他用五件样本做了复合照片：“复合照仍然比任一单独的头像好看，但是，没有一尊头像显出她传言中的绝世容颜。事实上，她的容貌不止平庸，在普通的英国人看来都可以算是丑陋了。”

这透露出关于颜值的哪些讯息呢？高尔顿的研究并非站在一位旁观者的主观角度，而是要寻找其中的某些客观性质。一张复合的人脸，即多张人脸的平均值，要比其中任意一张真正的人脸更好看。但它也是一种平均值，所有意义上的平均。那么，美便是平均值吗？或者美可能更不可思议，等于剥除个性的人脸？时尚模特一项很重要的才能就是，穿不同风格的衣服但却毫无违和感，在这方面普通人脸也可以做出尝试。1990 年，得克萨斯大学奥斯汀分校的两位美国心理学家朱迪斯·朗格路易斯（Judith Langlois）和洛瑞·罗曼（Lori Roggman）回顾了高尔顿的实验，她们用电脑合成了画质更优的女性照片，也合成了男性的照片。她们通过精确缩放使照片严密地重合，从而去掉了影响高尔顿复合照片的糊影。然后，她们自己不加主观评判，只将得出的照片交给评估小组。出人意料的是，她们竟然确认了高尔顿的实验结果。无论男性还是女性，复合照片均比单人照好看，而且复合时使用的照片越多，结果越好看，因为面部“缺陷”和不对称会逐渐消失。作者认为，她们的发现与进化压力①具有一致性，也就是说，我们天然倾向于选择接近平均值的伴侣。这是任何科学家都不愿看到的平庸结论，从朗格路易斯和罗曼在论文摘要中暗含的自我批评来看，两人投身科学领域长期寻求“美的构成这一问题的极简答案”却无结果，也确实懊丧。

吸引力绝不止在约会交往时占优势。在与性选择毫无关系的场合，容貌仍能够左右我们的判断。人们非常震惊地发现，有魅力的人更容易在审讯中被无罪开释。

那么，脸部除了颜值外还有更多内容吗？如果像高尔顿期待的

① 又称选择压力，自然界施予生物体选择压力从而使适应自然环境者得以存活和繁衍。

那样，犯罪行为可以从外表判断出来，崇高的德行是否也可以？希腊哲学家们认为性格反映在容貌上。延续这一观点（即相面术）最有影响力的人当属瑞士的约翰·卡斯珀·拉瓦特尔（Johann Kaspar Lavater）。他是一位斯文利派（Zwinglian）[①]牧师，在 18 世纪 70 年代就这一话题发表了论文集，后被广为译介。拉瓦特尔也将耳朵与鼻子分类，认为长得像某种动物的人也具有这种动物的某些特征。“一只漂亮的鼻子，”他说，“绝不会长在一张丑陋的脸上。丑陋的人可能长着漂亮的眼睛，但绝不会有俏鼻子。”拉瓦特尔本人鼻子很大，侧面看近于正三角形，我们可以通过上述言论来判断他的自身形象。

拉瓦特尔尤其想一睹耶稣的真容。他相信，只消耶稣稍一露面，就是神圣启示。它会成为人类的理想模板：与他越像，德行必定越高。问题是，由于耶稣没有复临，流传于世的便只有艺术家的自创版本，这些自然是基于他们对基督教美德的理解，或者是同时代有德行者的面容。这种带有目的性的推测最终还是对神的容貌一无所知，也没有证据表明耶稣不能长得像摔跤手、卡车司机，因为艺术家可以选择加利福尼亚嬉皮士作原型。

面相学和相关的颅相学一样，现在也被归为迷信。它如今的主要追随者是一些作家，他们笔下人物的面相透露出举止与性格特征——例如查尔斯·狄更斯笔下声名狼藉的吝啬鬼埃比尼泽·斯克罗吉（Ebenezer Scrooge）[②]，“他内心的冷漠封冻着他老迈的身躯，

① 胡尔德里希·斯文利（Huldrych Zwingli，1484—1531），瑞士宗教改革运动领导者。

② 《圣诞颂歌》（1843 年）中的主角。

夹扁了他的尖鼻头，瘪缩了他的脸颊，僵化了他的步态；使他的眼睛呈红色，他的薄唇呈蓝色”。或者乔治·艾略特在《丹尼尔·德龙达》（*Daniel Deronda*）[①]中塑造的格文多伦·夏利斯（Gwendolen Harleth），具有“自鸣得意”的嘴唇和蛇的眼睛，开篇第一章便全篇描述她令人起疑的美貌，为后面她操纵性行为做了铺垫；又或者马丁·艾米斯小说《伦敦场地》（*London Fields*）中毫不起眼的凯斯·塔伦特（Keith Talent），他的眼睛闪着“对金钱的极度渴望”但没有“足够的血性”去杀人——以及数百万幸运地读这些小说长大的读者。

也许是不忿于高尔顿对阿伯丁女性的诋毁，苏格兰心理学家在近期对人脸认知的研究中尤为积极。科学家们现在可以用电脑操纵人脸图像进行更深入的调研，比高尔顿用钱币和复合照的手段高超不少。其中圣安德鲁斯大学的瑞秋·爱德华兹（Rachel Edwards）主导的一项工程尤为引人注目，即修整一张伊丽莎白一世的肖像，使她看起来像使用了现代化妆品。她常用的石膏白粉底——其实是一种有毒的铅白色糨糊——被换成了浅棕色，还加了一抹腮红。此举顿时让这位童贞女王呈现出了传说中的美貌，也令人信服地证实了化妆文化对我们判断外在美具有多么深刻的影响。

不过，现在大多数研究都专注于人脸识别，而不是定义美。一般说来，识别出真人要比构建出一副虚假的完美面孔重要。某天，高尔顿给一位父亲寄他两个女儿的一些合成照片时才认识到这一点。“非常感激您寄来我两个孩子这些古怪又有趣的合成照片，”这位父亲回信道，“尽管我对这两张脸非常熟悉，但打开您的信封时还

① 创作于1876年，是艾略特完成的最后一部小说。

是吃了一惊。我将一张完整的复合照放在桌上，孩子的母亲可以随手拿到。她说：‘你什么时候拍摄了 A？她和 B 多像啊！或者这就是 B？我以前从来没想过她俩这么像。’”这算是非常客气的回应。高尔顿沮丧地说，大部分人收到信件后“好像很少关心结果，除非出于好奇”。他没有细想为什么人们不关心他所做的让大家面目趋同的工作。但他从受到的冷遇中的确得出了正确的结论，因为他补充道：“我们都倾向于维护自己的个性。”

事实证明，人脸识别光呈现出精准的相似度还不够。圣安德鲁斯大学的菲利普·班森（Philip Benson）和大卫·皮雷特（David Perrett）记录了多张人脸的数字图像，然后夸大脸部主要特征，形成一系列怪诞程度不同的漫画形象。当人们从中挑选最像自己的那张时，通常选择的并不是真正的肖像，而是略显怪诞的漫画形象。

我们其实很擅长辨识人脸，心理学家称之为“天然任务”。我们通过人脸的整体对称性和眼睛与嘴形成的特殊倒三角形来辨认。眼睛非常重要，因为它会流露情感，嘴巴则会显出快乐或厌恶的迹象。这就是为什么我们不会注意到蒙娜丽莎没有眉毛，或者动画片《南方公园》（*South Park*）中的小孩没有鼻子。由于辨识人脸这一行为太过自然，所以公安干警有时候接受的特殊培训如果破坏了正常的潜意识图像处理机制，结果可能适得其反。

我们自己调动记忆来辨识一张脸是一回事，通过描述让别人也辨识出这张脸则是另一回事。在这些情况下，我们会将人脸分解为可用言语描述的不同部分。这样便可以分别描述眼睛、鼻子、嘴巴等部位，或许还有大致的头型（圆的、杏仁状的或有棱角的等）。除了功能器官，我们还将提到的面部特征有颧骨、下巴、额头，眉毛和发际线等。是否提及耳朵要看它们是否突出（不过在瑞典护照上，申请人拍照时脸必须侧向一定角度，露出一只耳朵）。但上述清单并不能准确反映我们辨识人脸的真实方式，只是方便我们交流这些可辨识的脸部特征而已。

一如往常，列奥纳多·达·芬奇可能是第一位汇总人脸典型特征的人，他的目的是为了教其他的艺术家如何只对人物短暂一瞥便能画出具有辨识度的肖像。但大体说来，从中世纪到肖像画的兴盛期，再到摄影术出现的年代，辨识陌生人的常用方法在今天看来极度不可靠：或是通过他们携带的签名文件或物品，或是他们穿的某套衣服，或是各种特别的标记或特征。16 世纪刻有臭名昭著的罪犯的木版画看起来也许很像现代的通缉告示，但它们其实是制作于罪犯被缉拿归案后，来传播罪犯落网的好消息。很久之后，警方才按人们的印象提前绘制嫌疑犯的肖像，不再等待抓捕到罪犯本人（缉捕到时可能已经死亡）。

20 世纪 60 年代，许多警察机关利用我们对人脸分解描述的事实，以期改进识别嫌犯的方法。早期的系统有使用线条图的嫌犯头像模拟图（American Identikit）和使用照片的照片拼凑人像（British Photofit），目击者可以从储藏人脸不同部位的图片库挑选碎片，然后像拼图一样拼出嫌疑人的脸。这些方法在采访中运行顺畅，因为挑选的都是常见部位（且成品看起来比素描艺术家的作品更耐分析），但在实际比对中效果却很差。这些系统如今越来越不尽如人意，因为它们未能真实反映我们辨识人脸的方法。但更强大的计算机逐渐改善了这一状况。阿伯丁大学心理学家约翰·谢泼德（John

Shepherd）开发的 E-fit 系统，基于完整的人脸图像数据库，可根据目击者的指示对图像进行操作、混合，得出比较贴切的结果。1993 年 7 月，E-fit 系统取得了初步胜利，当时，伦敦连环杀手科林·艾尔兰德（Colin Ireland）向警局自首，人们发现他本人与流传的 E-fit 图像非常吻合。

近期开发的系统证明，我们是从整体角度辨识人脸的。斯特灵大学（University of Stirling）开发的 Evo-fit 系统通过向目击者展示六张真实人脸组成的“队列”，供他们选出最相似的那张。最初的选择自然不可能很相似，但多次重复之后，每次挑出的最相似照片“混杂”在一起，最后会“演变”成一个比较相近的复合照。实际操作中，目击者可以挑出辨识度高的面部特征，但着眼点始终是整张人脸。

仅通过长相来寻找罪犯经常会导致误判。这正是苏格兰大力研究这一领域的真正原因，它最初是应英国内政部（United Kingdom Home Office）要求，接手 1976 年政府委员会对法庭均受到错误的目击证据引导。当我们说“他的脸已经印在我脑海中”或诸如此类的话时，话本身可能没有问题，但脸上略作些改变——例如刮胡子、晒黑一些、剪头发，甚至同一张脸变换视角——都可能混淆视听。也就是说，我们记忆的是定格瞬间的图像，但我们了解的是整个人。

或者，我们自以为了解。1997 年 10 月 18 日，一名失踪三年的男孩在西班牙一家青少年庇护所找到，有幸重返得克萨斯州的家中。在圣安东尼奥机场，这位“尼古拉斯”被他姐姐和其他亲属的拥抱和泪水包围。他的母亲也在场，但却没加入欢呼的人群。回家休整几周后，男孩回归正常生活，开始上学，也回忆起一些家庭琐事。如果少数几个人怀疑情况不太对，警察和移民局官员就会再三保证，没什么可疑虑的。然而几个月后，“尼古拉斯”之谜逐渐揭开。1998 年 3 月，在接纳男孩五个月后，母亲终于怀疑他是个骗子，一场残酷的骗局就此揭开。这位十六岁的美国“尼古拉斯”真名为弗里德里克·布尔丹（Frédéric Bourdin），是一位已经二十三岁的法国人。他留着一头金发，还具有记忆别人生活细节的天赋。如今他因为伪证罪和使用伪造文件被判处六年监禁。出狱后，他重操旧业，继续冒充别的儿童，2005 年在法国再次案发，这次他冒名顶替一位名叫弗朗西斯科的西班牙孤儿。而真正的尼古拉斯一直未被找到。

社会迫切要求我们的身份与外貌准确匹配。不止拉瓦特尔们或高尔顿们希望耶稣看起来德行满满，罪犯们看起来邪恶不端。如果外貌与我们自以为的认知不符，那么其余人——家庭、社群、掌权的那些——都将是极度可疑的。如果我们突然发现我们深深信任的人不是看起来的那样，我们可能会感到沮丧，难堪以及恐惧。我们太需要别人符合自己的预期，如果能够迅速干脆地得到满足，很多常见的身份特征都会被忽略，包括视觉相似度。这就是弗里德里克 / 尼古拉斯一案中的情形。男孩失而复得，这件事太美好，简直不容置疑。迫于社会压力，甚至男孩的母亲都被说服接受这个骗子。

个人身份是一种表演。我们大多数人都有一种“品性”，然后驾轻就熟地保持它，这在某种程度上是社会的要求。持续表演经常会有压力，我们也无法总是天衣无缝。于是我们留出特殊的时段（例如女子婚前派对）和特殊的空间（例如剧院舞台），可以暂时不理会原本的身份。事实上，在社交时，我们有必要“做”别人。在更极端的案例中，这种平衡性表演却以灾难告终。例如布尔丹无法“做”自己，所以他试着“做”其他人来过活。但他潜在的想法不是假装，而是归属——让表演成为真实生活。由于无法维持真实自我的表演，他不断地尝试表演其他身份，但最终也均以失败结束。

通常，在这些故事中最让人吃惊的不是扮演，即主角或多或少成功的演技，而是周围人的反应。作为旁观者，我们可以大言不惭地对这些人的轻信感到震惊：他们究竟为什么会上当。但身在其中的话，你就知道他们必须相信他或她所宣称的“事实”，这样个人心理上才能过得去，社会才能正常运转。用著名的马丹·盖赫（Martin Guerre）返乡记来说——16 世纪中期，一位叫马丹·盖赫的富农无缘无故地突然抛弃妻子从比利牛斯山下的村庄消失了。数年后，一名自称是盖赫的男人归来，被他的妻子和村民接纳。事情顺利地进展了几年，直到盖赫的妻子将该男子告上法庭，称其是冒牌货。当法庭的判决就要生效时（不出意料，判决倾向男方无罪，而且村里其他人也没有特殊理由怀疑他的身份），真正的马丹·盖赫突然返乡，因为他离家出走后参加了战争，还少了一条腿。

故事的灵魂核心正是盖赫的妻子贝彤黛·德·荷尔（Bertrande de Rols）。她是否真如这段故事中（男性）记录的那样，是一位被骗子欺瞒的女人，就像其他人一样？抑或像将该故事带入更广泛视野的文史学家娜塔莉·泽蒙·戴维斯（Natalie Zemon Davis）所言，贝彤黛有足够的理由安于被骗？由于盖赫的出走，她的家庭地位大大降低，她需要为儿子争取一份遗产。这时，忽然出现了一位貌似可信且大概更符合要求的新配偶。“贝彤黛年轻时只有短暂性经验，婚姻中丈夫几乎不了解自己，甚或害怕自己，最后抛弃自己，她梦想着一位丈夫兼情人能够回来，且改头换面。”戴维斯如此推断。

这类戏剧性故事对身份提出了一些最根本且最令人困惑的问题。

我们如何知道我们与十分钟前或十年前的自己是同一个人呢？我们爱的人和其他人如何知道？是不是同一个人或知不知道真的重要吗？失踪多年的盖赫可能有疑问，但当我们的伴侣日常下班回来，我们自然确信这就是早上出门的那个人。我们如何做到毫无疑虑很难解释。身体细胞大约每七年彻底更新一次，让我们真正变为另一个人，这又将作何解释？脸部是我们的主要辨识区域，虽然动作、手势和声音也非常重要。但脸也会随着年龄变化。我们到底在哪种意义上保持不变呢？

哲学家常常思索，究竟是什么让一个人具有辨识度。约翰·洛克和大卫·休谟声称，意识和记忆中意识的连续性是形成个人身份的必要条件。对休谟来说，“个性原则就是任一物体经过一段约定时间所表现出的恒常性和无间断性，思维可以借此连续不断地追溯它存在的不同阶段”。睡眠不算断档，因为我们记得前一天发生的事。但如果间隔数年？那可能就是另一回事了。

近来的哲学经常假想自我身份突然出现断片的情景。例如，它让我们想象一个人的身心彼此分离，在时空中以各种形式不断穿梭。但这些时空旅行、瞬间移动和身体互换中的思想实验对认识似乎没有提升。想象一个人的思维植入另一个人的身体，立刻会遇到身体的问题——必须是同性的身体吗？这具身体要有类似或相同的感受吗？同样，想象一个人穿越到过去，拥有某位历史人物的外貌和记忆，也不可行。我们不能说穿越回去的人就是那位历史人物，因为其他任何人都可能穿越回去。这些思维训练的目的是要找到——既然我们似乎没有灵魂，也没有别的缩小版身体安放“自我”——我究竟为何成为我。哲学专家们总结道（我从中嗅到相当的辩解意味），我们的身份存在于片刻之前或移步之前最像“我们”的人体内——即所谓的“人格同一性理论”。这种解释在假冒身份或错置身份等无套路人生剧本面前，显得苍白无力。

这对我们迎接未来也没有太大帮助。

2005 年 11 月，三十八岁的法国女人伊莎贝尔·迪诺尔（Isabelle Dinoire）在亚眠（Amiens）一家医院接受了世界上首例局部人脸移植手术，因为她的狗在她服药过量不省人事期间啃掉了她的鼻子和嘴巴。从此之后，法国、西班牙、中国和美国又做过十几台类似的手术。第一例全脸移植手术于 2010 年 3 月在巴塞罗那一家医院进行，因为一位农民的枪意外走火射中了自己的脸。在英国，伦敦皇家慈善医院的一支人脸移植团队已取得伦理委员会同意，可施行四台临床试验性质的移植手术。只要接受人和捐赠者适配，就可以进行第一台手术。

我来这家医院不是要找领导着三十余位外科医生、麻醉师和护士的主管彼得·巴特勒（Peter Butler）的，而是要咨询在这项颇具挑战性的项目中与他共事的临床心理学顾问亚历克斯·克拉克（Alex Clarke）。她的任务是寻找潜在的移植受体，但由于脸部移植仍然是新兴医学，她现阶段的工作重点仍然是帮助人们正视毁容现状，而不是关注移植一张新脸会引发的各种问题。

相反，需要帮助的是没有毁容的人。“社会对容貌异常的人并不友好。”她说。先前，亚历克斯在一家叫“变脸”（Changing Faces）的慈善机构工作，该机构成立的目标是消除毁容人们遭受的“脸部歧视”。由于流行文化中恶棍脸上总是带疤，这一偏见又在无意中被强化。“变脸”反对脸部移植这剂“灵丹妙药”，认为重点在于社会态度的转变。英国皇家外科学院曾经也反对这种手术，认为接受者很可能对捐赠的脸部组织产生生物抵抗，但在迪诺尔和其他案例及心理研究的影响下，它的态度有所缓和，心理研究似乎暗示手术的伦理障碍要比先前预想的小一些。目前，它一边谨慎地支持脸部移植，一边警告"无经验的团队"进行"灾难性的"手术带来的风险，例如 20 世纪 60 年代第一例成功的心脏移植手术之后出现的情形。

在医学领域，脸部移植引发的伦理争议无与伦比。从生物医学上讲，脸部移植与其他移植并无两样——都是将受体中病态的或损坏的组织替换为捐赠者健康的组织。但脸部移植与其他移植还是有些很重要却不那么明朗的情境区别。人脸位于身体外部，通常暴露于视线中，是我们常用的辨识手段。脸与手（曾被认为能更真实地反映个人身份，因为它不能更换表情）一样，是自我最重要的表现。不过亚历克斯说问题并不在这儿。"我们对手和脸移植的保留态度与任何身份因素都无关。只是因为（这项外科手术）新。"

亚历克斯更关心实际问题。她感到欣慰的是电脑绘图能证明该手术不是重现捐赠者的脸，而是用捐赠者的皮肤在受体的脸部骨架上拉伸，形成一张全新的面貌。"这有助于我们摆脱科幻小说中的骇人场景。"她说。比移植手术更让人担忧的是，接受人必须终身服用免疫抑制药物，保证不会产生生物抵抗。潜在的接受人必须提前检查身体对多次手术和长期药物疗程的接受度。不是所有人都能接受：新西兰人克林特·哈勒姆（Clint Hallam）在操作圆锯时不小心切断了手，断肢再接手术失败，于是不得已而截肢。几年后，他成为首例接受手移植的病人。然而，在使用移植手两年多之后，哈勒姆主动停服免疫抑制药，再一次截肢。

对捐赠者也有争议。什么样的人会愿意捐赠自己的脸呢？他们是器官捐献者这类利他主义者，还是企图让其他人拥有自己的脸，从而在死后变相永生的幻想家？接受人应该了解捐赠者的哪部分生活？当传言迪诺尔的捐赠者是自杀身亡的，人们不免要胡乱猜想。

最后，脸部移植尽管有各种医学光环，但毕竟不像心脏移植手术那样性命攸关。是做脸部移植手术，还是做皮肤移植，或者其他传统的整容术或单纯的心理治疗，需要权衡利弊。在推进该移植术的路上，还应该让公众明白，手术的目的不是为了还病患一张正常的脸，而主要是为了恢复重要的生理功能，例如下巴的运作功能。那些深信局部整容术可以让他们某天光彩照人地走出手术室的人，应该把把脉看自己是否正常。他们可能需要回想一下高尔顿的发现：美只是一种平均值。

大脑

在很多人看来，阿尔伯特·爱因斯坦是有史以来最伟大的科学家。而在约翰·伯顿·桑德森·霍尔丹眼中，他是基督之后最伟大的犹太人。1955 年 4 月 17 日周日凌晨，爱因斯坦逝世于普林斯顿的家中。普林斯顿医院的托马斯·哈维医生对他做了尸检，认定死因为破裂性主动脉瘤。爱因斯坦身边十几位最亲近的人参加了简短的葬礼，而后遗体便被火化。此时，距离这位物理学家仙逝只过去了十四个小时多一点。

不过，爱因斯坦的遗体没有全部烧成骨灰，已有的骨灰后来撒到一个秘密地点，避免引起狗仔队的注意。在那个周日凌晨的某段时间，哈维未征得爱因斯坦家人的同意，便私自将他的大脑从安居了七十六年的颅骨中取出，存起来做检查。

他向大脑内部的动脉中注入福尔马林，然后将整块大脑放在保护液中。大脑没有显示出死者生前天才的证据。它被小心地测量、拍照，接着被切成 240 余片。很多切片随后被分成了更薄的片，密封进胶片状的物体中，以便在显微镜下观察。哈维似乎将其中很多标本送给了他的科学家朋友，剩下的则自己保留。据说，芝加哥一位医生曾收到这样一片标本作为圣诞礼物。还有一名热衷收集爱因斯坦纪念物的日本数学教授也获得一片。1978 年，一名记者在堪萨斯州的威奇托追踪到哈维，发现爱因斯坦剩下的大脑都储藏在一个纸箱中的玻璃罐里，纸箱外贴着某种苹果汁的标签。

爱因斯坦的部分大脑已经在科学家手中留存了半个多世纪。我们从中了解到如何通过肉身发现天才了吗？哈维许诺在亲自研究过大脑之后会公布自己的发现，但研究结果迟迟没有发表。直到 1996 年，哈维终于在《神经科学通讯》（*Neuroscience Letters*）上发表论文，公布了他将爱因斯坦一片右前额皮质——大脑的一部分，功能大约包括控制个性并产生评判、比较思维——与五位老年对照组的同一部位相比较的结果。结果极为震撼，因为爱因斯坦大脑产生的神经元数量不比其他大脑多，体积也并没有更大。

加利福尼亚大学伯克利分校的玛丽安·戴蒙德（Marian Diamond）请哈维赠予一片标本，接着收到了一只装着标本的旧蛋黄酱瓶，不过她只比哈维前进了一小步。在头顶的顶叶处，她发现某部分的胶质细胞明显比神经元更多。大脑中的胶质细胞与神经元以至今仍然无解的方式相配，促进着大脑的生长和功能。研究还表明，当动物置身于刺激性环境中时，胶质细胞也会增长。不过，爱因斯坦脑中的胶质细胞是天生如此还是在普林斯顿高等研究院长期工作的结果，却无从得知。

在安大略省汉密尔顿市的麦克马斯特大学（McMaster University），桑德拉·维特尔森（Sandra Witelson）及其团队宣称，在 1999 年进行了爱因斯坦大脑的首次解剖研究。他们用测径器对比了哈维照片中的大脑和三十五位正常男性的大脑，发现除了“对视觉空间认知和数学思维非常重要的”顶叶区，其他部位没有重大区别。爱因斯坦的顶叶比维特尔森掌握的样本均值要宽一厘米。爱因斯坦的大脑和所有男性大脑都不同——和检测的其他五十六名女性大脑也不同——它还缺少一种叫顶叶盖（parietal operculum）的部位，即外侧沟边缘的一条组织。外侧沟是大脑最为明显的构造之一，它将大脑分为不同的“叶”。这些加拿大的科学家推测，由于缺少顶叶盖，爱因斯坦的顶叶便可以超出正常尺寸，且能够与大脑其他部位更紧密地相接，这样就有可能产生超出正常数量的神经联系。维特尔森总结道：“爱因斯坦超常的智力……和他自称的科学思维方法可能与顶下小叶的非典型结构有关。”但她遗憾地补充说，她的工作“显然未能解决长期悬而未明的‘智力的神经解剖学基质’问题”。

想探明伟大科学家的天才源头的企图自古就有。1727 年牛顿逝世时，佛兰德雕刻家约翰·赖斯布拉克（Jan Rysbrack）为这位伟人做了一副熟石膏死亡面具，以便为如今藏于威斯敏斯特教堂的奢华牛顿纪念像做准备。面具呈现出一张矮阔、生硬的脸，嘴角有又宽又深的褶皱，眉头同样深深皱起。这和我们熟知的戈弗雷·内勒（Godfrey Kneller）绘制的那张牛顿肖像极为不同，在内勒的油画中，牛顿的脸型较长，嘴唇柔美红润。赖斯布拉克最终也决定在雕刻时柔化牛顿真实的五官。后来，他的面具和半身像经常被做成石膏像，像圣人遗物一样装腔作势地供在后世某些思想家的案头。就这样，牛顿成为颅相学家最喜爱的人物之一。

德国人弗朗兹·约瑟夫·加尔（Franz Joseph Gall）是这种新科学的先驱。他从 1792 年开始收集此类头骨，并逐渐发展出一种大脑功能分区理论，他声称这是自己在校时便有的灵感。当时他注意到同班一位言语记忆力惊人的同学眼睛尤其大而突出。加尔在维也纳求学时又在同学中发现了这种面部的相关性，于是他相信，眼睛正后方的大脑区域一定是负责言语记忆力的。随后，他对自己收集的几百颗头骨样本上的隆起和凹陷进行了系统的测量。他相信最好的样本是那些表现出极端行为或能力的人，于是他搜集了杀人犯、疯子、著名的政客和军事领袖，以及科学、哲学和艺术天才的头骨。他的雄心壮志是要创立一种大脑解剖生理学，从根本上揭秘人类所有的心理活动。

在做“颅检查术”期间，加尔认定了大脑内的二十七个单独的“器官”，他用与直觉和心智相关的词分别描述它们可能具备的功能。它们包括智慧、和善、友好、勇气、骄傲、虚荣、谨慎与强目的性，其他还与感觉（场地感和空间感、音乐感、数字和数学感）和记忆（人、词语和事实）相关。他认为大脑中的某些区域对应着诗人、讽刺作家和小丑的才能。而其中至少有两种特质——偷盗倾向与谋杀倾向——说明加尔的样本中包含了狱中的罪犯。当时官方认为大脑是一种均质器官，功能不可分区，但加尔的理念与之完全相悖，被教堂和维也纳当局认为过于唯物主义。他在二十七个大脑区域中精确点出了宗教感的位置，但似乎也于事无补。1805 年，他离开维也纳到欧洲其他地方寻求支持，最终落脚巴黎。1810 年，他在巴黎发表了完整的理论，还图文并茂地附了一幅壮观的大脑图谱。

在参加加尔讲座的人中，有一位名叫亨利·里夫（Henry Reeve）的年轻英国医生。里夫起初对加尔印象深刻，但再见面时便发现他粗俗且做作，他在日记里写道：“就像很多只可远观的事物一样，走近后遮丑的面纱就消失了，愉悦也随之消散。”但里夫的反应可能不具有代表性，因为加尔的观念先后在英国和美国被接受，那里的狂热度比欧洲大陆更高。

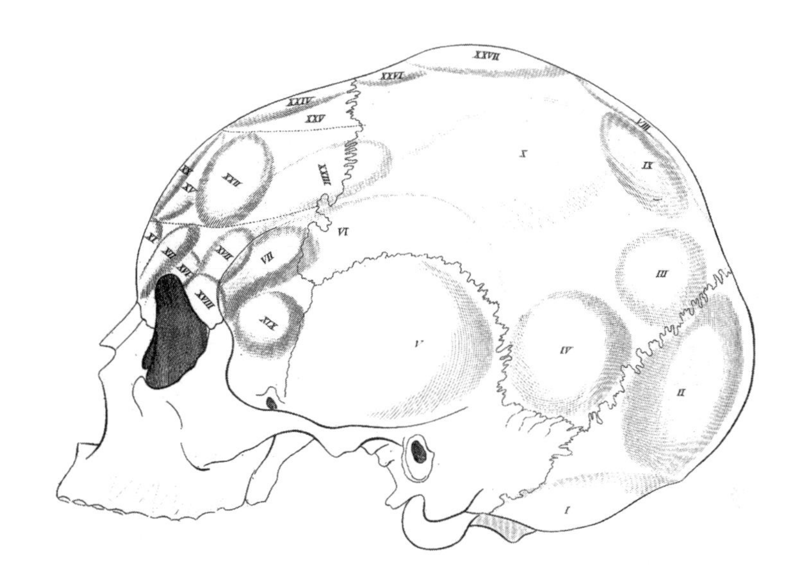

加尔在欧洲游历期间的主要助手是他的解剖兼讲座助理约翰·卡斯帕·施普茨海姆（Johann Kaspar Spurzheim）。然而，施普茨海姆捕捉到了推广该学科（如今成为颅相学）的更大机遇，于是两人在 1812 年分道扬镳。施普茨海姆重新组织了加尔的大脑器官体系，给其中不少器官更换了吸引人的新名字，还额外增加了八个“器官”。他将现有的三十五种“器官”分为智力、感性与道德三类。比较吸引眼球的名称包括恋爱、宅、契合性、好斗性、毁灭性、尊崇、自尊以及奇妙（替代了加尔分类下的宗教）。施普茨海姆还着手为案头的半身像题写大脑分区的名称，后来它们的确成为颇受欢迎的颅相学纪念品。

加尔关注的是纯粹的大脑科学，而施普茨海姆及其追随者在展示和解读个性中看到了道德议题和商机。各地的颅相学协会纷纷成立。让颅相学家触摸头上的凸起成了一种风尚。每家药店都售卖颅相学半身像。颅相学学术期刊开始大量出现，通篇都是基于对名人及恶人的头颅或头部塑像的测量而展开的详细分析。

所有这些分析的妙处在于，结果是已知的。1846 年，英国颅相学的领军人物——爱丁堡的乔治·科比（George Combe），发表了一篇详细分析艺术家拉斐尔颅骨的文章。他形容颅骨本身是“一个漂亮而优雅的椭圆，表面非常均匀、光滑”。在他看来，这种规则性是拉斐尔艺术成就的关键：“所有的器官和谐排布，再加上良好的性情，就形成了艺术品位。在回溯拉斐尔的禀赋时，我们能看到他无与伦比的精致与优雅的源头。”英国诺威奇市颅相学学会主席威廉·斯塔克（William Stark）收藏了一系列雕像，每一件都标注着一种个性，且非常神奇地与死者生前的真相吻合。例如，一位男性最显著的特征是“隐匿”，他在生前的确是一位“狡猾的债主”。

牛顿的大脑也受到了类似的分析。1845 年，《颅相学期刊》（全称为《颅相学期刊与精神科学杂志》，区别于其他多种颅相学期刊）公布了调查结果，牛顿的头颅显示出了“最高级别的数学天赋”，因为它非常擅长处理重量、形态、尺寸、规则和数字，以及“相当一部分因果和对比关系”，所以他才能追踪到因果关系，寻找出类比、相似性和不同之处。如今的问题在于判断这种文章是否比分析爱因斯坦的大脑更不可信，在上文中，后者认为爱因斯坦头部的顶叶区很特殊，“对视觉空间认知和数学思维非常重要”。

奇怪的是，颅相学不仅有严肃的追随者，还有正统科学一应俱全的条件——期刊、协会、专题——但却被其他科学家唾弃为江湖骗术，遭到戏剧和杂志的讽刺，也被持怀疑态度的大众嘲弄。例如，著名漫画家乔治·克鲁克香克（George Cruikshank）取笑施普茨海姆划分的大脑功能，将“契合性”——结成友谊的倾向——描绘为一对困在及膝深的泥潭中的夫妇。有些人还提出了奇特而详细的新分类，如“驾驶二轮轻便马车的”天赋。大概没有哪种科学像颅相学一样在短短数年的历史中有如此分裂的经历。

颅相学的力量在于它的社会用途。通过实际丈量头部这种近乎荒谬的简便手法，就能够测出人们心中的道德品性。瞄准这种赚钱机会的颅相学家可以根据客户的需求，把自己包装成精神分析师、职业咨询师、招聘顾问，甚至是媒人。

与此同时，批判这种学说的人注意到它具有明显缺陷，例如大脑器官的数量显然是随意编造的，各器官的功能既无清晰分别又相互矛盾，于是同一种性格测试能推出无数种结果。伏尔泰的头颅成为那些想质疑颅相学的人的有力论据。很明显，这位“最负盛名的异教徒，也是基督教最凶猛且无情的敌人”有一种难以想象的巨大“尊崇”器官。鉴于这位伟大的哲学家根本用不着它，为什么头颅里会有这种东西？不过，颅相学也不会如此轻易被摧垮。1825 年，一位颅相学家写道，伏尔泰的例子其实证实了这一学说的准确性，这位法国人既然没有神圣的尊崇之心，那么一定是将这份尊崇转移到了赞助他的法国王室上。

前面讲到，1896 年，托马斯·爱迪生未能按威廉·蓝道夫·赫斯特的要求拍摄出大脑的 X 光片。到了 1918 年，人们发现可以向脑室引入空气，深化与周围组织的对比，第一张简陋的大脑 X 光片才终于问世。然而，用于大脑内部例行检查的实用技术到 20 世纪 70 年代才出现。它会告诉我们什么？会揭示人类强于其他动物的终极原因吗？

科学文献通常把大脑列为人体内最复杂的器官，但看起来却不像。它既没有心脏那么多结构，也没有肺部那么错综缠结。我在医学博物馆看到工作人员的准备过程：将大脑从头颅中移出，沿剖面切开，接着夹在两片玻璃中间预备观测。它呈白色不透明状——不仅是字面意义上，也是象征意义上的不透明。它完美地掩藏了自身的工作机制。也许，人类只是出于虚荣才坚信它的复杂。

希波克拉底本人可能已经发现大脑不只是愚钝的一团。公元前400年左右，他很可能通过检查战争中受伤的希腊士兵，编纂了一本《论头部损伤》(*On Injuries of the Head*)的著作。在书中他记录到，大脑一侧的损伤易于引发身体另一侧的抽搐。后来，盖伦在大脑中找寻灵魂的寓所时，也提及大脑的不同部位对应着身体的具体功能。中世纪的大家，例如波斯学者阿维森纳，将大脑中四个盛有脑脊液的脑室视作图像和观点的储藏室，分别管控着感觉、想象、认知和记忆。很久之后，笛卡儿认为他在大脑基部的小小松果体中发现了灵魂。颅相学家对此几乎没有贡献，但他们也相信大脑不是一个均质的、整体运作的结构，而是分为不同的区域。随着探索与绘制大脑新方法的出现，这一信念愈加坚定。

研究方法通常很残忍。在希波克拉底的年代，战争刺激着知识的进步。日俄战争期间，眼科医生井上达（Tatsuji Inouye）能够从脑后枕叶上的枪伤中提炼新细节，绘制视觉皮层。说句不合时宜的话，这主要是因为俄方使用的新式枪支比以前的武器更具穿透力，但对伤口周围的伤害较少。同样，英国神经学家能进一步理解枕叶与视力的关系是因为英国士兵戴的布罗迪钢盔对该区域的保护太少（遗憾的是，颅相学者毫无想象力地认为视力区域在眼睛正后方而不在枕叶，枕叶被认为是爱与友谊的功能区）。

后来，生于美国的神经外科医生怀尔德·潘菲尔德（Wilder Penfield）在蒙特利尔研究观察神志清醒的癫痫患者在大脑受电极刺激时的反应。潘菲尔德用这种方法做脑外科手术的术前准备，缓解患者身体某些部位的抽搐反应，但结果却得到了一幅新的大脑地图。他在 1937 年发表研究结果时有一个创举——与艺术家 H. P. 坎特利夫人（Mrs H. P. Cantlie）合作。她绘制了“皮质小人”，其中人体的运动与感觉器官不按真实比例呈现，而是与大脑中负责运动与感官功能的区域面积相对应。遗憾的是，与身体四肢和躯干相比，这里的拇指超级大，其他手指、手掌和脚也较大，让图解看起来有点儿像路上压扁的一只青蛙。潘菲尔德之后发表的另一个版本更具有指导性，流传也更久，它展现出头部的剖面，运动与感觉器官直接沿大脑所在区域排列。嘴唇与拇指尤为显眼。自从中世纪出现这类“小人”——即字面意义上的小人或“侏儒”，又或是某种似乎

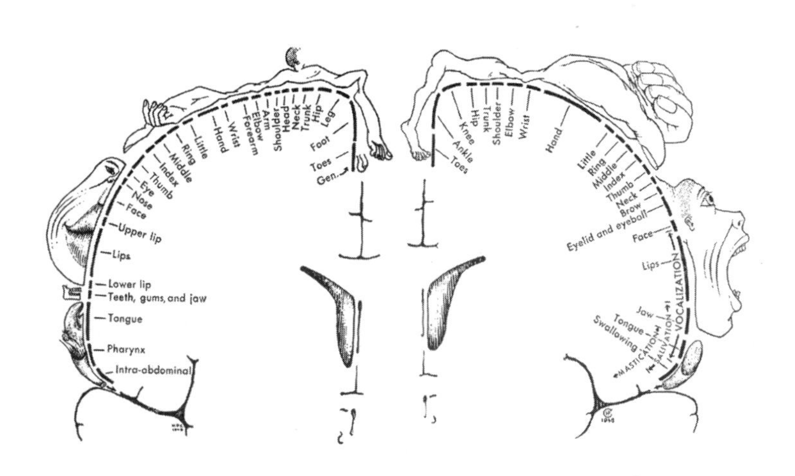

能被炼金术士或魔术师召唤来的“小我”，这种图像概念就扎下了根，并催生出更多奇怪的变体。这些畸形人像或许也源自那些鬼灵精怪和卡通故事中出现的瘦长而难看——强有力的指爪和粗壮笨重的脚——的龙或怪兽。

大脑真正的样貌是由另一种魔法揭开的，那就是核磁共振现象。这一发现的意义极其重大，相关领域因此获得了六次诺贝尔奖——三次诺贝尔物理学奖、两次诺贝尔化学奖，最近一次是 2003 年的诺贝尔生理学或医学奖，奖励它在医学成像上的应用，现统称为 MRI（核磁共振成像）。

二十多年前，我做了大脑图像扫描。当时是 1988 年春，这种成像形式刚刚得到临床使用许可。由于技术太新，还没人想到把名字里的 nuclear（原子核）去掉，但这个词让本来要尝试的患者感到莫名不安。我不是患者，而是《科技新时代》（*Popular Science*）杂志的撰稿人。

我到达位于纽约州首府的奥尔巴尼医学中心（Albany Medical Center）后，穿白大褂的神经放射科主任盖里·伍德（Gary Wood）开始问我一些基本问题：“哪里不舒服吗？身上有金属物品吗，例如钢笔、回形针？”我把钥匙、钢笔和磁带录音机存到柜子里。然后医生拉开一扇镀铜的大门，领我进了核磁共振成像室。

一架巨大的环形机器占满了整个房间。机器上装饰着通用电气的标牌，巧的是，这家公司是大概一百年前托马斯·爱迪生创立的，公司地址就位于附近的斯克内克塔迪（Schenectady）。线条流畅的白色塑料外壳下，隐藏着 5 吨重的磁石（医用核磁共振磁石可以产生大约 15 000 高斯的磁场；而地球的磁场平均只有 0.5 高斯，冰箱门上的磁石可能产生的磁场为 50 高斯）。伍德的助手让我躺到磁石中间伸出来的一张轮床上，然后按下了开关。在液压装置（电机在如此强大的磁场附近无法运转）的推动下，我几乎悄无声息地滑进了环形磁石，头部最终固定在它的中心。我眼睛的上方非常贴心地斜装着一面镜子，消除了可能出现的幽闭恐惧症，我可以一直看到双脚外，并透过房间的观察窗看到盖里和他的同事在查看扫描情况。通过双向音频连接，我能听到他们敲键盘为电脑传输指令的声音，以及兴奋地讨论他们这架新设备的声音。他们告诉我："躺着别动。"盖里按下一个按钮。一阵迅疾而沉闷的嗡嗡声传进我的耳朵，这架大机器扫描我大脑深处时我却没有任何感觉。

之后，盖里给我看显示屏上的记录情况。这是我第一次看到自己身体内部。虽然是在核磁共振早期，但我发现我对这种毫无新意的照片十分厌倦。我在一篇相当令人敬畏的医学成像史中读到："核磁共振成像提高了人们的透明度，于是我们可以看到那些原本专属于诗人与哲学家的大脑结构所具有的形态与功能。"但什么是"看到"？我意识到我在观看的不只是一张简单的照片，而是一张极其隐晦的图像，即一系列射频信号的数字表现，而射频信号本身是我脑中的氢原子在回应成像机器强大的输入信号时产生的弱磁场的产物。在我看来，我们可能仍无法看透诗人与哲学家。

盖里也许察觉到了我的矛盾心理，便指向显示屏上深深浅浅的灰色，它们代表我颅骨的外壳、骨髓，甚至是脑脊液。"现在我们要开始了，"他对我说，"准备好横穿你的大脑。"盖里从我的眼睛追踪视神经到大脑内部，显示屏上相应地出现了一系列图像。他在一张清晰地呈现我的鼻子、喉部和窦孔的剖面图上暂停。"这张有点儿像德里斯坦（Dristan）[①]的广告。”他笑道。我离开的时候，他还送了我一幅扫描图做纪念。可惜那张图已经不在了，我也无法看出我的顶叶是否外扩，外侧沟是否像爱因斯坦的那样紧密。

从那时到现在，核磁共振成像取得了长足进步，科学家们可以获得正在运转的大脑的动态图像。功能性核磁共振成像（FMRI）的实验通常会扫描正在做某项特殊任务的人的大脑，可以实时得出较为活跃的大脑区域的图像。核磁共振成像扫描采取的数字图像处理法一般会显示整个大脑的黑白剖面，活动区则突出为彩色。有了这种处理法，我们可以放心地说当我们在进行某种思考时大脑相应部分会被“点亮”。虽然严格来讲，这种“点亮”并不是某种思维活动的成果，而是因为血流量增多。

这项新技术不仅为诊断脑部疾病提供了重要帮助，还成为研究大脑如何正常运作的新工具。许多研究都在探索形成人类个性的重要思维活动，包括做出道德选择、表现出偏见，以及发挥个人的创造力。即便无关痛痒的微小决定也需要做出选择，这是个性的表现。英国牛津大学脑功能磁共振图像研究中心（FMRIB）的神经科学家们设计了一次实验，他们要求受试者在从任意状态 A 转向状态 B 或 C 时按下按钮。当受试者自由选择时，他们的动作会使大脑某部分活动增强，另一部分活动减弱。当同一个受试者要按另一个人的要求做动作时，这幅图像就颠倒了。实验结果似乎表明，和选择相关的神经机制与选择的方式——被迫或自由——有关。

但如果面对真正的道德困境呢？哈佛大学的乔舒亚·格林（Joshua

① 一种感冒药。

Greene）让受试者想象一位正在号哭的婴儿可能会暴露一群躲避敌军的人——你会闷死婴儿拯救其他人的性命吗？结果表明，当受试者选择伤害一些人来拯救另一些人的时候，大脑中与计划、理性和注意力相关的区域变得格外活跃。换句话说，当人们的决定会影响到其他人时，他们会更加努力地思考。这是人类最起码的希望所在。

格林在哈佛的同事杰森·米切尔（Jason Mitchell）长期用功能核磁共振成像法研究共情与偏见。理解他人意味着要设身处地。如果另一个人与自己相像的话，这一点很容易做到。米切尔的受试者拥有不同的社会和政治信仰，他让他们评价与自己极为相似或极不相似的虚构人物。由此记录下的大脑图像表明，想象一位相似的“他者”时，与自我指涉性思考相关的大脑区域会变得活跃，而想象一位不相似的“他者”时，激活的是另一片区域。它没有揭示原因，但确实透露了一些蛛丝马迹，例如，白人更倾向将黑人与负面属性联系起来，而将与自身相似的白人划归正面属性。这可能是理解种族和其他偏见的关键。

绘画、交响乐、小说等创造性作品被视为非常个人的表达。但这种脑海中的创作过程能够变成可视的吗？华盛顿特区约翰·霍普金斯大学医学院的查尔斯·利姆（Charles Limb）曾经尝试一窥究竟，他用功能磁共振成像记录下技术高超的爵士音乐家用钢琴即兴表演（创作从未思考过或演奏过的音乐）时的大脑。多位即兴表演者的大脑图像普遍显示某些特殊区域被激活，而另一些较为黯淡，说明创造性也是发生在局部。这类对普通大脑进行图像检查的有效性在于它的数据来源于多位受试者，而不是单个人。我明白将某人对某事物产生个人及主观看法时的大脑图像强行阐释为偏见或创造性可能带来的危险。但我不免要好奇，如果这些数据堆叠起来，像高尔顿的复合照片那样，会不会失去他们原本想要收集的信息。

功能磁共振成像也有些较为平常的用途。例如，计划减肥的人在选择吃健康食品还是垃圾食品时，大脑内与自制力相关的区域会突显出来。产品制造商和广告公司对大脑的这种活动自然非常感兴趣——对规避方法也很有兴趣。现在，核磁共振成像已成为公认的诊疗技术，设备成本也在不断下降，相关行业开始思考进一步挖掘它的潜能。杰玛・卡尔沃特（Gemma Calvert）之前是一位理论心理学家，现在是 Neurosense 公司（利用大脑成像来探索客户的思维深处）的总经理。杰玛承认："有人说这原本是医疗技术，现在你却把它用于商业，到底想做什么？"但大型公司显然没有这种良心谴责。Neurosense 的大脑成像技术表面是为商业电视公司的一档英国早餐节目服务，其实也为自己做了口碑宣传，因为观众更关注、更常回想早晨播放的广告。

"你要知道，这项技术能让我们看到大脑如何执行特定的任务，"杰玛责备我说，"但你开始问更社会化的问题后，就很难回答。你真的能用这些技术读懂我的想法吗？我个人很乐意见证。"但目前只是理论上有这种可能，它要求扫描仪的分辨率高于现存的版本，能捕捉到大脑神经元之间碰撞出的火花，这样就可能推测出某人在特定刺激下的想法。"但这仍无法让人有切身体会。活着的感觉很重要。"

同时，圣迭戈一家叫 No Lie MRI 的公司为这项技术指明了一个新方向。它想用功能性磁共振成像法帮助客户评定求职者和保险索赔人。因为成像技术直接反映中枢神经系统，而不是管控身体功能的自主神经系统，No Lie MRI 宣称它可以绕开美国法律对企业使用测谎仪的限制。它计划建立奥威尔式的语言中心，受试者一边接受面试一边被核磁共振成像仪扫描。该公司目前正在进行游说，以便功能性磁共振成像“证据”可以在美国法庭上被采纳。甚至像英国心理学会这类中立性的机构也承认，大脑扫描进入法庭很可能只是时间问题，它也像 DNA 证据一样闪耀着科学光环，使陪审员们容易对其过度信任。

由于太计较细枝末节，所以 No Lie MRI 可能会丧失对人的整体印象。对一个神经科学家或对我们所有人来说，我们逐渐等同于自己的大脑。在不远的将来，假如一个人走进法庭控诉自己的大脑犯罪，也会有证据支持他的言论。换句话说，将来也许任何被告都能提出一种类似无罪辩护的诡谲申请。到那时，问题就会变成：惩罚这个人——或他的大脑——是否有意义？

心脏

心脏是肌肉发达的圆锥形空心器官，位于两肺之间，裹于心包腔内。

心脏呈金字塔形，或更像陀螺形，与松仁的比例有些相仿。

生物的心脏是生命之源、身体的中心、小宇宙的太阳，所有“植被”依靠它生长，所有生命力与力量从它发端。

心脏像一件十字褡。

心脏像一只饱满的放屁坐垫[①]。

心脏尤为虚伪，且极度邪恶。

心脏有理智所不知的自我理智。

心是饥渴躁动的，它要捕食猎物。如果它不喜欢上帝所赐予的，就会在人世间寻找，但通常会在找寻中失去自我及初心。

心是永远不成熟的。

心是孤独的猎手。

以上的各式表述，说明心脏对于不同的人有着不同的含义。前三种表述来自不同时期的解剖学家，分别为《格氏解剖学》、海尔金亚·克鲁克的《微观宇宙》和威廉·哈维的《心血运动论》。下

① 在按压下会发出类似放屁的声音，常用于恶作剧。

一句，“心脏像一件十字褡”出自弗朗索瓦·拉伯雷笔下的庞大固埃之口，拉伯雷是一名解剖学家，同时还是一位修道士、律师兼作家。据说 1538 年，拉伯雷有一次在里昂时，一具尸体同他讲话，至少艾蒂安·多雷（Etienne Dolet）的当代诗歌里是这么讲的。尸体显然满心支持法官的做法，他原以为法官只想用死刑后的解剖来加重处罚，但在知道自己要被伟大的拉伯雷解剖时：“现在命运你席卷而来吧：我心里充满感恩。”再下一句信息量也许更丰富的比喻来自路易莎·扬（Louisa Young）的《心之书》。后面的句子分别来自《旧约全书》的《耶利米书》，17 世纪法国哲学家布莱士·帕斯卡（Blaise Pascal）及其同时代的英国牧师约翰·弗拉沃尔（John Flavel），美国作家亨利·大卫·梭罗和卡森·麦卡勒斯。

心脏在某些重要方面代表“我们的核心”这一观点要追溯到亚里士多德，甚至更早。据扬说，三千多年前的埃及和希腊故事表明心脏已经被视为“身份、生命、生育、忠诚与爱情”的中心。但生理上是否也是中心，还要经过许多世纪才能解谜。不过，它在象征意义上的绝对中心地位大约在 1800 年前就已确定。公元 2 世纪的盖伦认为肝脏、心脏和大脑分别主导着身体的三部分（腹部、胸腔和头部），心脏无疑是三者的中心。

心脏不同于所有其他内脏器官，它的活动清晰可辨。心脏在跳动，且跳动的频率会随着周遭环境而改变，在爱人或危险面前会加速，在睡梦或临死时会放缓。传统医生认为心脏是身体热量之源，且与血液有关，但令人惊奇的是，它为全身各处泵送血液的真正用途却在很久以后才被发现。列奥纳多·达·芬奇比盖伦更近一步，他观察到心脏有四个腔室，肌肉极为发达，所有血管从这里发端，已然十分接近真相。如果他注意到其中有些血管从心脏中引出血液，而另一些引血液回流，他必定会得出那个显而易见的结论，那么他在解剖界的名声就不只是业余爱好者而已了。

从我手里拿的这颗心脏来看，心脏明显担有重要功能。与肺、大脑、肝脏或肾脏不可思议的均匀结构相比，心脏的结构更加复杂。它外部包裹的薄脂肪层就像瓷器外面的棉纸一样。我将“棉纸”撕下，看到心脏底部肌肉发达，上面有多个腔室（两个心房和两个心室）。如今里面没有血液，明显底部偏沉。血管在外表面像虫子一样蜿蜒。这颗心脏从主动脉处切断，可以看出主动脉是直径达两厘米的大管道。据了解，心脏一天要泵送一万品脱血液，主动脉中的血液可以喷射六英尺高。过去的人们怎么会相信身体能以这种速率生产血液，满足这条巨形管道的需求呢？身体的主静脉——腔静脉，在与心脏的连接处几乎与主动脉一样粗。另外四条大型血管，即把血液带入肺部充氧再导出的肺静脉和肺动脉，直径约为一厘米。整个结构让我想到一座地下火车站的图解。我以为很难把取出的心脏再放回剖开的身体让切断的血管对接上，但其实它很轻松就滑进了肺部留给它的空腔，回到原位时方向也正确无误，如同一只动物回到它的巢穴。

在某些地方，我看到褶皱状的瓣膜，这便是调控血液流动的阀门。它们催生出心脏特殊的双重跳动节奏，一般为“扑咚”（lub-dub）或“扑通”（lub-dup）。如果你大声说出这两个音节，你舌头的动作就约等于这两组调控血流的阀门的动作。为什么盖伦和列奥纳多没有发现血液循环，但威廉·哈维能够发现，部分原因大概是 17 世纪早期液压工程的进步，说来也奇怪，帕斯卡偏巧在这时发明了液压机。也许是这些水泵装置让哈维有了看待心脏的新视角。无论怎样，哈维用堪称典范的科学清晰度阐明了心脏与血液流动的机制，尽管他还不明白这一整套动作用意何在。待一百多年后，人们发现氧气并搞清红细胞的作用时，这里的谜底才能揭开。可惜，书出版后，哈维的遭遇却每况愈下。他的朋友兼传记作者约翰·奥布里（John Aubrey）写道，“他的职业一落千丈”，而且“世人认为他精神错乱；所有的医生都反对他的看法，嫉妒他；许多人写文章抨击他。”

但是，哈维的突破没有改变将心脏视为万物中心的传统观点。虽然心脏的实际位置略微偏离中心（偏左），但它介于头部和性器官之间，仍算是一种中点，即理性与欲望的平衡点。这种将血液泵送至全身的新功能只是加强了它的隐喻意义，哈维在那篇写给查理一世的华美献词中便已意识到。于是心脏现在成为身体的调控者，也成为空前有力的道德自我调节的象征。我们说真心话的时候用“打心底说”来表达。我们还在心里隐藏秘密。虽然我们知道大脑是知觉与认识的中心，却仍希望用心来感受。在西方，心脏长久以来都是与情绪最为相关的器官，而在东方，心脏往往更多的与智力和直觉相连。曾经，西方信仰也要求心脏担负这类职责。《箴言书》中警告：“因为他心怎样思量，他为人就是怎样。”这篇名为 *Sarum Primer* 的祈祷文在 1514 年后的《圣经》中出现，内容如下：

上帝在我脑海中，
在我理解中；
上帝在我双眼中，
在我凝望中；
上帝在我嘴唇中，

在我言语中；
上帝在我心脏中，
在我思考中；
上帝在我临终时，
告别人间世。

当时，心脏是思考之所，而头部（或说大脑）与理解相关。具有讽刺意味的是，一百多年后，哈代发现心脏是一台泵，即一台中央泵，宛如体内的帝王，但仅仅是一台泵而已。这成为最早证实大脑比心脏更优越的突破性发现之一，开启了文化史学家费伊邦德阿尔贝蒂（Fay Bound Alberti）所谓的“从心脏中心到颅骨中心的科学转变”。

1997年，加拿大心脏病学家安德鲁·阿默尔（Andrew Armour）在论文中提出全新观点：心脏其实有自己的“小型大脑”。阿默尔认为，心脏上发现的神经元回路或许能够进行“局部信息处理”。他笔下的心脏不再类似于一台泵或其他机械装置，而像是更时髦的电脑系统：大脑是我们的主机，心脏和其他器官则像是局部处理器。虽然某些领域认为阿默尔所言是伪科学，但教堂和神智学者却将其视作《圣经》中“会思考的心脏”的科学证据。

无论怎样，心脏在我们心目中的位置一如既往。与心脏有关的隐喻似乎非常真切。死于心碎自然是一种最可怕的死法，虽然这种柔软有弹性的器官不会真的碎裂。它会衰弱、萎缩或患病，但绝不像习语中所说的那样易碎，比如被一只闪电球击成两半。心脏的紧实度和可移植性强化了它的象征地位。尤其当圣贤和殉道者逝世时，他们的心脏经常和身体其余部位分开埋葬。这种做法一方面是出于必要——内脏和掏空的器官要先行埋葬，以免尸体在教堂中散发过多的腐臭味，但另一方面也有象征意义。扬告诉我们，心脏也可以被“腌制、寄出、赠送、储藏、食用，或戴在颈项上”。在海外战争中，尽管瘟疫法不允许将整具尸体送返回国，却可以送回心脏。

心脏虽然象征意义重大，我们却在很大程度上安于对它真正样貌的无知。这种跳动的内脏器官在我们的生命里如此不显眼，我们甚至描述不出它的外形。人类心脏和动物心脏都没有太大存在感，动物心脏在厨房里也完全不受宠，被归为肉屑、垃圾。另外，心脏又逐渐成为一种公认的象征物。17 世纪的素描将心脏绘成一种三维的实体，虽然结构上不一定精确，但至少表现出真实心脏的某种不规则形态。到了 18 至 19 世纪，纸牌上、木刻上、刺绣上，最后是情人节卡片上，心脏却统统变为我们更加熟知的扁平对称形状。

那么心脏是如何演变成这种程式化的、完全不合实际的平面图案，即一个分为两瓣的红色倒三角形呢？个中原因众说纷纭且源远流长。在埃及象形文字中，花瓶代表心脏。我们的心脏与花瓶的轮廓相似吗？希腊人用竖琴上的花体纹饰给出了自己的解释。或者它只是从通常代表女性的倒三角形发展而来，时尚设计师玛丽·官（Mary Quant）非常推崇这种象征符号，甚至让丈夫把自己的阴毛修剪成这一形状。事实上，我们今天称之为心脏的图案最初是一片常青藤叶或一串葡萄。纸牌上我们叫作“桃心”的标志原本就是这种叶子。

在中世纪艺术和文学中，心脏常被描述为梨形或桃形。意大利帕多瓦的斯克洛文尼教堂里，乔托壁画上慈善圣母的祭品是用一只水果碗盛着的泪滴形心脏。但不知何时起，平整的常青藤叶似乎越位成了更受人喜爱的心脏形状。第一颗带有裂隙的心可能出现在1310年左右弗朗西斯科·达·巴尔贝李诺（Francesco da Barberino）的象征之书《爱的记录》（*I Documenti d'Amore*）中，而插图本解剖学著作中首次出现非写实的心脏则在1345年。教堂里，对耶稣圣心的信奉逐渐超过了方济会对基督的五个伤处[①]的尊崇。后来，圣心单独成为罗马天主教对抗新教的标志。这种华丽的标志也不是全无问题。例如在19世纪末，卢旺达的天主教传教士便因宗教标志上的心形图案被指控为具有同类相食倾向。

亚米希人和英国艺术与工艺运动中的木匠们将简化的心形刻进家具中。如今，它出现在许多产品的标牌上，或保证对用户有好处，或自称新奇但好用，这些都很令人困惑。我的苹果电脑上甚至有一个可以打出心形的按键，现在终于派上了用场：♥。

纽约设计师弥尔顿·格拉瑟（Milton Glaser）是第一位将♥用于句子的人：我♥纽约。这条诞生于1976年的标语的生命远远超出了设计者的预期。它准确地传达了一种温暖的迎候，让那些在都市喧嚣中无所适从的来访者放下戒心。“我♥纽约”极具独创性，因为它的核心本质是我们对这座城市的热爱，以及这种热爱如何反过来塑造了整座城市。它还有种更深藏的机巧性，即它很容易复制。整座城市到处都有“我♥纽约”的标语，这绝非偶然。企业设计标志时要花费很大精力确保独创性，但格拉瑟的标志却没有版权保护。背后的想法就是纽约的任何人都能使用。在当时，无法预料这种策略的效果，但三十多年过去了，它收获了巨大的红利。每次的重复

① 即“圣伤”，包括双手、双脚和左肋。

确实都不完全一样。心脏的形状与原先的可能不大相同；字体与格拉瑟选择的（美国打字机字体）也很可能不是同一种。但这样一来效果反而更好，因为它与其他事物一样显示了纽约人不墨守成规的性格。而且，它还出乎意料地走出了纽约五个区，扩散到其他地域。例如在其他州也有类似的致意："弗吉尼亚♥情人之州"或"我♥佛蒙特"都是官方标语。此外还有"我♥魁北克""我♥安提瓜岛"等。这些变体也会让人下意识想到纽约，从而毫不费力地传递这里多重文化共存的讯息，这正是纽约生活的本质——容许各文化在保持自己特色的前提下共存。

肾与心脏的外形一样具有辨识度。情人节任何糖果都必须呈心形，以体现出爱情。但如今，在庆祝移植手术成功时，我们也能看到肾形蛋糕。作为聚会蛋糕，它们通常逼真得令人恐惧，有时候还在彩色糖霜上刻画出输尿管和主要的血管，仿佛从解剖学课本上复制的一般。这种新仪式的含义似乎还没有解答。送别人心形礼物自然意味着送上自己的真心。肾形蛋糕作为"重生"的寓意是好的，吃掉它，接受者可能会感到再次接纳了捐赠的器官，但让其他庆祝者也象征性地吃掉捐赠的肾，感觉就有些恐怖。

大部分器官都像心脏一样拥有独特但不规则的外形，无法简单地描述。换句话说，心脏与心脏其实大同小异，但与日常物品并不太像，因此无法用作视觉索引。肾则由于外观太过独特，许多自然或人造物采用了它的名字，例如芸豆（kidney bean）以及所谓的"肾形"花园游泳池——大概外形更自然些，不是横平竖直的长方形。

植物的叶子有时也呈肾形，或专业术语中的肾脏形。如此多的自然事物（如果不包含游泳池）都带有这种不寻常的形状，背后只有一种解释。我们已经讲过程式化的心（或许还包括方块、梅花和黑桃）可能从不同的叶片图示发展而来。达西·汤普森（D'Arcy Thompson）[①]在他的杰作《生长和形态》（*On Growth and Form*）中，阐述了所有这些形状是如何从叶片的径向和切向生长中（即叶片从枝干向上生长的速度和向侧边延展的速度）略微变形而来。向上生长的速度快而两侧延展的速度较慢，就会形成矛尖形叶片或“方块”，而当两侧延展的力度大于向上的力时，叶片根部附近就更为宽阔，就会出现心形。如果继续压制向上的生长，叶片就会变成扁平对称的肾形，见于积雪草和多种豆类的植株叶片，以及我们的两肾。

弗拉基米尔·纳博科夫的小说《庶出的标志》（*Bend Sinister*）中有许多难以描述的形状。重复出现的视觉图案——椭圆形和铲形水坑，注满水的脚印轮廓，一抹湖形的墨迹——似乎暗示着某些至关重要的事情，刚失去亲人的主人公亚当·克鲁格已经忘记了这一点，此时克鲁格正在抵制他的前同窗推行的极权政体。故事中还有许多人体器官形象，例如充气的足球把“自己红色的肝脏拢紧”；某人的衣领上有一片“黑色结肠般”的墨迹；某人的臀部像“一颗倒置的心”。这些形状和色彩以及它们可能代表的记忆，能够让读者略微感受到纳博科夫沉浸其中的联觉情形。当克鲁格的迫害者弄洒一杯牛奶，形成一个肾形的水洼时，这些象征性的线索终于有了头绪——克鲁格的妻子死于肾脏手术。

关于身体和器官的奇特形态还有很多谜题尚未解开。其中包括为什么我们有两个肾这样的问题。自然一般只赋予我们恰好够用的

---

① 1860—1948 年，苏格兰生物学家、数学家。

事物，不多也不少。两只水平的眼睛让我们拥有双眼视觉，并依靠它们来测量距离。同样，耳朵长在两边帮助我们判断声音从哪个方向传来。但英国肾脏联合会却表示不理解我们为什么会有两个肾。在胚胎发育早期，可能是常见的结构复制作用形成了两条腿。这也可以解释为什么我们不太必要拥有两只睾丸和两个卵巢。又或者，它是进化初期遗留下的某种必需品。大多数动物都像人类一样有两个肾，有些拥有更多，甚至人类胚胎在形成后一个月左右也会长出三对肾，只有最后一对最终成为功能性器官。

最后，肾的外形和数量都不如功能重要。其实每四百人中就有一位单肾人，他体内两个处于正位的肾会跨过中间的管峡，融合在一起。这类马蹄形肾通常运转得十分正常，不会出现任何症状，也不会让人有所察觉。这种体内的非常规性一般不会引起人的注意，但如果在身体表面就很容易给人们造成恐慌。

肾的冗余性使它位列身体组织移植的首位。活体供者体内剩余的肾会迅速生长到 80% 左右，几乎恢复完整的肾功能。1954 年，哈佛医学院的外科医生成功实施世界首例肾移植手术，肾的接受者和捐赠者是双胞胎，降低了器官排异风险。接受者延长了八年寿命，而捐赠者到 2010 年才逝世，享年七十九岁。在英国，截止到 2011 年，有 2732 名患者接受了新的肾，其中超过 1000 人接受的是活体供者的肾移植，但仍有将近 7000 人在等候合适的肾源。在美国，每年要做 15000 台相关手术，但等候人数仍有将近 100000 人，且还在迅速增加。预计到 2015 年，每年便会有如此庞大数目的病患经历肾衰竭，而肾移植可能是他们唯一的希望。

想拓宽捐赠者的范围，就要面对医学和伦理双重困境。例如，之前评估与接受者毫无关系的潜在捐赠者时，却发现其处于“精神错乱”边缘。“有情感联系的捐赠者”被认为更加可靠。另一个颇有争议的提议是若死囚犯捐赠肾源，便从轻发落。这种近乎斯威夫特式的主意看起来很诱人，尤其想到美国还有 3000 多名死刑犯的时候。不过，鉴于这一数字从 1996 年以来没有变过，这个提议大概只是一种政治姿态，并非实际解决方案。

如果我们相信身体部位与整个身体是独立、可分离的，移植就顺理成章。希腊外科医生早在公元前 400 年就尝试移植人体骨骼。其失败是出于医学原因——当时不懂得排斥现象与免疫系统。但其犹疑也有强大的道德缘由——例如通过暴力手段获取所需的身体部位，以及对希波克拉底誓词第一条“不伤害人”的明显违反。

20 世纪中期，首例肾移植手术的成功迅速被更辉煌而有象征意义的心脏移植手术掩盖。心脏是独有的，不可能像肾一样由双胞胎这样完美的捐赠者提供；而且手术前后还要有更为周全的护理，来保证手术效果；对外科医生的技术要求也更高。开普敦外科医生克里斯蒂安·巴纳德（Christiaan Barnard）成功实施世界上首例人类心脏移植手术后变得家喻户晓；他最初用狗的心脏做练习，做了五十多次移植术。（他还给一只狗嫁接了另一颗头，似乎只为了炫技。）巴纳德的第一位人类心脏接受者活了十八天，第二位活了十八个月。然而，在最初的成功之后，心脏移植的前景又黯淡下来，因为其他医生手术后的病人存活率非常低，而巴纳德自己的某些病人恰巧也在手术恢复后开始显示出精神病症状。

但如今，移植成为外科医生可选的标准（但或许极端）疗法。移植被广泛接受主要是由于快速增长的更换器官的实际需求。不过用哥伦比亚大学人类学家莱斯莉·夏普（Lesley Sharp）的话来说，它仍然“既奇妙又陌生”。它自然是种医疗手段，但再多的机械用语——心脏只是一台泵，而肝和肾仅仅是过滤器——也无法掩盖它也是一种个人行为，一个人赠送某物给另一个人，意味着它至少要服从社会上惯常的赠予规则。夏普解释道：“捐赠的尸体器官既是共用部件，也是宝贵的礼物，还包含着死者的转世灵魂。”

外科医生和神经学家否认移植手术会将一个人的部分个性转到另一个人的说法。但接受者仍然无可抑制地想象器官捐赠者的生活，尤其是当移植的是心脏时。费伊邦德阿尔贝蒂举例说，心脏接受者克莱尔·西尔维娅（Claire Sylvia）手术前是一位饮食健康的舞者，手术后不知怎么迷上了炸鸡块。更常见的是接受者获得一个替换器官却无以为报，可能产生愧疚感。例如米歇尔·克兰（Michelle Kline）接受了她兄弟捐赠的肾后，愧疚到根本无法开口跟他讲话，直到她成为宾夕法尼亚小姐并冲进美利坚小姐选美大赛决赛证明了自己的价值，情况才缓解。她的兄弟看到她头戴桂冠时，感慨道：“我们在舞台上表现不错。”

对他们来说，已故捐赠者的亲属或许会觉得捐赠者的身份在这具“新的”身体中延续。捐赠者匿名规则意味着捐赠者的亲属与接受者一般不会直接沟通，但偶尔也有例外。拉尔夫·尼达姆（Ralph Needham）接受了一位死于严重颅脑损伤的捐赠者的双肺移植。他这样评价捐赠者的妻子：“她丈夫赠予我一副功能良好的肺。她便认为她丈夫的生命转移到了我身上，我不敢苟同——我觉得它们现在已经是我的肺了。”

人们通常认为器官应被作为礼物赠送，但现代医学的实际操作却不是这样。虽然器官捐赠通常由公立卫生机构或非营利组织主导，不久前却开出了金钱价码。给人类器官标价是不对的，器官交易也被各方禁止，但我们仍将器官存进银行等地方。现实中，一具拥有可用部位的尸体“价值”可高达 23 万多美元。虽然器官捐赠仰赖不求金钱回报的无私捐赠者，但器官移植还是被列为美国“最有利可图的医学专业”。

我就其中一些伦理困惑咨询了英国国家医疗服务体系血液与移植中心（UK National Health Service Blood and Transplant authority）医学副主任詹姆斯·纽伯格（James Neuberger），其本人还是肝脏移植外科医生。他从各个国家态度的巨大差异性讲起。“但凡较为直率地谈论并接受死亡的国家，捐赠就更容易被接受，例如天主教国家。但在东南亚，死后捐赠非常罕见。我不确定是宗教还是文化原因。”

在谈到捐赠者心理的某些方面时，他不出所料地采取了医学唯物主义观。“这涉及对身体，以及对人死后的身体和器官如何处理的认知，但就我而言，人死了就是死了。死后半年的尸体其实已经腐化得所剩无几。”但他接下来的话又让我感到惊奇：“我个人的观点是，人和动物的根本区别在于精神，而不是身体。”他讽刺那些因为担心无法完好无损地见上帝而拒绝捐赠器官的人。“人们切掉扁桃体的时候我可没听过类似的借口。”但他立即缓和了下来，补充说他也知道截肢患者希望与截掉的残肢一同埋葬的案例。“首先要了解人们的真实感受，以及他们为什么有顾虑。”

据我们目前的了解，器官移植可能会成为医学史上一段短暂的篇章，纽伯格对此充满信心。在 2011 年 3 月召开的一次技术大会上，来自北卡罗来纳州温斯顿–塞勒姆的威克森林再生医学研究所（Wake Forest Institute for Regenerative Medicine）主任安东尼·阿塔拉（Anthony Atala），描述了如何将最初用于制作塑料定制产品的 3D 打印机改造来“打印”人体组织。据他所说，病患的伤口可以进行光学扫描，利用收集到的数字信息判定填充伤口所需要的组织形状和大小。然后，将健康的人工培养细胞一层层放入形状适配的模型中，使它们融合在一起，形成功能性器官。为了使在场观众信服，阿塔拉打印出了肾脏标本。“就像烤蛋糕一样。”他对观众说。

血液

从收集的实验数据来看，心脏的力量和容量都无比强大，威廉·哈维以无可辩驳的逻辑总结道，心脏抽送的血液不太可能以维持生命所必需的速率更新，因此，它一定是在全身循环流动的。《心血运动论》的第 14 章将他的想法作了凝练的总结。结论全文如下：

> 这里我愿意简明陈述一下我的关于血液循环的观点，以供大家采纳。
>
> 无论通过推理还是通过直接演示，都表明血液通过心房和心室的作用流经肺部和心脏，并被分配到身体的各个部分，通过一定的途径流入静脉和肌肉的孔隙，然后从身体各个部分的静脉流向身体的中心，从更小的静脉流向更大的静脉，最后通过大的静脉将血液运到大静脉和心脏的右心房。这样，动脉流出的血液与静脉流回的血量是相等的，血量不可能通过消化液来补充，而且血量远远大于仅仅是营养的需求。因此，必然会得出结论：动物体中的血液被驱动着以循环的方式不停地运行，而这就是心脏通过搏动表现出来的作用或功能，这也是心脏运动和收缩的唯一目的。[1]

① 威廉·哈维，《心血运动论》，田洺译，武汉出版社，1992 年，第 60 页。

这是典型的科学报告，直白、纯粹的描述，没有一丝风靡 17 世纪的巴洛克式繁复修饰的文风。这种循环论让哈维尤为满意，他还将它与亚里士多德的水循环进行对比。不久之后，哈维发现的血液健康循环论就会催生其他的健康循环隐喻，例如大英帝国初期的贸易循环。

血液循环开始解释之前让人疑惑不解的现象，例如身体某个部位的感染如何迅速蔓延到其他部位。但对血液的传统看法（即一种盛于身体容器里且从伤口流出的红色液体）起初并不需要改变。血液是循环的而非生成的这一真相没有理由改变既定的疗法，例如放血法（切开血管放掉一定量的血液）和拔罐法（将加热的容器置于皮肤表面，通过压力把血液聚集到患处）；其实，在哈维看来，血液循环首次解释了它们应具备的功效。他的发现彻底改变了盖伦的下列观点：血液产生于肝脏，经过心脏变成红色，然后流通到全身各处，不再回流，就像太阳光一样。但它对希波克拉底四种体液（另外三种为黏液、黄胆汁和黑胆汁）之一的变革，对这种医学体系的影响甚微，于是在哈维逝世后的数世纪内，四体液说仍是内科医生的指南。其他与血液有关的古老理念——对它的恐惧，以及包含流血现象的仪式和禁忌——都没有变化。

在犹太教中，所有的血液都被尊为生命之源。《申命记》规定，人只能吃动物的肉，动物的血要泼洒到地面上或耶和华的祭坛上，作为祭祀。人的血液是不洁的。据一些人类学家所说，血液在祭祀中的崇高地位是因为民间记忆中的活人祭，但无疑也表明当时就产生了血液可能染病的原始意识。

虽然基督教脱胎于犹太教，但它对血液的看法却大相径庭。基督教的上帝显现在耶稣的流血献祭中，于是血液成为祭祀仪式的核心。在1215年第4次拉特朗公会议（the Fourth Lateran Council）之前，基督教仪式中的面包和酒只是象征最后的晚餐。但会议决定将面包和酒视作耶稣真实的身体和血，并由此产生一种叫作“圣餐”的仪式，便于在基督教国家的所有教堂推行，虔诚的信徒可以领取耶稣身体的圣餐。这样血液便暴露在外、引人深思，甚至被一饮而尽。通过奇妙的圣餐变体论，信徒可以毫不厌恶地分享耶稣的身体，利落地回避了任何食人的暗示。不过，那种更古老的仪式会不可避免地浮现在人类学家的脑海中，基督教的祭坛也总会和异教徒的祭祀台有微弱的呼应。

血液一离开身体就会不洁或受污染。这种特点与身体的其他排泄物类似，例如尿液、粪便和黏液。但它一般不像其他排泄物那样离开身体，所以每逢出现时就会格外引人注目。当然，它一般都是凶兆。约翰·济慈曾做过外科实习生，他意识到自己二十五岁的生命将死于肺结核，因为他看到枕头上的动脉血。“我非常清楚，这滴血就是我的死亡判决书”。一个世纪后，卡夫卡也命中注定般死于同种疾病，但他对血的阐释截然不同，“我在室内游泳池吐出些红色的东西。感觉既奇怪又有趣，对吧？”要是一坨正常的粪便或一口痰就没那么奇怪或有趣了，但血液会引人注意。

男人认为月经血尤为烦扰。如果女性在月经期间进了教堂，通常会被罚几周的斋戒忏悔。女性的“安产感谢礼”（churching）是在初产妇生产后为期四十天的“净化”仪式，期间产妇不得进教堂也不得出家门，直到20世纪有些地方还保留着这种习俗。性别不平等从出生就开始：按照《利未记》的说法，女婴是双份的麻烦，会让母亲不洁十四天，而男婴为七天。月经血因为暗指子宫而让人畏惧，但这种女性生殖器官也可能轻易变成男性教士建立的复杂体系所崇拜的对象。月经血不是一种普遍禁忌，人类学家玛丽·道格拉斯（Mary Douglas）用澳大利亚中部的瓦尔北里（Walbiri）部落举例说明，那里的女性遭受丈夫的身体暴力控制，自然不需要对性污染做更细致的规定。但它到现在仍是普遍禁忌（试想卫生棉条广告迂回地用蓝墨水来展现吸收功效）。一般说来，出血标志着男性的软弱与笨拙，例如在战场上受伤，或如今更常见的刮破脸出血。但对于女性来说，这是赋予生命的力量，但在男性统治的社会中，这会引起社会分化，例如一些诽谤言语称：与经期女性往来会让镜子变暗，让美酒变酸，让摇篮中的婴儿窒息，并通过各种令人不悦的方式让男性变得极度虚弱。

我在一位名为爱德华·肖特（Edward Shorter）的男性写的《女性身体史》（*A History of Women's Bodies*）中发现了上述某些看法。他为该书取了“有些耸动的标题”，并在前言中开宗明义地宣称，“要证明女性的身体拥有自己的历史”。我校图书馆收藏的这本 1982 年出版的著作被近几届女学生做了大量标注，满是不可置信的表达，不是对记录的故事本身，而是对肖特持续不断将写作对象——女性身体——问题化与医学化的行为，这种做法本身可能会延续古老的父权社会偏见。其中，近半数篇幅都在讲生育主题，还有一章题目为“1900 年以前的女性享受性行为吗？”。

在我们发现基因之前，血液还被认作遗传的媒介。血缘组成家庭。“难道我不是同族？难道我不是她的血亲？”《第十二夜》中的托比·培尔契爵士提及他的侄女奥利维亚时质问道。血缘也组成宗族。

“我们家里流的血，应当用蒙太古家里流的血来报偿。”《罗密欧与朱丽叶》中凯普莱特夫人如此告诫。血缘还组成种族。种族纯度常用血缘来衡量，例如20世纪早期美国南方许多州把臭名昭著的“一滴血原则”奉为律法。在这种原则下，哪怕有一丁点非洲血统（一滴血）都会被法律判定为黑人（在较自由的州，衡量标准为八分之一或四分之一非洲血统）。但实际的法庭案件按最近的血统来判定。现在的基因检测表明，四分之一以上的美国“白人”都无法通过“一滴血原则”。

我第一次献血的时候，发现很多类似的陈腐观念可能依然存在。首先，我需要在线填写一份问卷。通过填写问卷，我同意“我提交的医疗、宗教或其他敏感个人信息，供国家血液服务中心使用”。问卷询问了很多意料之中的问题，例如整体的健康情况和可能的感染情况。还有一部分关于“生活方式”，要查看我可能感染艾滋病毒或肝炎病毒的情况，以及我是否做过针灸、打孔或文身，还委婉地探问我的性取向。有些问题的答案无法完全确定，例如是否曾经“与注射药物的人有过性关系”，或是否曾“与世界上艾滋病/艾滋病病毒非常普遍的地区（包括非洲大多数国家）发生过性行为的人发生性关系”。我还无法完全确定在过去四周中，没有“和有传染病的人接触”。

任何新的疾病都会让人立刻担忧它与血液相关。科学家们起初非常不愿意相信艾滋病通过血液传播，因为其背后可怕的暗示。一旦某种传染病与血液有关，就很难扭转公众的偏见。在加拿大和其他一些地区，出柜的男同志和双性恋男性长期被禁止献血。不过，鉴于有更高效的方法来检查捐献的血液中是否有艾滋病毒和肝炎病毒，而且随着教育水平提高，这类男性携带艾滋病毒的可能性降低，加拿大政府如今也在考虑放松禁令。为了进一步研究该做法是否明智，政府投入了五十万美元的研究资金。但最让人意想不到的是，没有科学家愿意承担这项工作。

更奇怪的是问卷上的问题，是否“到英国境外旅游过”。它似乎假定国家的边界是密不透风的屏障，能隔绝疾病和不纯的血液。这让我想到《理查二世》中冈特的约翰所言：“这造化为她自己所建筑以防止外来腐化和战争侵袭的堡垒”。我还被询问过去十二个月内是否到过国外，我自然到过国外，但它让我莫名觉得做了不正当的事。问卷还要求我回答“是否曾在英国境外连续居住六个月及以上”。我对国家的忠诚又一次受到质疑。我选择了“是”，线上问卷迅速关闭，感谢我的参与并附上一条令人费解的安慰：“您以后还有机会献血。”出于好奇，我重新登录，一路撒谎到底。这一次，页面回复：“您看起来符合献血条件”，我想他们要表达的是：“我们可以接受您的血液。”

我想知道如果我可以献血，我的血液会有怎样的遭遇。它会和其他种族、外国血统、在国外度假的情侣的血液混在一起吗？将来的卫生政策是要建立一座承认人类共性的全球血库（同时按血型区分，保证抗体兼容性）？还是势头日盛（尤其在美国）的逆向力量（建立自己的血库专享独用）更强？

到约定的献血日，我去往本地的市政厅。那里摆着几张沙发，穿蓝色制服的人们正在周围忙碌。我登记后，工作人员鼓励我喝一大杯清水或无糖果汁。我原本对献血很放松，但现在感到胃在抽搐，一想到针头左臂便开始紧张。那天大部分献血人都是女性，年龄似乎横跨适合捐血的完整区间：十七到六十六岁。我坐下等待，闲来翻看宣传册，想让自己的心情平复下来。其中一本封面上有张悲伤的西班牙猎犬照。我不禁好奇它如何与献血有关，便打开来阅读：塞缪尔·皮普斯（Samuel Pepys）在他的日记中记录，第一次输血发生在1666年，根据皇家协会的档案，当时是一只“小小的英国獒犬”为一只西班牙猎犬输血。“西班牙猎犬活下来了（但英国獒犬没那么幸运），于是科学家们鼓起信心向人类领域进军。”我正在疑惑献血的狗既然没有善终，为什么大家还这么积极献血时，听到有人叫我的名字。

一名护士先浏览了我的问卷答案。接着我们讨论了我没有作答的题目。我解释说我到过国外——意大利与荷兰。假如我去的是意大利东北部或其他几个地方，大概就会被取消资格，因为可能感染西尼罗河病毒。还有一道关于医院手术的问题我也不确定。到门诊拔智齿算吗？来医院固定伤腿算不算？那名护士说需要咨询同事。最后，我被验证合格，到了第二名护士那里。她抽了一滴血放入硫酸铜溶液，检查我的血液浓度。它能确定我血液中的铁元素是否达到平均水平，这是献血的门槛。那滴血悬浮一会儿，沉了下去。我达标了。

我被带到一张沙发上，第三位护士将针头插进我的右臂（不是左臂！）。扎针几乎完全不疼——她显然比上次社区诊所抽血样的护士技术纯熟得多。然后她打开机器，接下来大约十分钟会从我身上抽取470毫升血液。我感到粘在我前臂上的管子输血时带来一阵暖流——我自己身体里流出的热量。塑料囊很快鼓胀起来，充满了暗红色液体。抽血量还没到传统的一品脱——喜剧演员托尼·汉考克会说，“这几乎是一抱的量了”。躺在沙发上凝视市政厅的顶部时，我问护士如何看待这幅古典素描对英国献血事业的作用。她冷淡地笑了笑，没有说话。

抽血完毕，护士请我休息一会儿，再喝点水或饮料。经常献血的人坐在一起，比较着第一次献血的时间和开始献血的诱因及动机。本地的教堂牧师也在人群中，尽情地吃着饼干。我很好奇我的血究竟值多少钱。采集血液是项耗力的工作。这个血站有十几个员工在忙碌。她们本期的目标是招募115名献血人，采集五十多升血液。一杯果汁和三组波旁威士忌足够补偿我献的血吗？我问接下来要如何处理我的血，或者我仍称为“我的血”的血。她们说会送到伦敦北部的英国国民保健服务血液及移植局（NHSBT），检测并储藏备用。后来，我发现我的血袋上贴了价码。英国国民保健署的内部市场意味着这些血将被血液及移植局“卖给”医院——我的470毫升血大概价值125英镑。足够买很多饼干了。

我走出市政厅。阳光看起来更明媚吗？空气更清新吗？我不确定。我头晕吗（她们提醒我可能会出现此症状），或者只是从室内跨入耀眼的春日产生的天然不适感？几周后，我非常惊奇地接到一通私人感谢电话。然后收到一封公函，不仅确认我的血型，还告诉我“做了一件真正了不起的事”。里面还装着某种积分卡，请我下次献血带上。卡是红色的，且注明我做了“1～4次捐献”；积分最高的是那些已经捐献过一百多次血的人。

许多学术研究调查过这种特殊交易。这是一种捐赠者与接受者均匿名的赠予体系，其中不是所有人都参与捐赠，也不交换互惠礼品。询问献血人的时候，他们大都表示这么做是因为人道主义和利他主义精神，但潜在的利己主义满足感也是一种很强的动机。我相信这种解释，因为我在第一次献血四个月后来献第二次时，查出血液中的铁元素含量过低，被遣送回家。那种被抛弃的感觉出乎意料地强烈。

在某项研究看来，献血是一种人道主义行为，还是种“要付出明显身体代价”的行为。相比慈善捐款或帮助老太太过马路，这更是种奉献。但文章还暗示，献血会成为人的一部分，成为定义某人的一部分因素。作者将它比作去教堂做礼拜。在调查初次献血人的行为动因时，一位维修钳工引用了约翰·多恩的诗句：“没有人是一座孤岛。”

要推广献血行动，深入了解捐献者的动机很重要。英国国民医疗保健署血液和移植司寄来的那份公函告诉我，符合捐献条件的人只有 5% 会经常捐献。虽然调查几乎完全聚焦于初次捐献者，但重复捐献者对国民保健署更有价值。金钱似乎并不是捐献动机。调查发现，大部分人认为将献血变成商业行为——给捐献者一笔费用而不是饼干——违反了高尚的人道主义情怀。它还可能使捐赠者逐渐变质为渴望金钱而捐赠的群体，反过来使预期采集到的血液质量出现（不那么理性的）问题。20 世纪 50 年代和 60 年代，美国的贫民窟出现了“献血有赏金”的标语，鼓励捐献者献血换取家庭救济金。但捐献者数量只出现了小幅上升，而在英国，随着国民保健署的建立，献血率提高了大约四倍。

后来，捐献者人数持续攀升但增速较慢，在日益增加的血液需求面前，如何提高供给成了问题（众所周知，认识到血液总是供不应求是初次捐献者再来捐献的主要原因，捐献机构恰好利用这一点）。有言论说要找寻新方法提高捐献量。但取得的成效也有限，因为这触及我们内心最深处对生命之血的担忧。20 世纪 60 年代，声名狼藉的美国安乐死运动家杰克·凯沃基安（Jack Kevorkian）——人称“死亡医生”，创作有音乐组曲《静物》（*A Very Still Life*），还曾用自己的血作画——提议从新鲜的尸体上获取血液。他早期的实验证实，尸体中的血液可以用于输血，但他的论著遭到医院同行的拒斥。1964 年，他在《军事医学》（*Military Medicine*）期刊上发文表示这一技术可用于战场，但美国国防部并不感兴趣。原则上讲，这一想法应该不比从合格捐献者身上获取器官更具有争议性。毕竟血液只是一种身体组织，或者说是某种连接性组织，因为它在全身流淌，而不是专属于个别器官。但这种想法似乎在医学障碍外还遇到了更大的文化障碍。

也许我无私的献血行为延续了乡村居民每年春秋分进行放血的旧习俗。这种传统主要归功于盖伦，他于公元 200 年左右逝世后，思想仍左右了伊斯兰与西方医学长达数百年。由于中世纪试图将人类健康状况与星历书相联系，放血便成为一种季节性仪式，直到 19 世纪后期才完全消失。放血或排血量一般与我给国民保健署捐献的那袋差不多。我在医学博物馆见过这种仪式用的血腥工具——一片简单的柳叶刀和一架翻松装置，就像迷你版草坪松土用的钉齿耙，可以在皮肤表面扎出许多小而浅的伤口。放血法流传了数世纪，主要因为它通常有效。高血压、月经过量、痔疾以及各种发炎发热，都可以用它来治疗。它无疑也具有安慰剂的效用（像如今的丸药一样），还能够令人联想十字架上的耶稣，磨砺人的意志。

这并不是说放血法没有绝对错误的时候。1799 年 12 月 14 日，乔治·华盛顿醒来感到喉咙里冰凉。一位用人准备了糖浆镇痛软膏、醋和黄油，但将军已无法吞咽。由于之前放血法在他的奴隶身上效果明显，他要求从胳膊里放半品脱血出来。医生们赶到后，继续进行放血疗法，第一位到场的医生用两次静脉切开术放出四十盎司血液，第二位接着放了三十二盎司。这确实是最糟糕的疗法，正如他的用人和他的妻子玛莎所担忧的那样，当天晚上美国第一任总统便溘然离世。去世时他身体里的血液几乎已经排空了。

血液位居四种体液之首，四体液说统治了医疗实践两千多年，从希波克拉底之前直到解剖学兴起，再到维萨里和哈维的现代医学。四种气质本身不可见，但它们却体现在血液、黏液、黄胆汁和黑胆汁中。血液将所有的气质和一股较细的流体（被视为精神）传遍全身。黏液包括一系列高蛋白分泌物，例如眼泪、汗液和鼻涕。黄胆汁出现在正在愈合的伤口的脓中，或见于胃液中。黑胆汁则见于凝固的血液或异常的黑色粪便。四种体液在人体小宇宙中达到平衡，就像四元素（土、气、火和水）与四季节在宏观世界中达成平衡一样。如果一种或多种体液不平衡，人就会生病。暴躁的人体内黄胆汁过多，与火元素具有的干热特征相同。冷淡的人恰好相反，像水一样又冷又潮。忧郁的人既干又冷，像土。乐观的人既暖而潮，像血液和空气。（这一学说原本植根于地中海气候，但在空气寒冷土地潮湿的北欧，医生们也持相同见解，可能透露出这种灵巧的联动系统背后蕴藏的逻辑力量。）

医生们无法补充任何一种匮乏的体液，所以在实际治疗中只能排掉可能多余的体液。放血法是最直接的方式。黏液过多可以服用祛痰剂，黄胆汁过多可用催吐剂，黑胆汁过多则用泻药。整具身体变成一种水力网，有通道、溢流和水闸，多余的液体必须排掉才能保证良好的秩序。四体液说现在看来可能晦涩、浅薄，但它们形成的系统既有条理又有生命力，几千年的存在就是明证。而且它在很大程度上是有据可考的。春秋分放血很可能比现代排毒法对身体更好，但我更愿意用英国国民医疗保健署血液和移植司的抽血法而不是古代的松土机。

体液说继续存在着，不仅因为我们仍然相信验血、咳嗽声、大便外观或正愈合的伤口所透出的诊疗价值，还因为 20 世纪我们认识到了内分泌学的重要性。现在，我们相信内分泌系统以及它向血流中释放的激素管理着我们的新陈代谢和情绪，我们开始谈论多巴胺、褪黑激素、内啡肽和肾上腺素，就像古人谈论看不见的气质一样。

耳朵

有这样一类医生，我猜他们多半打着领结，潜伏在世界各个艺术画廊中，搜寻着艺术中关于他们医学专长的蛛丝马迹。他们大都已经退休，但仍然对最初吸引他们入行的特定身体部位痴迷不已。所以之前的肝病学者会思考普罗米修斯被缚在岩石上被鹰隼啄食肝脏这类经典画面的准确性（可能是对该器官夜晚重新生长感到惊奇，这导致普罗米修斯第二天必须重新经历一遍痛苦）。足科医生则成功地发现有些艺术家不知出于创作的典雅性考虑还是仅仅因为疏忽，给人物画了两只左脚（这情况比你想象的要常见得多）。

受他们的启发，让我们回顾一下荷兰艺术中的耳朵奇事。耳朵在肖像画中有着特殊的地位。一般认为，手是最难画的部位。在所有肖像画中，眼睛、鼻子和嘴巴这些面部特征几乎都是无法回避的。但耳朵却有些随意。两只耳朵（或通常是一只耳朵）经常会被帽檐或夸张的褶皱领挡住。画外之意是指耳朵其实是不可省略的，但只能由技法最高的绘图师尝试绘制。甚至在维米尔的《戴珍珠耳环的少女》中，也只有戴着耀眼耳环的耳垂可见。将话题引到这个方向且最令我感激的逛画廊医生，一位是整形外科医生沃尔夫冈·彼尔西克（Wolfgang Pirsig），另一位是医学史家雅克·威尔莫（Jacques Willemot），两人合编了一本《文化中的耳鼻喉》（*Ear, Nose and*

Throat in Culture）。他们不仅肯定了以上推测，还写道："以下四位杰出画家绘制的大部分肖像都极其逼真，因而其作品中拥有清晰的耳朵不足为奇。他们是：耶罗尼米斯·博斯、列奥纳多·达·芬奇、阿尔布雷希特·丢勒和伦勃朗。"这些艺术家不仅是极其伟大的绘图师，还是伟大的画家。

对大多数艺术家来说，耳朵其实没那么重要——毫不夸张地说，它们只是枝节问题[①]。绘制头部的部分解剖图时，我发现绕不开耳朵。当时我画了一条不错的轮廓线，又下了很大功夫为耳部的皱褶描影，正沾沾自喜时，突然注意到耳朵的位置偏下了足足一厘米。古代的大师绝不会犯这种基本错误。但他们确实会将耳朵视为可随意塑造、挪动的附件。事实上，艺术家们经常会设计一种"标志性耳朵"来标示自己的作品——这是因为人们的耳形比身体许多其他部位差异更大，但我们对它的认识往往不够。

扬·凡·艾克1436年的名画《卡农的圣母》（*Canon van der Paele*）现藏于比利时布鲁日公共美术博物馆，其中的主角绝对不是中间宝座上的圣母或她膝上的婴儿耶稣，而是作品中另一个同名的人物。在布鲁日圣·多纳基教堂的背景中，教士[②]正被引荐给圣母。圣母样貌平平，毫无表情，但教士的性格、穿着都很生动。他性情暴躁地跪在画的右侧，刚刚摘下眼镜（当时还很罕见），现出一张满是皱纹和伤疤的脸。他咬紧的下巴从面颊塌软的浮肉中伸出。泛着泪花的眼睛里射出不容置疑的目光，眼睛下垂着巨大的眼袋。与

① 原文为side issue。耳朵长在两侧，因此与字面意义相符。
② 教士，英文为canon，译为卡农。

圣母及伴随其左右的穿盔甲的圣·乔治和穿锦缎长袍戴法冠的圣·多纳基相比，他的穿着朴素。他朴素的衣物和起皱的面容使他看上去几乎是从现代照片中剪下来，而后故意嵌入画中的一样。

这幅肖像曾经更是逼真得可怕。范·德·巴尔教士的左耳上似乎有一颗大疣或瘤。为了突出自己，他让艺术家展现自己的左侧。为了突出他，艺术家画了那颗疣。无论在这幅还是别的作品中，凡·艾克显然偏爱人物外貌上的丑陋细节。但如今，疣却消失了，也没有任何相关的解释。它被历史除名了。有一种解释说，这颗疣是在1934年修复的时候被涂盖了，我请求博物馆对此事的真伪予以回应，但没有回音。

现在我们知道，疣是病毒感染的结果，但17世纪以前，疣通常与巫术相连，所以这幅画中的疣也可能一开始就被抹除。毫无疑问，很多名画中的疣都被抹去，只有少数遗留下来。保留这种面部缺陷是对客观现实主义的坚守，也是北方文艺复兴中无等级理念的典型表征。艺术上最有名的疣是荷兰裔画家彼得·莱利（Peter Lely）所作，他在英国事业非常成功，处事聪明机巧，既服务查理一世和复辟后的查理二世，也为期间的奥利弗·克伦威尔绘制过一幅令人难忘的肖像。据传，克伦威尔要求呈现“疣和所有的缺点”，但不确定是否属实。这一传言源于一百年后贺拉斯·沃波尔（Horace Walpole）对此事件的描写。他转录了一条指令“记录下我脸上这些粗糙、丘疹、疣和所有你看到的东西，否则我一个法新[①]都不会付”。克伦威尔下唇上确实有一颗明显的疣，莱利的肖像画和克伦威尔去世时的面部

① 等于四分之一便士。

模型都证明了这点。

伦勃朗绘画生涯中有一系列同样率直的自画像。2003 年，另一位医学转艺术的评论家本·科恩（Ben Cohen），也是一位退休的耳鼻喉科医生，发现伦勃朗很多自画像中的耳朵看起来都肿胀且有损伤。在后来的肖像中，他完好无损的耳垂下悬着一只耳环，耳垂上方则是已经变硬的受伤部位。科恩猜想伦勃朗可能是耳洞没打好而受伤，后来再去打才成功。“他一定是位非常坚决的年轻人，敢冒耳朵再次损伤的风险。”科恩写道。这种肖像和凡·艾克描绘范·德·巴尔教士丑陋的耳朵一样，都表现了艺术的诚实。如果伦勃朗从另一侧画的话，本可以轻易回避那只伤耳。

耳朵在《人间乐园》（*The Garden of Earthly Delights*）里有自己的生命。耶罗尼米斯·博斯这幅创作于 15 世纪与 16 世纪之交的三联画负有盛名，但其中充斥着大量混乱的场面，细节多到无法穷尽。最左边的一幅显示亚当和夏娃在伊甸园，中间描绘乐园中挤满了赤裸的人类狂欢者、异域的鸟类和巨大的水果，右边则是阴暗的地狱景象。这是所有绘画中最具有想象力的图景之一。我们看到食人怪兽、人兽性交、割断的头颅和手脚、火与排泄物，甚至修女头饰里的猪，展现了一套独特而巧妙地惩治七宗罪的方式。

中心那位以树干作腿、破碎的蛋壳为身的人物很可能是博斯本尊，他上方不远处，一对巨大的耳朵中间夹着一把大刀，在画面中非常显眼。两耳中间向外刺出一把刀无疑暗示着男性生殖器。一位小黑人住在面向观众的耳郭凹处，好像正在拉另一个人上来。它们可能是入侵的恶魔，因为戴耳环的本意是要抵御恶魔进犯耳道，这只耳朵没有戴，暗示着空不设防。他那只空闲的手握着一支矛，刺

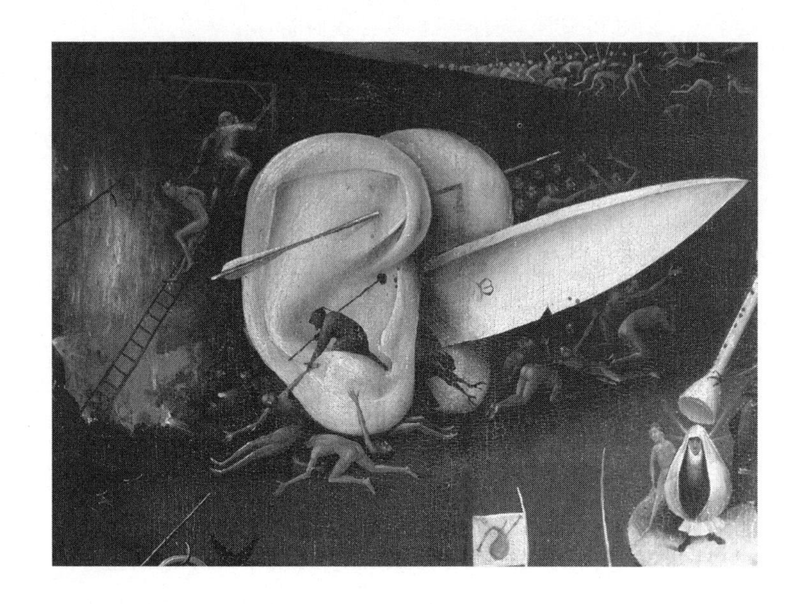

破耳朵上的皮肤。两只耳朵还分别被一支巨箭射穿。

这架复杂的装置意味着什么？（很奇怪，你可以在英国伦敦国家美术馆买到这个带或不带迷你入侵者的小雕塑，但原画却在马德里的普拉多美术馆）博斯的画远远超过北欧艺术家为了将《圣经》故事普及给郊区居民而发展出来的叙事真实，创造出一座堪称西格蒙德·弗洛伊德式梦魇世界。每一处细节都在清晰地数落具体罪状。贪食与淫欲会遭到严惩。有些人在呕吐，还有位不幸的人肛门着火，一群黑鸟飞出。也许被切割的耳朵是为了切断流言蜚语，避免妒忌与怒气滋长。犯下此罪的人看到这些穿了孔的耳朵，哪一个会不觉得耳朵隐隐作痛呢？

博斯的地狱又充满喧嚣，到处都是乐器，其中有些人用手捂住了耳朵。不过，医生们发现这对巨大的耳朵缺乏听道，所以什么都听不见。内耳和中耳里的作用机制让我们能听见声音，而外耳或耳郭只是收音器，昆汀·塔伦蒂诺的电影《落水狗》（*Reservoir Dogs*）残忍地证实了这一点。电影中歹徒金先生将被俘警察的耳朵割下来，然后对着耳道讲话看他是否能听见。耳郭将声音收集并导入内耳——如果长招风耳的人做手术让耳朵更加服帖，其实很可能会导致听力略微下降。勒内·马格里特（比利时人，不是荷兰人）用一幅魔幻性不输博斯作品的水粉画，形象地展示了声音如何“漏”进耳朵里。他的《无题》（耳朵形状的螺壳）画了一只巨大的蠕虫状螺壳躺在海滩上；它的螺纹递推特征模仿的是人类的耳郭。

英语俗语“私下谈论”[①]（通常在某人要吐露秘密时用），与这幅画有异曲同工之妙。其实，你的耳朵可能比想象中更像贝壳。我们能听到不同音调的声音是因为有耳蜗，即内耳中一只蜗牛壳状的空心骨头。它有点儿像倒置的法国圆号。这条逐渐变细的管子上布满了微小的毛细胞，就像钢琴的琴弦一样，在不同的位置发出不同的乐音。声音先振动鼓膜，振动频率传给中耳的三根听小骨，而后毛细胞随着传入耳蜗的不同声音频率颤动。接着，这些颤动给大脑发送神经信号，即我们所说的声音。不可思议的是，数千根毛细胞可以同时工作，因此，我此刻边写作边听海顿的交响曲，就能够通过不同的音高和音色辨识出每种乐器。随着年龄增长，其中一些毛细胞相继死亡，我们会丧失倾听高音调声音的能力。不过，我微弱的声调听障却不是因为耳朵本身有缺陷，而是由于大脑局部发育相对不完全，如果能抽时间做些适当的听力训练，很可能会矫正过来。

① 原文为A word in your shell-like，字面意思：把话传进你贝壳般的耳朵。

有些人认为外耳可能不仅仅是集音器。20 世纪 50 年代，法国医学博士兼针灸医生保罗·诺吉尔（Paul Nogier）发现外耳形似蜷起来的人类胎儿（耳垂对应头部，耳内名为对耳轮的皱褶对应胎儿脊柱）。基于这种相似性，他创造出一种非传统医学疗法——耳穴疗法。患者的耳朵被视为全身的缩略版或地图，通过刺激耳朵的不同点位来治疗身体相应部位的病症。这一理念和古希腊人坚信的耳内有通道可穿过口部和喉咙抵达身体中心大概类似，同时应和了曾经用于治疗身体剧痛症（例如坐骨神经痛）的烧烙术——用烧红的烙铁将耳朵某些地方烧焦。诺吉尔注意到博斯画中的耳朵在两处穿孔，便和他一位同事将这两点作为取针位，在一些病患身上测试效果。结果证明，在针头所在的位置落针可以有效抑制性欲，而在针尾处落针能够提高性欲。

安东尼·范·戴克（活跃在英国 17 世纪第二个二十五年，后被授予安东尼爵士称号）所处的时代盛行长发，意味着他画的许多肖像都没有耳朵。其中一个例外是在其早期作品中，当时艺术家才十九岁，画面展现的是耶稣被犹大出卖后在客西马尼园（Garden of Gethsemane）被抓的情景。画面上是一团暴力的混乱。前景中，使徒彼得将大祭司的仆人马勒古按在地上，正企图削去他的耳朵，阻止逮捕行动。要被削掉的耳朵似乎预感到自己的命运，闪着红光。范·戴克笔下的彼得手持一把短刀而非《圣经》中提到的长剑，让整个场景看起来更像寻常的街头斗殴画面。耶稣让彼得把剑放回原处（并说出了《马太福音》中的名句，“因为凡持剑的，必死在剑下”）。据《路加福音》（路加是医生）所述，耶稣用手掌轻轻一触便治好了那只耳朵，这是整部《圣经》中他唯一一次当场断肢再接的神迹。

这段《圣经》故事历来被许多艺术家呈现。大部分艺术家都不会浪费展示彼得动武的机会，但少数会选择呈现结果，或是彼得获胜般将耳朵高高举起，或者将重点放在耶稣的疗愈姿态上。就同一主题，沃尔夫冈·彼尔西克找到了五十四幅绘画，艺术家们根据构图要求随意切下仆人的左耳或右耳，但两本福音书都指明马勒古被割掉的是右耳。在三幅疏忽大意的作品中，疗愈者耶稣甚至给马勒古的伤口安错了耳朵。

从福音书对此事的描述来看，彼得很可能对马勒古造成了致命伤，但割耳其实一直是种流行的惩罚手段。詹金斯的耳朵战争（The War of Jenkins'Ear）——现在已经是英国历史上一段几乎被遗忘的往事——就是由类似的“割耳”行为开始的。1731 年，“丽贝卡号”英国商船从牙买加返航经过哈瓦那时，遭到西班牙海岸警备队登船搜掠。警备队长割下船长罗伯特·詹金斯的左耳，并将耳朵扔还给他，警告其他英国船舶如果挡路便是相同的下场。詹金斯船长返回英国后确实曾到汉普顿宫向大臣申冤，但没有得到重视。七年后，英国与西班牙因争夺美国殖民地的奴隶贸易权关系进一步恶化，这只被割的耳朵才引起广泛关注。1738 年 3 月，詹金斯被下议院听证会传唤，据说他还展示了一只在罐中封存多年的耳朵。詹金斯其实不愿作证，他拒绝了第一次传唤，而且下议院的听证会里很可能坐满了主战派。听证会的过程没有详细记录，詹金斯展示的东西很可能不是他的耳朵，而是主战派议员随手塞给他做证据的猪肉。然而，这只耳朵——在或不在——已成为英国公众心目中天主教西班牙人残暴行径的有效象征。1739 年，英国正式向西班牙宣战。

我们可以把这个故事归罪于保守派历史学家托马斯·卡莱尔

（Thomas Carlyle）过分活跃的想象力，是他在 1858 年出版的不朽历史巨著《普鲁士腓特烈大帝史》中创造了“詹金斯的耳朵战争”一词。他讲到詹金斯将“他的耳朵裹进棉布：所有看到它的人（除了官方人员）都火冒三丈”。但“官方人员”却拥有最终解释权。詹金斯的耳朵似乎是下议院网站上经常被问到的一个问题，网站给出了冷淡的回应：“他应该不可能将耳朵保存七年！”

残暴的割耳行为延续至今。1973 年，约翰·保罗·盖蒂三世（J. Paul Getty III）遭意大利黑帮绑架后，右耳被割掉。对方先是要求盖蒂家里付一笔巨额赎金，但后者拒绝付款。“如果我现在付你一分钱，我的十四个孙辈都会被绑架。”盖蒂的祖父出了名的吝啬。僵持三个月后，黑帮割下他的右耳和一绺头发，寄到报社，降低了赎金数额。据传，盖蒂的祖父连忙付了 220 万美元，“他的会计说这是可免税的最高金额”。四年后，盖蒂在洛杉矶进行手术，用肋骨上取出的部分软骨做成了假耳郭。

荷兰艺术中最著名的耳朵自然是凡·高的左耳，这个缺失的部位太过显眼，甚至经常会妨碍我们对绘画本身的关注。艺术评论家罗伯特·休斯（Robert Hughes）厌恶地称它为“神圣的耳朵”。

1888 年圣诞节前几天，凡·高与他的朋友保罗·高更（在凡·高的劝说下来到阿尔勒）发生争吵。两人分开前，这位荷兰画家挥舞着一把剃刀。之后他割下了左耳，送给一位叫蕾切尔的妓女。“请小心收好。”他请求她。但她对这份礼物的态度以及它之后的遭遇尚不明确。凡·高径自回家，第二天警察发现他躺在浸满血的枕头上不省人事。这至少是官方说法。然而，两位德国艺术史家汉斯·考夫曼（Hans Kaufmann）和丽塔·维尔德甘斯（Rita Wildegans）的一项考察提出了其他可能性。他们认为是高更在争斗中拔剑削去了凡·高的耳朵,后来两位艺术家一起编造了这个(略微)更可信的谎言。毕竟，官方说法的主要来源就是高更的书面记录。

不过，这仍然没有解释如果凡·高割掉的是左耳，为什么在事发一两个月之后绘制的那幅《割耳朵后的自画像》（*Self-Portrait with a Bandaged Ear*）中，层层包扎的却是右耳？1889年，艺术家精神状况略微恢复后作的那幅自画像，从左侧呈现了四分之三张脸——左耳也完好无损。在报道考夫曼和维尔德甘斯的推测时，有几家报纸一边刊登着包扎右耳那幅自画像，一边兴奋地在配文中大谈被割掉的左耳。

合理的解释是，凡·高是对着镜子里的形象画的自画像。在两幅画中，他穿着同一件厚外套，纽扣全部扣紧。纽扣在左，扣眼在右——这是女式大衣的风格。男士大衣通常位置相反，于是可以确定凡·高是借镜子中的形象作画。从加谢医生画的一幅素描也可以看出，临终之榻上的凡·高左耳处的伤疤清晰可见。

用镜子似乎是再直接不过的方法。自从镜子普及后，画自画像便开始借用镜子，那么自画像这种绘画类型出现在此时也许不是偶然。例如，伦勃朗买到更大的镜子后就突然画起了大幅自画像。但自画像对身份提出了更深层的问题。镜子里的我们左右颠倒没关系吗——观看者可能不知情，但艺术家本人是否受影响？从这种明显的光学作用来看，自画像表现不出艺术家真正的自我。扬·凡·艾克所画的范·德·巴尔教士，让我们看到了他受损耳朵的丑陋真相。凡·高的自画像，让我们看到了倒映的真相，但也可能是更深刻的真相。普通画家隐藏镜子的方法是让画中的伤口与实际情况不完全吻合，从而使自画像看起来不像不经思考的照搬，反而带有一种刻意的确信。这对凡·高相对没那么重要，对留下的众多自画像都没那么重要，他留给我们的是他“真实”自我的镜像。更重要的是，他让我们看到他的伤口：1889 年 1 月，自画像即是自我伤害。

从这段美术馆的故事中我们会对耳朵形成怎样的认识？耳朵是丑陋、不完美的身体部位，是多重意义的象征，是惩罚的对象，是爱情信物，也是自我厌恶的自残标记。这种低调器官的可塑性使它能够扮演众多角色。外耳完全由软组织和软骨组成，没有支撑的骨头。也就是说，它可以变形、重塑、切割并替换。它是所有人体组织的榜样。

鉴于这种能力，外耳可以代表整具身体（无论是活人还是死尸）。京都的耳塚——甚至日本人自己都知之甚少——里面堆积着大量朝鲜人的耳朵，是 16 世纪 90 年代日本侵略朝鲜半岛时获取的战利品。割耳代替取首级是因为杀的人太多，据一本史料称，死亡人数足有 12.6 万。从活人身上割外耳只会留下一小道疤，也不会伤到主要血管，因此不太可能致人死亡。它也可以代表整个人，就像可怜的詹金斯所遭遇的那样。

外耳这种肉质花朵状的结构对听觉似乎只有微末的作用，听力实际是内耳的功劳。外耳有点儿像小费，也许能提高性欲，还能用来挂眼镜腿，又或只是一种装饰。受其中婉转的巴洛克风格曲线的启发，它可被视为一座肉质雕塑。另外，耳轮中复杂的突起源自一种叫“希斯六丘”（six hillocks of Hiss）的胚胎特征。有些突起讲述着几乎被遗忘的故事。例如耳朵有处畸形结节叫达尔文点（Darwin's tubercle），是曾经能覆盖耳道入口的外耳褶层的残留，还有一处突起则曾与犯罪相关，现在仍有许多人要做整形手术将其抹除。

这些观点在当代艺术与科学中很流行，而耳朵仍然是这两个领域最能检验专业度的部位。艺术评论家埃德温娜·巴特勒（Edwina Bartlem）发现："很奇怪，人造耳一般被看作组织培养工程和生物技术的重要标志。"1995年，马萨诸塞大学的查尔斯·瓦根提（Charles Vacanti）和麻省理工学院的琳达·格里菲斯-西玛（Linda Griffith-Cima）成功地用动物组织在活鼠背上嫁接了一只人造耳朵，耳朵的图像性才得到强化。这只人造耳朵没有听觉功能，只是一种靠老鼠滋养且生长在可随意塑形的聚酯架上的组织。那为什么选中了耳朵？首先，该实验的目的之一是要证明软骨结构在某种程度上是可培植的，将来或许对耳朵移植有用。另外，它雕塑般的外形或许也是原因之一。此外，耳朵的辨识度很高，外行人能迅速看到这种技术的潜力。科学家们可能还想创造一点儿冲击力。但不管怎样，背上有人耳的老鼠很快成了一种象征。不过，与其说它体现了制作人体部位替代品的潜力，不如说使我们认清了如果让科学家们自由发展的话会做出什么傻事。

2003年，西澳大利亚大学一支名为"组织培养与艺术计划"的团队开始与艺术家斯蒂拉克（Stelarc）合作开展"¼大小的第三只耳朵"（Extra Ear ¼ Scale）工程，似乎是对上述作品的戏仿与拓展。它的目标是用人体组织种出一只斯蒂拉克耳朵四分之一大小的复制品。赞成"组织培养与艺术计划"的艺术家奥隆·凯茨（Oron Catts）和伊奥纳特·祖尔（Ionat Zurr）在马萨诸塞州这样评价原先的实验："这种技术可能带来的雕塑机遇让我们感到非常惊讶。耳朵本身便是一种迷人的雕塑形式，从原始情境中移出、安置在鼠背上后，人们可以充分领略它的雕塑特质。”后来，斯蒂拉克开始在自己的前臂上培植一只真实尺寸的“耳朵”。首先，外科医生要在他手臂上培育多余的皮肤，然后将耳朵形状的多孔聚合物架插入，让它与新组织结合。医生在修复受损耳朵时曾做过类似的手术。不过斯蒂拉克的野心超越了整形手术，他妄图增加人体的功能器官。最终成型的“手臂上的耳朵”内置一只麦克风和其他电子设备，既能传输声音，还能通过蓝牙连接，让远处的人们听到这只“耳朵”“听到”了什么，“这是一只互联网器官。”斯蒂拉克说。

眼睛

法国哲学家勒内·笛卡儿一生成果最丰的时期是在荷兰共和国，在那里，他频繁往返于各个学术中心——弗拉纳克、多德雷赫特、莱顿和乌特勒支——提升数学、物理学和生理学知识，最后在偏僻的海边村落落脚，写下新的万用理论。1632年，他曾到过阿姆斯特丹；所以杜普医生演示解剖课的时候他很可能是现场听众。

笛卡儿并非不切实际的哲学家。他将人体看作一种机械装置的激进思想，以及使他的名字迅速成为形容词（“笛卡儿的”）的学术严谨性，都是基于直接观察与亲身实验。17世纪30年代的某个特殊时机，他出人意料地买了一只公牛的眼睛，准备更具体地了解视觉复杂性。

他在名为《屈光学》（*La Dioptrique*）的论著中阐述了实验发现，但其前言《谈谈正确引导理性在各门科学上寻找真理的方法》（*Discourse on the Method of Rightly Conducting One's Reason and Seeking Truth in the Sciences*），即包含那句家喻户晓的“我思故我在”（aphorism cogito ergo sum）的著作，光芒远盖过了正文。1637年，《屈光学》发表于莱顿，同时发表的还有两卷关于流星和几何学的著作，组成了恢宏巨著《世界》（*Treatise on the World*）的三个主要部分（包括“前言”），其他章节由于伽利略发现地球绕太阳公转而突然作废，只得收回。

讨论之前，他先放了一张眼部图解。“如果能够将眼睛剖成两半，但不弄洒其中的液体或活动的部件，且剖面正好过瞳孔的中线，剖面便如下图所示。”他告诉我们。由于哲学是抽象的，哲学家笛卡儿尽管对眼球做了具体描述，仍然不可救药地将我们引向一种肉眼看不见的结构。下面我们将解释笛卡儿在图解中标注的每一个部位——眼睛较硬的外皮、后方“像帷幕一样挂着”的松弛的第二层皮、视神经及其分支（与肉质第三层中眼睛内部的细小动静脉混杂在一起），以及眼球内部填充的三个不同透明度的“胶状物或体液”区。

这些液体和神经如何赋予我们视觉？笛卡儿拿起牛眼和解剖刀，

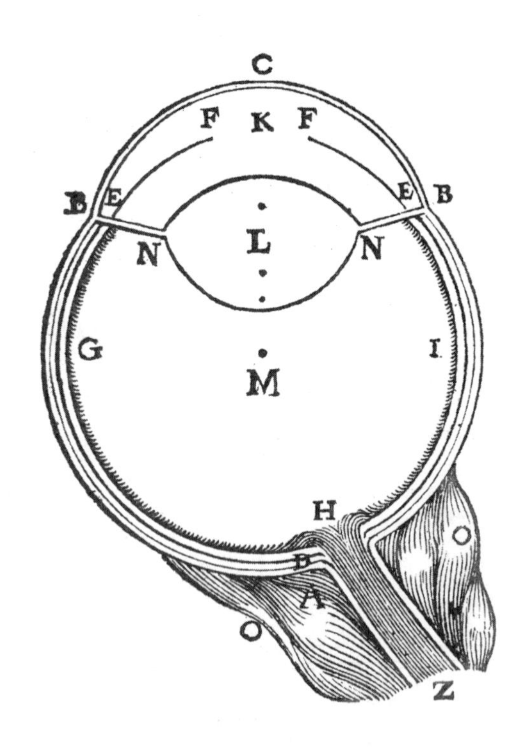

小心地从后面剥去最外层皮，让眼球变得透明。然后，他将眼睛朝外放在一间黑暗房间的窗户孔上。眼睛后部清理干净，贴上一片薄薄的白色鸡蛋壳。外面明亮的景象忠实地倒置微缩在了“鸡蛋壳屏幕”上。他在实验记录中写道：“当你看到一幅画（绘画）自然而准确地再现出外部世界的所有物体时，内心可能会抑制不住赞叹和喜悦。”

眼内图像源自光的折射原理，因此上下颠倒。我们凑近别人眼睛中央的深色孔能看到自己影像，则是由于光的反射。这幅小小的影像催生了“瞳孔”一词；它源自拉丁语“pupilla”，意思是小娃娃，同时受 17 世纪一句可爱的习语影响——“看娃娃般看某人”，即满含宠爱地望着他们的眼睛。这不是对某人有欲望的表现，而是看到对方娇小的外形的反应。但直到 17 世纪 60 年代，眼睛这部分才被叫作瞳孔；笛卡儿描述时用的是法语词“prunelle”（黑刺李）。

我决定重复这一实验。我们当地技术精湛的屠户克劳福德·怀特已经习惯了我时不时冒出的古怪要求，当我想要一颗公牛 / 母牛眼珠时，他毫不惊讶，不过他说这次不能提供给我，可能因为疯牛病隐患。但他说晚一点儿来的话他可以给我准备几颗猪眼珠。回到家后，我谨慎地打开他给的小袋，看到里面滚着四对眼睛。每颗眼珠都有葡萄大小，比牛眼小不少，我担心会不好解剖。眼睛球面上四分之三都覆盖着一层白膜，像一顶巨大的冰帽。被切断的视神经的残留部分从冰帽中伸出。眼球正面清澈，有光滑的黑、灰色深区。

我拿出一只眼睛，开始清除眼周的肉和脂肪。然后用手指轻轻捏紧眼球，好拿刀割开保护里面清亮眼球的白色膜。它很有韧劲，我担心用力过大，刺到里面那层膜。正想着，说时迟那时快，一道胶状液体瞬间从眼睛中喷出来。我拿起第二颗眼睛重新开始。又割坏了。于是我换了策略，不再用切割法，而是慢慢把这层白膜削掉。这样顺利许多，到第四颗眼球的时候，我把眼睛后面削得非常干净，剩余的眼膜刚好能透光。

最后，我把这只眼睛拿到准备好的大纸箱里。纸箱前面先行凿了一个眼睛大小的孔。箱子后面挖出一个正向三角形缺口，在外面支了一盏明亮的灯。我将眼睛放在小孔中，面朝灯盏“看”穿整个箱子，接着我看向它的后背，非常激动地发现白色膜上有一幅朦胧的三角形影像，顶角向下。

“看过死去动物眼睛中的影像，又想明白了成像原因，你自然相信活人的眼睛也是这般运作。”笛卡儿发现，眼睛就像暗箱一样，能把外界的图像倒映在后表面。在《折光学》中，他用一张光线图解释了成像原因。如今少数解剖学课本也涉及身体真实运作中的物理学图解，但远不如笛卡儿的清晰、美观。在另一版图解中，笛卡儿的插画师在眼睛后面形成倒影的地方画了一位蓄着胡须的小矮人，他正抬头仰望，好像一位宇航员在凝视天空。

眼睛后面站着一位小矮人实在讲不通。这位小人如若不用自己的眼睛还能用什么观看呢？灵魂与身体一样有眼睛吗？笛卡儿说，确实，“我们的大脑中仿佛存在着别的眼睛”。总之，视觉图像以一种莫名的方式变形并穿过大脑到达笛卡儿所谓的灵魂之所——松果体。现在我们知道，这个豌豆大小的器官其实负责释放一种叫作褪黑素的催眠激素。它对光非常敏感，因为褪黑素是由黑暗催生的，但与视觉感知并无实际关联。

笛卡儿对眼睛的认识不完整且有缺陷——例如，它没有解释为什么两眼的间距能让我们判断物体的尺寸大小。但它的确是革命性的，因为它似乎把视力这种最神秘，甚至神奇的官能阐释为“视力”和简单的观看动作，纳入了身体机械观。触觉、味觉和嗅觉都要求我们与外界的实物产生真实互动。即使是听觉，声音传递到我们耳朵的过程也很像某物从远处翩然而至。现在，视觉也有了类似的解释。

因为还剩下几颗猪眼睛，我决定看看眼睛的剖面，亲手绘制那幅笛卡儿所说的不可见的图解，让实验圆满。沿着中线剖的时候我在颤抖，还有些恐惧。导演路易斯·布努埃尔（Luis Buñuel）镜头下一位男人用锋利的刀片划过一位女人的眼睛的画面在我脑海中闪过，虽然我从没看过包含这幅画面的超现实主义电影。（布努埃尔和笛卡儿一样使用了牛眼睛，我后来观看影片的时候发现很容易看出来。）在下刀的前一刻，我突然理解了器官捐献者为什么宁愿捐心脏也不愿意捐献眼睛。

但当我真正剖开眼睛的时候，我的认识发生了变化。因为刀不够锋利，往深处切的时候不可避免地将眼睛压变形，挤出了其中的汁液。这种体验过后，我的恐惧消失了，取而代之的是沉迷。虽然液体已经不在原位，仍能看出有三种不同的透明液体：少部分水状液体，较多没有凝固的胶状物，中间还夹杂着一颗豌豆大小的晶莹珠子。珠子虽是软的，却是明明白白的扁圆形，有一面比其余部分更加平坦。它们分别是房水、玻璃体和晶体，它们不同的折射率让我们能看清外部世界的图景。这种动物脏器展现了纯粹的笛卡儿机械原理。于是，我最初的解剖调研最终变成了一场物理实验。

眼睛是人类身份的重要元素，被称为心灵的窗户。在狼人寓言中，狼人变身后甚至还保留着人的眼睛。但它究竟如何表达个性呢？那就是通过最为独特的眼睛颜色。眼睛颜色曾入选阿方斯·贝蒂荣为巴黎警方设计的身份系统，在标准护照出现后，它又被引入官方身份证明文件，增加黑白照片与真人的相似度。在虹膜扫描技术代替证件验证后，眼睛颜色的重要性似乎再一次得到了强化。

这种技术暗含双重讽刺意味，因为它扫描的并不是颜色。虹膜扫描仪其实是通过红外光探测虹膜的特殊图案。此外，虽然虹膜源自希腊语中的彩虹，但我们可能会惊奇地发现眼睛里其实并没有特别的色彩。我们看到的色彩不是来自不同的色素，而是所谓的“构造色”——光线之间的干扰效应产生的色彩幻觉，蝴蝶翅膀和鸟类的彩色羽毛也有类似效应。所有的眼睛都包含一定量的特殊色素——黑色素。我切开猪眼睛时也发现液体里漂着一些黑色的微粒。正是由于黑色素水平的波动和光线干扰效应，才使我们的眼睛拥有了各种颜色。随着黑色素递减，眼睛顺次呈现出黑色、浅棕色、淡褐色、绿色、灰色或蓝色。

弗朗西斯·高尔顿十分好奇眼睛颜色与遗传性之间的关系。他做了一个旅行箱，里面放着十六种不同颜色的玻璃眼珠。眼睛以某种方式嵌在金属片中，就像有了眼睑和眉毛，第一次打开箱子时会有种惊人的魔幻感。高尔顿要确保他从家族志编纂人使用的“众多不同词汇”中挑选的颜色在自然界中也同样重要。他没有选择惯常的棕色或蓝色，而是选了深浅两类，把那些有“淡褐色”眼睛的人分成了两个阵营。接着他对比了儿童及其父母和祖父母的眼睛，他像往常一样收集到了大量数据，但最后没有得到显著结论，只观察到蓝色眼睛和棕色眼睛能够代际遗传。

2008 年，哥本哈根大学一个调研组（成员大都是蓝眼睛）发现生成黑色素所需的蛋白质的控制基因发生突变，才终于回答了高尔顿对遗传性的疑问。婴儿的眼睛起初都是蓝色，即便父母的眼睛是棕色，因为这种蛋白质还没有完全发散出来。在调研组长汉斯·艾伯格（Hans Eiberg）看来，这说明如今所有蓝眼睛的人都有一个共同的祖先——蓝眼睛的奥尔（Ol' Blue Eyes）——他在6000~10000年前首次经历这种基因突变。

眼睛颜色纯属随机，那么在文化中的意义可能也没那么重要。《名利场》中的蓓基·夏泼眼睛为绿色，安娜·卡列尼娜眼睛为灰色，詹姆斯·邦德眼睛则为蓝色。而且，似乎小说越差，眼睛颜色的描述就要越精确。例如，朱迪斯·克朗茨的《黛西公主》有着“深色眼睛，算不上黑色，而是一朵大三色堇的花心的颜色”。但很多耳熟能详的小说人物的眼睛颜色都非常隐晦。《傲慢与偏见》中达西只觉得伊丽莎白贝·内特的“眼睛很漂亮”。朱利安·巴恩斯在小说《福楼拜的鹦鹉》中花大量篇幅去描述爱玛·包法利的眼睛，驳斥了一位文学评论家，后者曾自鸣得意地发现福楼拜所谓的“前后不一致”，因为作家在不同场合将她的眼睛分别形容为蓝色、黑色和褐色。巴恩斯说，这无关紧要；即便有关系，我们也并不一定要知道女主角的眼睛颜色才能认出她或与她共情。爱玛眼睛的颜色随着福楼拜在叙述中心意的变化而发生改变。在《德伯家的苔丝》中，托马斯·哈代没有正面交代女主角的眼睛颜色，而是说它们“既不是黑色的，也不是蓝色的，既不是灰色的，也不是紫色的；所有这些颜色都调和在一起，还加上了一百种其他的颜色，你只要看看她一双眼睛的虹彩，就能看出那些颜色来——一层颜色后面还有一层颜色——一道色彩里面又透出一道色彩——在她的瞳孔的四周，深不见底；她几乎是一个标准的女人”。如果哪位作家想让读者看到人物的普遍性，可以尝试让眼睛的颜色含糊不清。

我们的视觉在进化长河中似乎越来越重要，反而可能会弱化其他官能。例如，我们有许多基因负责辨别味道，但相较于常用的少数视力基因，它们并未得到充分利用。由于视觉对我们愈加重要，大脑处理视觉信号的能力便发展得最快。但眼睛本身没有跟上我们渴求视觉信息的脚步，这就是为什么在一个视觉交流愈发重要的世界，这么多人却需要戴眼镜。

为了理解大脑（而不是眼睛本身）所接收的视觉信息量，以及视觉信息与其他感官信息重叠的程度，我拜访了牛津大学跨道研究实验室（Crossmodal Research Laboratory）。这间小小的实验室既像玩具店又像街角商店，塞满了奇怪的工具和熟悉的食物标牌。实验室主管是实验心理学教授查尔斯·斯彭斯（Charles Spence）。我见到他的时候，他穿着那条标志性的红色长裤，说话略不流畅，让人紧张不安。他解释到，常见的感官有视觉、听觉、触觉、味觉和嗅觉五种，在某些信仰中分类更多。它们通常彼此独立，但使用的时候却是一起的。这就会形成一些干扰性暗示，让人产生奇怪的认知。例如求职者腿上放一只较重的文件夹会比放一只轻的让人觉得态度更认真。文件夹的重量比面试官看到和听到的内容更有分量。“不要介意质量，感受它的厚度。”似乎不仅是一种有效的推销用语，还是自然之公理。

我们对感官信号无意识的混合很容易误导自身，但也可以用这一招来改变自身的行为。查尔斯的很多工作是受产品制造商之托，他们希望充分利用感官之间的联系，例如你的牙齿咬碎薯片时发出的声响甚或是包装袋的窸窣声，都是影响你感知薯片口味的重要因素。“我们感兴趣的是感官的相互作用，无论在细胞层面，还是它们在大脑中的混合方式。例如，你能‘尝到重量’吗？或者，人们身上的香水味会如何影响你对他们年龄的判断？”

视觉出乎意料地好骗，也许因为我们的大脑太过偏爱这种感官。有个非常著名的实验叫作橡胶手错觉。受试者的手藏到视线外，然后将一只假手（可以用橡胶手套）放在真手通常会出现的视线范围内。实验者一手放在视线外的真手上，一手放在视线内的假手上，进行同步击打。过一会儿，受试者会开始觉得假手变成了真手。这项实验的残忍后续是用一只锤子砸假手：受试者会忍不住退缩。在这些情况下，大脑更信任视觉信息，而不是本体感受（我们对自己在空间中位置的感知）神经元发出的微弱信号。实验要想成功，选择的手必须非常相似：用左手手套来代替右手就不会产生效果。不过，鉴于亮黄色橡胶手套的蒙蔽作用很理想，肤色如何似乎也没有关系。

心理学家理查德·格里高利（Richard Gregory）举了一个更具戏剧性的案例，他见证过一位天生失明的男性在得到角膜移植片后如何恢复视力。然后他带他去伦敦各种有启发作用的场所，包括动物园和博物馆。在科学博物馆，格里高利给他看了一张机床，因为他一直对机械感兴趣。他辨认不出玻璃柜里的机床，但一旦把手放上去，他立刻就明白这是什么了。格里高利讲道：“他退后几步，睁开眼睛说：‘我感觉到了它，现在就能看见了。’”这一情景解释了为什么在去伦敦的路上，他看着车窗外的景象满脸困惑。在触摸到物体之前他其实仍然看不见，也就是说他在失明时触觉代替了视觉神经通路，他的大脑此时才开始重装线路。

了解感官在大脑内如何交错能更好地治疗感觉障碍症。例如，治疗过程中使用镜子可以帮助因失去“幻觉肢”而痛苦的截肢患者，以及对身体一侧失去主动控制的中风患者，因为他们能通过镜子对比本体知觉和镜子赋予的视觉。一种感官甚至可以逐渐永久地代替另一种。用大脑中的视觉专区来读解盲文的盲人，可能会发现手指的触觉灵敏度变高，从而具有更好的空间辨识力。1969 年，麦迪逊市威斯康星大学的保罗·巴赫 – 利塔（Paul Bach-y-Rita）将这一理念拓宽，用像素一样振动的针矩粗略地形成相机中的图案，给假肢安上“眼睛”。这种导盲设备最初是一件束在腹部的背心，以腹部的大片皮肤做触敏显示屏。后来的版本则微型化，适合贴在舌面上，触觉敏感度大幅提升。保罗·巴赫 - 利塔后来的发明表示其他官能也可以如此重构，假如耳朵内负责平衡感的部位损坏，便可以用这种方法恢复。使用导盲设备一段时间后，有些患者甚至发现在设备取出后某些“平衡记忆”还能继续存在数小时。人们在学习使用这类设备时先要有意识地把感觉翻译过来，比较辛苦，但用熟之后，大脑的神经通路就会适应，替代感觉便更接近曾经丧失的感觉。

我们生来具有多种感官。我们可以同时听和看，或同时运用嗅觉和味觉。官能综合起来的效应通常高于各部分，也令人更加难忘。例如，若不是开车经过塞文桥时刚好听到收音机里播放瓦格纳歌剧《莱茵的黄金》①中上帝进入瓦尔哈拉殿堂的片段，我敢保证再听时也不会回忆起任何特殊情景。当马塞尔·普鲁斯特真正闻到并尝到著名的玛德琳蛋糕时，他对过去消逝时光的记忆才倾泻而出；只看

① 《莱茵的黄金》（*Das Rheingold*，1869 年），《尼伯龙根的指环》系列中四部歌剧的第一部。

到蛋糕并不足以勾起回忆。反过来也成立：去掉一种感官，比如去掉我们几乎意识不到自己在用的感官，我们的感知力就会遭到极大削弱。失去嗅觉，我们会失去很多享受食物的乐趣，因为我们认为的味觉其实与嗅觉密切相关。或者，像查尔斯·斯彭斯的实验所示，汽车仪表盘上的警示信号一定要同时调动视觉和听觉，比如用一道闪光配上断断续续的声响。大脑本身可能会忽略其中一种，但两种结合起来便很容易在大脑中形成印象。

我问了查尔斯我一直很好奇的通感效应，即一种感官信号能同时激发大脑调动另一种感官。例如，通感者可能会发现音乐的声调对应某些色彩和肌理，或者形状能唤起味觉。我最喜爱的一些作曲家和艺术家据说都有过通感体验，比如康定斯基、霍克尼、梅湘[①]、西贝柳斯[②]和菲利波·托马索·马里内蒂，马里内蒂的《未来主义者食谱》（*Futurist Cookbook*）中有些食谱要求用餐者一只手进餐，另一只手抚摸丝绸或砂纸，或坐在飞行模拟器中，借机身的颤动激发味蕾。更具有说服力的例子是作家弗拉基米尔·纳博科夫，他在自传作品《说吧，记忆》（*Speak, Memory*）中把色彩与对应的字母列在一起。在他看来，每个字母与其他字母共同组成单词时会保留自己的颜色，除非该字母与另一字母组成双元音，且在某些语言中算作一个字母（例如纳博科夫早年学习的俄语字母表中的“sh”“ch”及其他组合）；在这种情况下，那种语言中该字母的颜色就会奇怪地沾染同一音素中的英语字母。

① 奥利维埃·梅湘（Olivier Messiaen），法国作曲家、风琴家、音乐教育家。
② 约翰·尤利叶斯·克里斯蒂安·西贝柳斯（Sibelius），芬兰作曲家。

19 世纪末，在瓦格纳“总体艺术”概念[①]提出的多感官体验、后印象主义、苦艾酒和鸦片的启发下，科学家们才第一次注意到通感现象。但由于该现象的主观性太强，当时几乎未能理解。现在，神经科学家重拾旧题，希望解开它背后大脑串联感官的能力。

什么是通感？它是一种情景还是一种幻觉，是一种优势还是一种诅咒？它没有列入最常用的精神病学手册，似乎说明它是人类的一种神经状态而不是神经错乱；它不太像一种情景，更像是卡通英雄的“超能力”。它并不总那么浪漫，查尔斯告诉我：“通感者可能无法读书，因为有额外信息的侵扰。”但他们确实能体会更多的感觉，因此更擅长记忆。“通感者不会想用药物驱除通感。”通感者给人的印象很像一家高级艺术俱乐部的会员。许多人想方设法想跻身其中。例如，著名的美学家伦勃朗和波德莱尔曾在文字中暗示他们有通感能力，但学者们如今认为他们的体验完全是编造的，他们可能只是从医学报告中挑了这种概念而已。现代测试的结果表明，女性其实比那些虚伪的男性更可能体验通感。但任意一个人都可能发自真心地将花坛比作色彩交响曲。我们知道有种音乐叫布鲁斯[②]。也许我们都是潜在的通感者。

盲人甚至也可以有通感视觉体验，例如，在朗读数字或字母时，在听到声音的同时他们会“看到”闪现的光。据称，婴儿可能有交叉的视听通路，长大后被切断了。兼做幻肢研究的神经科学家维莱

① 原文为 Total Artwork，认为音乐应是所有意义的总和，他确信将这些各种形态的艺术——包括音乐、建筑、绘画、诗歌、舞蹈，当它们整体集合在“歌剧”（Drama）的表现上时，将可以得到一种在音乐上更崇高的境地。

② 原文为 Blues，字面意义为“蓝色”。

亚努尔·拉马钱德兰（Vilayanur Ramachandran）描述了一件不寻常的案例：一位盲人患者注意到他不管触到物体还是盲文，脑中都会闪现一道道光或生动的图像（虽然不是被触摸的物体图像）。这类体验说明盲人眼睛后面的大脑神经通路被这些听觉和触觉信号占据了。其他的盲人发现自己的听力有所提高，不是说对某种声音的敏感度提高，而是处理能够辅助空间认知（失明后这种认知变得非常困难）的声音的特殊能力得到改善。这些个案越来越多地证明了科学家所谓的大脑的“神经可塑性”，是在有需求的时候恢复或提高有用的功能，而不只是随意将感官颠来倒去。

胃

教长威廉·布克兰医生（William Buckland）要吃遍万物的计划，不知道是出于热忱的科学求知，还是纯粹的愚蠢。

布克兰是位著名地质学家，也是牛津大学的第一位地质学教授。他在代表作《地质证明》（*Vindiciae Geologiae*）中提出了地质学新概念，即化石早于诺亚洪水，但《圣经》描述的却正确无误——因为他巧妙地将《创世记》中的“开天辟地”定义为大地形成之后、人类和其他现存生物出现之前的某个模糊时段。他首先发现粪化石（化石状的粪便），成为我们了解恐龙食物仅有的直接证据。在粮食价格突然飞涨时，他发文倡导科学农业、土地合理排水与灌溉，并且要分配土地给“劳苦人民”。这些作品让布克兰声名远播，先在学术界和教会升任为基督教堂教士、牛津大学教授，后成为西敏寺教堂主任牧师。

然而，布克兰不是墨守成规的人。他一方面尽力用地质学证据佐证《圣经》中的故事，取悦每个人；另一方面，他又计划品尝每种动物的肉。他虽是位名望颇高的科学家，却似乎没有留下长期味觉实验的系统记录；我们获得的只有从布克兰后代那里流传下来的逸事。人们可能会猜想，布克兰的这项计划是要为日益增长的人口寻找新食源，但实际上，这大概只是他的个人怪癖。他试过刺猬、鳄鱼、豹、幼犬和菜园蜗牛。自然学家理查德·欧文还在他那里吃过烤鸵鸟肉，味道就像“粗糙的火鸡”。评论家约翰·拉斯金表示很遗憾错过了一次有“美味烤老鼠”的晚宴。

布克兰自然也不怕让同时代人震惊。在拜访国外一座教堂时，他被“殉道者的鲜血——人行道上那样新鲜、无法抹去的深色斑块”所吸引。但他又感到怀疑，于是跪下用舌头舔了舔斑块，随即得出结论：“我可以告诉你们这是蝙蝠尿。”还有让人惊掉下巴的一餐，直到布克兰去世将近五十年后才浮出水面。在牛津附近的纽纳姆（Nuneham）住着林德赫斯特夫人（Lady Lyndhurst），据说一位法国国王（可能是路易十四或路易十六）的心脏被保存在她家的一只银盒子里。作家奥古斯丁·哈尔这样回忆在那里用过的一餐：

布克兰医生看着它说：“我吃过许多稀奇古怪的东西，但还从来没吃过一位国王的心。”接着，大家还没来得及阻止，他就把它吞下了肚，这件宝贵的遗物就此丧失。布克兰医生常说他吃遍了整个动物世界，最难吃的是鼹鼠——绝对恐怖。

哈尔在脚注中补充说：“布克兰后来告诉林德赫斯特夫人，有种东西比鼹鼠还难吃，那就是反吐丽蝇。”

布克兰这种怪异的癖好丝毫没有阻碍他的进步。甚至还有所帮助：1845年，作为西敏寺的主任牧师，他利用职位改善西敏公学男学生的饮食——天知道他们当时吃的是什么。1856年，七十三岁的布克兰死于脊柱感染导致的大脑疾病，因此我们可以推断，他吃的东西至少没有对他造成长期伤害。

当然，鸵鸟和鳄鱼这些动物现在已经进入我们的食用范围。我常翻阅的美国经典《烹饪的乐趣》(*The Joy of Cooking*)[①]，包含豪猪、浣熊、熊(“幼熊需要烹饪2.5小时；略年长的熊则要3.5~4小时”)和路毙动物烹饪指南。

这本残忍的恶魔手册，能让我们对人类的胃有怎样的认识？布克兰似乎主要吃他遇到的东西，一定程度上是为了逗弄或震惊别人。《利未记》中的禁例没有让这位牧师医生感到任何心理不安，因为他无疑吃了无数“恶心的生物”，包括禁食类飞虫反吐丽蝇。如果他没有吃戴胜鸟或蹄兔等不洁生物，大概只是因为没有吃的机会。从更广泛意义上来说，如果他把吃动物的部分热情放在评估新的植食类营养源上，可能会为供养世界人口这道难题做出更实际的贡献。

布克兰吃过的生物种类大概主要让我们其他人意识到平日里吃的食物品类是多么稀少。胃是身体所有器官中最简单的那一类。第一次在解剖室亲眼见到后，我不得不承认，胃真的就是一只口袋，而且像其他口袋一样，你可以在不超出容量的前提下放进任何东西。一百年前，费城的喉科医生舍瓦利耶·杰克逊(Chevalier Jackson)曾长期收集从患者喉部和胃部取出的物体。共有数千件，包括钥匙、挂锁、钉子和打开的安全别针。戈登博物馆(Gordon Museum)则收集了伦敦数家教学医院的病理解剖藏品，展示了多年来患者故意或无意吞下去的各种稀奇玩意儿，包括布里克斯顿监狱的一位犯人不顾一切“要逃出去片刻”而吞下的床里的一根弹簧。

人类天生是杂食动物。虽然我们没有尖牙利爪和迅疾的速度去

① 1931年出版，作者为密苏里州圣路易斯的家庭主妇Irma S. Rombauer。

捕获猎物，但却进化出了大脑，能够使用工具并巧妙获取多样食材。口袋一样的胃可以容纳任何物体，下面五米长的肠道能充分消化其中的大部分物体。我们可以消化生肉，但火的发明让我们能够更有效地处理生肉，从而消耗更多的肉类（超出身体所需）。另外，我们能消化的植物类食材却惊人地少，例如我们偏爱成熟水果而不是草叶树皮，因为我们的胃没有真正的食草动物胃里那种发酵仓似的隔间，无法分解纤维中较多的有机物。因此，当我们（强迫自己）觉得吃反吐丽蝇和人类心脏令人反胃时，其实完全是因为文化而非自然天性。

在米歇尔·德·蒙田大约最著名的随笔《话说食人部落》中，有这样一段话："我认为吃活人要比吃死人更野蛮……将一个知疼知痛的人体折磨拷打得支离破碎……要比等他死后烤吃更加野蛮。"确实，人肉也和大多数肉类一样，可以滋养杂食性人体。那人肉是什么味道？海伦蒂芬（Helen Tiffin）在他的论文里指出，"人肉和猪肉味道相似。"该文探讨了人类如何亏欠供我们食用且为我们培育替代器官的猪。"因此，"她继续讲道，"人肉块叫作'长猪'，'长'指的是猪与人类四肢长度的差别。虽然有关人肉味道的'一手'记录极少，但一般都认为它与猪肉的肌理和味道都相仿。"蒙田推断说，为了人的需要，人的尸体可以用于医学，那为什么不能用来充饥呢？在医生需要品尝病患的血来诊断病情，并研磨人类颅骨（加或不加姜）来治疗痉挛的年代，食人行为甚至算是有利于身体的合法医学用途。

尽管同类相食的故事像蒙田、笛福和麦尔维尔的故事一样，让我们兴奋不已，但人类学家却总不把它作为严肃的研究课题。所谓的食人例证不是太古老就是难以考证，它引发的哗众取宠效应也让人类学整体背负上恶名。不过，20 世纪中期，巴布新几内亚高地的人群中暴发的朊病毒库鲁病（prion disease kuru）让该话题重新成为热点。朊病毒是借蛋白质传播的，而非病毒和细菌那样通过核酸。朊病毒疾病会导致肌肉协调性逐步丧失，主要表现为颤抖、痴呆和麻痹等。在巴布亚新几内亚，这种传染病最后导致 2500 多人死亡。库鲁病在该地流行可能是由于落后的食人习俗。女性因为吃死去亲属的大脑和脊髓被感染，儿童则因仪式筵席上与他们的母亲接触而中招。男性主要吃传染性不太高的肌肉组织，感染率偏低。

但美国人类学家威廉·阿伦斯（William Arens）对所有声称的食人仪式都持怀疑态度，甚至包括那些有医学科学调研支持的相关人类学研究。阿伦斯发现医学和社会科学家都倾向于不加怀疑地接受未经证实的案例，甚至专业人类学家的"亲眼所见"可能也只是当地人吃猪肉的情景而已。（麦尔维尔在以南太平洋为背景的小说《泰比》中便用这样一种混淆场面来戏弄读者，故事中两位落难的主人公一看到火光就害怕自己要被烹煮。接着，"某种冒着热气的肉"被端上来："一定是烤婴儿，我打赌！"他们发现这肉"无比美味……很像小牛肉"。但当他们想到岛上没有母牛的时候，汗毛又竖了起来。"这荒郊野外竟然有这种骇人行为！当然了，这些魔鬼的化身能从那里弄到肉呢？"最后，其中一个人端着点燃的蜡烛凑近煮锅，万分欣慰地认出了"一头小乳猪的残块"。）找到导致库鲁病的传染性蛋白质或朊病毒时，大部分人都认为食人习俗确实是传染的罪魁祸首，但在阿伦斯看来，这一例证只是"偶然"。他很疑惑，为什么食人行为可以解释新几内亚这个偏远部落所遭受的库鲁病，却无法解释发达社会中克雅氏病[1]的传播呢？总体来说，食人仪式是否存在始终有争议，当代没有确凿的食人行为，古代只有未经证实的流言。但如果说它不存在，为什么大家显然对它心存畏惧。更超然的人类学家发现，被怀疑有食人行为而遭调查的“原始”族群通常有一套自己的食人故事，食人者正是那些来研究他们的人！

从多样性到质量——以及数量。

人的胃能够装下多种（如果不是全部）自然赠予之物，让我们产生了何为美味的概念。食物的种类这么多，为什么我们对吃的东西这么挑剔？在这类问题上，问一位法国人总是没错的，在美食领域，没有人比半科学著作《厨房里的哲学家》（*The Physiology of Taste*）的作者让·安泰尔姆·布里亚-萨瓦兰（Jean Anthelme Brillat-Savarin）更有话语权，他是我目前所知唯一一位拥有以自己名字命名的奶酪的高卢人。“吃是为了生存，”他写道，“但吃得好是一门艺术。”

《厨房里的哲学家》发表于1825年，当时布克兰正在进行他怪异的什锦小吃实验，这本书为大革命后法国新兴的民族美食制定了各种标准。它混杂着食谱、历史、幽默故事、生造的词语、自传和食品科学，每部分都以若干句“教授的格言”开篇，其中包括流传至今的“告诉我你吃什么，我就能知道你是怎样的人”以及“发明一道新的菜式比发现一颗新的星星更让人幸福”。布里亚-萨瓦兰是位律师，在法庭出庭的无聊间隙写下了书中大部分内容。他对

① 俗称“疯牛病”。

那个时代人们味觉的观察堪称精准，也解释了为什么我们有些人没有味觉，而另一些人味觉超群，甚至能够判断“酒酿造的程度”或“农民趴在腿上睡觉时，腿发出的特殊气味”。他采访了一位受截舌刑的男性，受此启发探讨了味觉和嗅觉的紧密联系。他还指出了传统上将味道分为酸、甜、苦、咸的明显不足。现代味道分类还包括辣椒的火辣味和日本菜式中的芳香开胃感，即鲜味（umami），布里亚似乎希望用他造的词语“肉香质”来形容好的高汤的醇度。但这少数词汇只是无数种味道的冰山一角，要用“成堆的对开大页纸才够定义，按数字顺序标记类别的话不知道要排到哪个数字”。

但他很少提及肠道如何消化食物，以及我们如何从中摄取能量、蛋白质、维生素和矿物质。因为布里亚的关注重点在食物给我们的乐趣，就像他的副书名揭示的那样：“关于卓越美食的思考”（Meditations on Transcendental Gastronomy）。简言之，他希望让我们都变成美食家。“美食主义是一种充满热情的、审慎的和习惯而成的对能够取悦味觉的食物的偏爱”他这样写——为了区别于贪食，他又匆忙补充道，美食主义“反对放纵”。他发现一些天然的美食家：神职人员、作家、银行家和医生，不过医生开的味道难闻的药和苦行般的食物养生法又为他所摒弃。美食主义特别适用于女孩：“对她们的容貌很有好处”。美食家则婚姻更加幸福，寿命更加长久。

但餐桌上的欢愉——据布里亚说，这是对人类作为唯一会经历痛苦的物种的合法报偿——很容易过头。连挑剔的法国人也无法完全避开无端的过食。牧师们尤其容易过食。拉伯雷在《庞大固埃》第四卷中，抨击那些渎神的修士们供奉大肚腹神灵。这些“懒惰、饱食终日的肚子崇拜者”供奉着加斯特（肚子）并为他献上各种供品——拉伯雷接下来列举了几页令人咂舌的荤菜，然后是几页鱼类菜肴，可以在斋戒日不许碰肉食时端出来供奉。但即使这样，加斯特也未被打动，他残忍地叫这些追随者们到他的便桶里仔细“去观察、去思考、去研究，看能在他的粪便里发现什么神灵的东西”。

布里亚-萨瓦兰预见到了过食问题，并在书中专门辟出一章讲肥胖，话题的时髦性让人惊讶。他并不担忧自己的肚腩：“我总觉得自己的肚子是可怕的敌人；于是我征服了它并将它的轮廓塑造得宏伟浑圆。”他这样说。（《厨房里的哲学家》是终年七十岁的布里亚的毕生之作，该书出版于他离世前一年，所以他有点儿肚腩看起来在情理之中。）不过他担忧着另一群人，他为他们造了一个新名词“肚腩携带者”（gastrophores），即摄入过量淀粉和糖分，缺乏运动，过度睡眠，“身材走样，原先和谐的身体比例失调”的那些人。布里亚-萨瓦兰的补救建议显然是从源头抓起，这在今天看来仍有借鉴意义。但如果无法做到自律性的锻炼和节食，他推荐另一种“减肥腰带”，全天箍在腹部。他反对较极端的减肥法，例如当时女性中流行的喝醋疗法，他动情地讲了少年时的一位姑娘，因为患上厌食症（19 世纪 60 年代得名）而日渐消瘦，最终在他怀中香消玉殒。这也许就是美食家让·安特姆·布里亚-萨瓦兰没有获得美满婚姻的原因。

关于现代法国的过食状况，有一座声名狼藉的里程碑——电影《极乐大餐》（La Grande Bouffe）。在电影中，几位妓女和四名中年男性聚集在一幢偏僻的别墅里，决定在为期七天的时间里过食而死。然后，他们一个一个如愿登上“极乐世界”，全剧终。这种电影毁了欧洲影片在英语世界的口碑，因为英语世界不鼓励呈现任何纵欲场景。1973 年，《极乐大餐》在戛纳电影节首映时引起了公愤，除了其中病态混杂的食物、性与死亡，更多是因为这位意大利导演马可·费拉里（Marco Ferreri）竟敢嘲讽法国人生活的核心支柱。

有一幕是四位男性互相挑战，看谁吃得最快，提前上演了如今更怪异的公共奇观——极限饮食。在这些现代竞争中，没有食物艺术，也没有像焦糖奶油松饼一样被拆毁的寓言式文明大厦。参加者只是尽可能去吃某一样食物——豌豆、牡蛎、巧克力棒、花生酱和果酱三明治。根据国际竞食联盟（IFOCE）的规则，这项可疑的活动的冠军叫作——这至少会取悦拉伯雷和布里亚——大胃王。帕特里克·贝尔托列提（Patrick Bertoletti）的进食纪录是 8 分钟内吃了最多的酸橙派、腌菜、比萨块，以及 275 只墨西哥辣椒。但让人惊讶的是，大胃王居然不那么胖。桑娅·托马斯（Sonya Thomas）只有 105 磅重，却仍在 12 分钟内吃了 44 只缅因龙虾。参赛者要经过身体准备和训练才能赢得最高荣誉。比赛时现场有医疗支持，但我意识到大型运动赛事也有这种配置。对成功的竞食选手做身体检查后发现，他们胃部的伸缩能力远远超出正常范畴。其他方面仍是未解之谜。与费拉里的影片形成鲜明对比的是，国际竞食联盟没有详述大胃王们如何排泄他们吞下去的海量食物。它鼓励人们进食，却委婉地否认相应的浪费。这种现象如今愈发普遍，电视和企业赞助商都在颂扬，包括那些意料之中的食品厂家，还有碱式水杨酸铋[1]的生产商——宝洁公司。人类心理学家虽然刚开始研究“竞食”，但这一词语在动

---

① 一种胃药。

物行为研究者看来已是既定术语。该术语与上述公共活动并无太大干系，而是暗示这类竞赛实为自然界“适者生存”的怪异缩影。

在《极乐大餐》中，最后一位赴死的男性叫菲利普（由菲利普·诺瓦雷扮演），面对聚集在别墅花园中、巴望着饕餮盛宴的狗群，他将珍馐美味喂给其中一只。“贪婪些，”他对狗群说，“贪吃。永远贪吃。”他最后的动作是吞下一块双乳状的巨大果冻，仿佛回到了他降生到人世的第一餐。费拉里的影片和如今的竞食比赛以各自的极端方式表明，人体所必需的营养极其有限，美食艺术在这方面撒的谎就像棉花糖一样不堪一击。

手

读者可以尝试下述动作：举起左手，拇指和食指捏成O形。弯曲其余手指的中间关节，或医学上所谓的近端指间关节（手指上的骨头叫作指骨）。你会发现，不那么容易。其他关节也想跟着一起弯。但（尽可能）抵制这种想法，在保持其他关节平直的情况下，尽量将剩余手指的中间关节弯成直角。这不是自然姿势，感觉会有些别扭，因此需要让某些特定肌肉以一种不常见的方式活动。

这正是本书开头伦勃朗画中杜普医生所摆的手势。艺术史家和医学史家都细致地梳理过这幅画，但大都忽略了这个细节。这就很奇怪，因为它明显是伦勃朗笔下一个重要的细节，他还在杜普医生修剪整齐的指甲上点上白色颜料，用以捕捉光线。其余唯一一处类似捕光的地方是杜普右手握的闪闪发光的医用钳。大多数学者都认为杜普那几根手指只是在摆夸张的姿势而已。但威廉·舒巴赫（William Schupbach）观察到，杜普的手势其实正是为了演示他从剖开的胳膊中挑起的肌肉所起的作用。因此，伦勃朗画了一位尽职尽责的阿姆斯特丹外科医生协会讲师：他既演示着解剖过程，又解释着人体的运作规则。从广泛的人文主义来讲，他是在展示死者和生者之间的客观相似性。我们可以推测，他一边做解剖，一边为专心的听众讲授。西蒙·沙玛（Simon Schama）认为，假如是这样，

“杜普在那一刻便展现了人的两种独特能力：言语能力和灵活的抓握力”。这自然和人文主义没有关联，而纯粹是人类身体的天赋独特性。

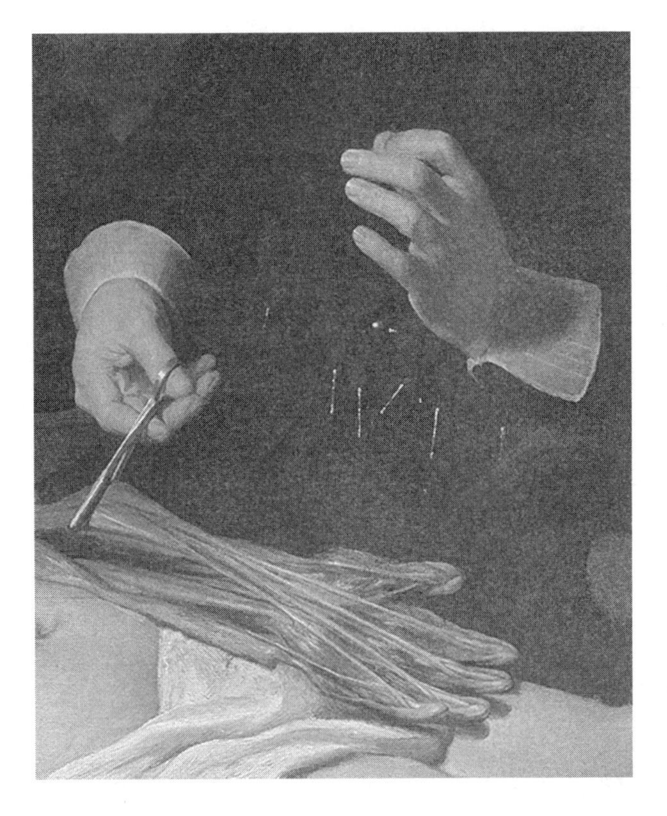

你之前弯曲手指的时候，可能感受到或看到前臂上某条肌肉绷紧。这就是指浅屈肌（flexor digitorum superficialis），也就是负责手指屈伸的表层肌肉。在前臂的前半部，该肌肉收窄并分成四根筋腱穿过手腕。每根筋腱在端点处又分为两叉，然后这些成对的筋腱便固定在每根手指中指节的背面。这种分叉结构十分精巧，因为它的叉口可供另一种屈肌（指深屈肌）发出的一组筋腱穿过，操纵手指的末端关节。这八条筋腱像悬偶丝一样控制着手指的弯曲。手臂的另一面则是伸肌，筋腱更长，用于伸直每根指头。除了一根普通伸肌，食指和小指还有单独的伸肌，因此食指比中指更便于指路，也因此我们其余四根手指握着茶杯（这一手势或许源自骑士礼节，为了不用五指抓食物，显得更优雅不粗鲁），小指却突兀地翘起，常会破坏英式饮茶礼仪。总而言之，J.E. 戈登（J. E. Gordon）在他的杰作《结构》（Structures）中写道，这些筋腱“在身体里穿绕的复杂程度堪比一架老式维多利亚打铃系统中的线”。手指本身不含肌肉，于是人类手指的灵活性完全依靠这些牵线木偶似的遥控线。伦勃朗和杜普选择阐释人体解剖学的这一方面，贡献了一种革命性的新视角，即勒内·笛卡儿不久之后详细说明的观点：人体可以被视作一种机器。

在《杜普医生的解剖课》中，剖开的手附近显出一系列修改痕迹。它可能参考了另一具解剖标本，可能根本不属于解剖台上的阿德里安·阿德里亚松。鉴于没有一台真正的解剖从手开始，艺术家在这里很可能是与赞助人约定将焦点放在手上，展现它复杂的解剖学之美以及它对人类神性的暗指。但最古怪的是，杜普医生挑起的肌肉和筋腱不可能是左臂上的，因为它们从肘部的另一边引出。伦勃朗应该是参照某条右臂作画，然后将画成的作品像贴花一样复制到阿德里亚松的左臂上。但问题是讲师为什么会同意艺术家如此歪曲自己的解剖技艺，将错误永久地留在画布上呢。也许他更在意的是自己的肖像。

不过，伦勃朗的画笔呈现出一台无比精妙的解剖，解剖水准比我在现代解剖室见过的任何手都高超，完全可以与解剖藏品中收存的范本相提并论。它完全符合将手视作人体最高贵的部位的现代观点。1618年，海尔金亚·克鲁克（Helkiah Crooke）在《论手的卓越性》（*On the excellency of the hands*）中谈到，它们是人类独有的“两只奇妙武器”，其他动物均没有。手是“最初的工具，所以它是所有其他工具的建造者、选择者和使用者。它不带有某种特定的目的，因此具备所有功能……手可以写下法律，可以建庙宇供奉造物主，可以建造船舶、房屋、器械以及所有的武器”。

这种笼统的多功能性是手——也是我们自身——优越性的体现。它不等于能力较弱的生物所具有的指爪。借助工具后，手可以做任何事。它是我们自由流转的思维的外化。苏格拉底之前的哲学家阿那克萨哥拉（Anaxagoras）认为人类因为双手而比其他动物更智慧。大约一个世纪后，亚里士多德的观点则几乎相反，他说我们的手只在大脑的指挥下才有用。无论如何，他们都承认智力与手灵巧度密切相关。现在人们仍承认这种关联，但何者先出现仍争论无果。

用食指指点这种看似简单的动作其实反映了手的使用与其他能力的开发之间的密切联系。海尔金亚·克鲁克及其他医生认为人类是唯一会使用工具的动物。但通过对黑猩猩和某些其他物种的观察，这种观点遭到驳斥，同时也减弱了对手的独特性的长期执念。不过，据我们所知，人类仍是唯一一种能够指点的生物。指点是非常“不自然”的动作。指向某物意味着我们心里对它有概念或知道它的名字，否则指点这一动作便没有任何意义。那么这就需要一种语言，而且是一种共通的语言，此外，被指点的人需要和我们有类似的认知，这样才能准确地领会我们手指前方众多事物中所指的目标。据哲学家兼医生雷蒙·塔利斯（Raymond Tallis）所说，指点因此成为“分享世界、共创世界的基本行为”。

指向手迅速有了自己的生命，或呈指针状，或呈拳头、“图标”状。亨利八世会在书页边缘空白处用细墨画上独特的指向手，以便回头找寻某几页。图标通常具有精美的个人风格，让人愈发觉得它们不只是标记而是真诚的个人态度。指向手成为最早的铅版之一，即印刷厂起初常用的特殊符号，因使用次数多而特意制版。18 世纪以前，指向手“图标”是公认的标点符号，20 世纪 80 年代又得以复兴，成为电脑屏幕上方便用户使用的光标符号。单独的手可以用来指点方向或做其他有用的工作，像动画《亚当斯一家》（*Addams Family*）中为戈麦斯点烟的“小手”（一只断掌仆人）。手也能够像宿命一样指向我们，例如披头士电影《黄色潜水艇》（*Yellow Submarine*）中蓝色坏心族的邪恶手套，英国国家彩票“可能是你”广告里漂浮的小手，以及第一次世界大战海报中基奇纳将军（General Kitchener）和山姆大叔的命令性手势。

指向只是众多手势语中的一种。事实上，手势可能比英语的单词量还要多。“上帝之手”不仅会指向，还会两指并拢（赐福）或张开手掌（向地球施以恩泽）。1644 年，约翰·贝尔沃（John Bulwer）因对手异常痴迷，为养女起名为 Chirothea（上帝之手），还出版了《手势演说》（*Chironomia and Chirologia*），尽可能收录了人类的各种手势。贝尔沃认为手势是基于“普遍理性”，独立于文字语言且可以作为一种无声的世界语。他对一些常用的手势有如下洞见：

> 双手绞握是过度悲伤的自然流露，见于哀悼的、痛哭的、悲伤的人。自然这一优雅的阐释者将这种手势与悲伤联结。思维的郁结引人悲伤，使人形体消瘦，而眼泪是眼睛悲伤的表示；上述表征由大脑中情绪收缩引发，通过收缩将大脑中的水分聚在一起，将泪水压入眼睛；然后大脑指使双手用力绞动，这也是手掌潮湿时的手势表达。

他著作中的长篇说明有力佐证了他支持手势语言而非文字语言的观点。书中每页二十四格小巧的版画中有各种手势：举起、下垂、握紧、摊开、敲击、抚摸、轻扣和挥动，每一种都自带直观的表达力，既明晰又悦目。

贝尔沃更擅长宗教手势而非粗俗的乡野手势，但后者中很多有着更加悠久的历史。阿里斯托芬在《云》（*The Clouds*）中指示斯瑞西阿得斯（Strepsiades）在苏格拉底问他节奏问题的时候朝他竖“中指”。“不就是根指头，”斯瑞西阿得斯回答，“我小时候常这样玩。”接着他弹起自己的阴茎，“我常用这个打节拍。”中指无疑暗指阳具，出现在古希腊之前也毫不让人意外。其他手势大都摒除了明显的粗俗意味。竖起大拇指以及用拇指和食指做“Ok”手势对我们大部分人来说都是积极符号，但在希腊和巴西却是难以形容的无礼。

在英国，与“中指”同义的“V”形手势起源更加神秘。流传的一种说法是英法百年战争期间，英国被俘弓箭手的食指和中指——拉弓引箭的手指——会被砍掉，再放回战场时就毫无用武之地。因此，从未被俘的弓箭手会摇晃自己完好无损的两根手指，羞辱敌方。拉伯雷在《庞大固埃》中描述了一场荒谬的手势决斗，“V”形手势也

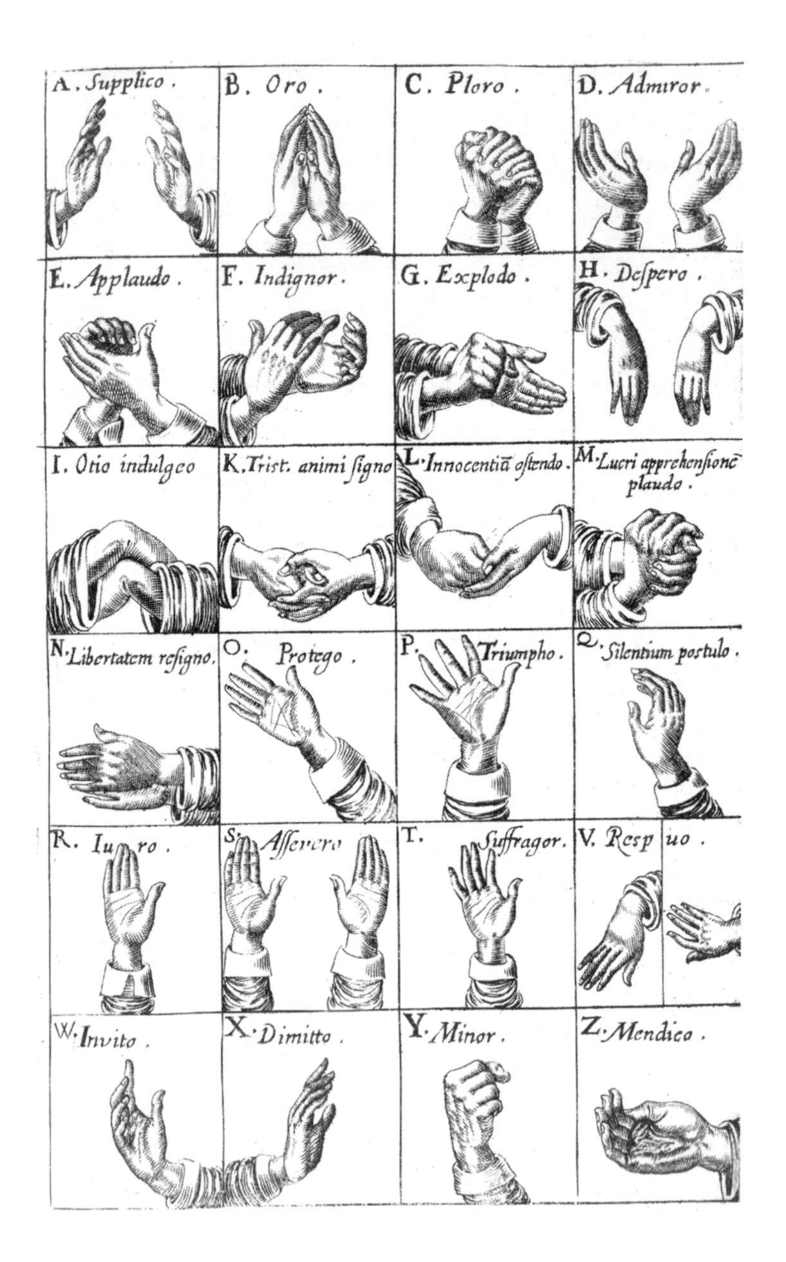
A. Supplico.
B. Oro.
C. Ploro.
D. Admiror.
E. Applaudo.
F. Indignor.
G. Explodo.
H. Despero.
I. Otio indulgeo
K. Trist. animi signo
L. Innocentiã ostendo.
M. Lucri apprehensionẽ plaudo.
N. Libertatem resigno.
O. Protego.
P. Triumpho.
Q. Silentium postulo.
R. Iuro.
S. Assevero
T. Suffragor.
V. Respuo.
W. Invito.
X. Dimitto.
Y. Minor.
Z. Mendico.

成为复杂的手势武器的一种。英国学者多玛斯特专程来到巴黎想见识一下这位聪明的庞大固埃，却被他古灵精怪的伙伴巴努其用机智的手势战打败。但做出“V”形手势的是巴努其而不是英国学者。拉伯雷描述的手势别出心裁又没头没脑，很难说“V”形手势有哪种特定意义。不过拉伯雷和贝尔沃一样，也热衷于暗示手势的表达功用，但他最终的主要结论却是最粗俗的手势接受范围最广。

手对智力最重要的作用是为我们提供了现成的编号系统。罗马数字 I、II 和 III 可能是基于竖起的指头，罗马数字 V 则源于整只手掌举起来时拇指和食指形成的 V 字。所谓的“十进制”计数是基于十根手指，其他常用的计数法，例如二进制、四进制、十二进制和二十进制，则基于四肢和手指的多种组合。甚至某些本土裔美国文化采用的八进制也是受手启发：它计算的不是指节的凸起，而是中间的凹陷。

自从陆栖脊椎动物（爬行动物、鸟类和哺乳动物）在 3.6 亿年前的石炭纪之初踏上了自己的进化道路，就再没有生物进化出 5 根以上的手指。但人类为什么会有 5 根？我们之前已经看到，自然赋予我们的身体部位是刚好够用的，如果有重复，例如眼睛和耳朵，自有重复的理由。那么这五根手指到底有什么作用——无论单独作用还是与其他部位配合——竟有五根共存的必要？

在计数方面，每根指头作用都相同。但对于其他大多数任务来说，它们都像瑞士军刀上的工具一样迥异。食指是最佳的指向手指，因为长度适合且有专门的伸肌。它也比其他手指灵活。狄更斯《荒凉山庄》中布克特探长（Inspector Bucket）的食指万能到几乎可以成为独立人格，当布克特将食指放在唇边、耳上，或先摩擦鼻梁再对罪犯摇晃时，它就像一位密友。“坦普尔警探的占卜师们预测，当布克特先生和他的那根手指频繁交流时，一位可怕的复仇者不久就会出现。”

中指虽然比食指长，但指向功能并不好：你试一下就知道当其余手指握紧的时候中指其实很难伸直。不过它有其他作用。罗马人叫它“无耻的中指”，即厚颜无耻的指头——他们可能是从希腊人竖“中指”的习俗里学来的。它也叫作药指，显然因为罗马医生们常用中指拌药。接下来是环指（digitus annularis），或我们常说的无名指，“annulus”指拉丁语中的小圆圈。这只是它的象征意义，不是因为它适合戴戒指。古人（错误地）认为无名指通过一根特殊的血管与心脏直接相连。小指又名耳指，因为它不是全无用处：它的粗细刚好够清理外耳道。

最后是拇指，即雷蒙·塔利斯（Raymond Tallis）所称的“技术之父”。这是指我们拥有对生拇指——也就是说它们可以与其他手指相对使用——极大地增强了手的能动性，因此它们能有不同的抓握行为。蒙田在《随笔集》的《论大拇指》一篇中正确地点出法语大拇指“pouce”的词源为拉丁语“pollere”，意味着“力大无比”。他还生造了一个比较贴切的名字：“anticheir”（源于希腊语，意思是“与手相对”）；两个词都揭示了这根手指的独特价值。

但只有当对生拇指和其他独立活动的手指合作时，我们的手才能如此灵活。每根手指不同的名字暗示着它们不同的用途，但通过排列组合，它们能做的还有更多，例如食指和拇指轻轻捏紧，采一朵花或摘下隐形眼镜；或者五根指头小心地协作，操作一双筷子。还有其他快得令人眼花缭乱的操作——魔术师玩卡片或吉他手拨弦——即手指独有的“魔法伎俩”。

“看”手相已经有上千年的历史，但最近开始受到科学的质疑。这一传统也许是由亚里士多德传扬开的，他在《动物志》（*Historia Animalium*）中无意观察到长寿的人手上的生命线似乎更长。为什么我们的命运偏偏写在手上？可能只是因为手掌上有些可辨认的特征且易于观察。1990 年，布里斯托皇家医院的科学家连续查看了 100 具尸体的生命线，惊讶地发现生命线的长度和死亡年纪确实存在关联，但这并不足以证明看手相的科学性。科学家们指出：“年纪越大，人越容易长皱纹。”在文章中，他们承认最好是终生监查受试者的生命线长度，接着，他们又半开玩笑地补充道，如果有可能，“让调查员每十年到国外碰一次面，汇报初步调查结果”。不过这项研究目前尚未开展。

手的另一个显著特征是手指的不同长度。人们一度认为它们表示着人生的五个阶段（不同于莎士比亚的七个阶段），小指代表青年，无名指代表婚姻，中指和食指两根较长的手指代表成熟，最后拇指代表迟暮。1875 年，德国解剖学家兼人类学家亚历山大·埃克（Alexander Ecker）发现女性的食指要比无名指长，男性则刚好相反。这一发现相当不寻常，其他人纷纷赶来证实——他们确实证实了，但由于没有人明白这究竟意味着什么，该发现便悄悄沉没了。1983 年，伦敦精神病学研究院的格伦·威尔逊（Alexander Ecker）接受《每日快报》的邀请做“20 世纪 80 年代女性观念变化”调查时情况仍未明朗。他在针对女性读者的问卷中询问了她们的自信心和好胜心，并请她们顺便测量自己手指的长度。结果显示，食指和无名指比值越小的女性可能越自信，换句话说，手指长度更像男性的话，举止也更像男性（但一直以来，自信似乎毋庸置疑是男性的专属）。这一发现证实手指长度的比值直接反映着人在子宫里接触睾丸素的多少。之后，对手指长度比值的调研层出不穷，现在还被用于性选择、性向、生育力、空间推理、运动能力、音乐天赋、孤独症（主要发于男性）和金融贸易成败的研究。2010 年，英国华威大学的调查员研究发现，食指较长的男性患前列腺癌的概率较低。手仿佛还有更多秘密等待解开。

关于手我们得出的最常见却又最具分歧的结论是一只手比另一只好用。我们从很早就开始偏爱用右手。据证明，十五周大的胎儿大多都偏好吸吮右手拇指。在跟踪调查了一些胎儿产前产后的行为后，贝尔法斯特女王大学（Queen's University Belfast）的彼得·赫柏（Peter Hepper）发现惯用右手的胎儿长成幼童后仍然使用右手。惯用左手的胎儿大部分保留着左手习惯，但也有些改用右手。

我们拥有两只看起来完全对称的手，但用途却很不相称，这自然让我们感到深切的困扰。这种不平衡就是一种最古老的歧视：左手和右手的歧视。《圣经》反复强调神（与其他人）的右手之优，左手之劣。在《马太福音》中，上帝似乎武断地向那“左边的说，你们这被诅咒的人，离开我，进入那为魔鬼和他的使者所预备的永火里去”，而右边的“可来承受（为你们预备的）国”。形容或侮辱左撇子的词汇有很多，而在许多语言中，连“左”和“右”两字都饱受偏见。英语通过借鉴其他欧洲语言和偶尔回溯古老的词源，独自发展出 gauche（笨拙的）、sinister（阴险的）和 cack-handed（左撇子的）等词语，最后一个词参考了右手为主流的社会中左手擦屁股（大便）的习惯。我甚至有一本关于对称性的书，索引中有这样一个词条："左侧的参照右侧的。"顺便提一下，政治上的左派带不带这种恶意内涵可由读者自己的政见决定，它的源起是法国议会，1789年法国大革命之后，革命派均列席左翼。

左撇子是少数派，但这少数派的真实规模无法确定。1942年，心理学家夏洛特·沃尔夫（Charlotte Wolff）不假思索地写下："如今，左撇子占比不超过总人口的2%或3%。"但最近的研究表明，在没有外界影响时，多达三分之一的儿童都会自然成为左撇子。这与旧石器时代人们凿刻斧头的方式所暗示的左利手和右利手的比例匹配。但在许多环境中，社会强制要求人们用右手——甚至左撇子也必须用右手与人握手——所以人们看到的左撇子通常远低于这一比例。例如美国军队的新兵营只会上报8%的左撇子。

不过，全面消除左撇子的趋势现已淡化。有一天，我听到无聊的国际板球锦标赛评论中的数据分析部分时，惊讶地发现板球历史上第一次出现前四名全为左撇子的情况是在2000年——此后相同的情形出现了28次。考虑到上一次统计记录是在1877年，这种情况便显得极其怪异。这或许是天才左手击球手扎堆的偶然事件，但更可能是现在各行业对左撇子不再那么苛刻。在很多运动中，左撇子甚至是一种优势，因为所有运动员，甚至是其他左撇子，都更习惯对抗右手运动员。

但是更隐性的压力仍然存在。几乎所有的单手活动，无论是拉裤子拉链还是使用自动柜员机，都方便于右利手。伦敦苏活区原本有家左撇子俱乐部实体商店，即"左撇子用品大全"（Anything Left-Handed），后来转至线上，里面的商品统统暗示着对左手的不公。小店中有剪刀、开罐器、钢笔等物品，商品目录的页码也呈倒序排列。

还有很多人们永远想不到的偏见物品——直尺和卷尺（刻度从右到左）、螺旋开瓶器（逆时针旋转，方便左撇子）、厨房刀（刀刃的另一侧有锯齿）。这里还收藏了左手音乐人的唱片，虽然我不知道这如何听出差别。不过我很失望店里没有拉威尔的杰作《左手钢琴协奏曲》。这首曲子是为哲学家路德维希·维特根斯坦的兄弟保罗所作，他在一战中失去了右臂。拉威尔完成后，维特根斯坦认为曲子太复杂，要求修改。他开玩笑说："我是位钢琴老手。"拉威尔迅速反驳道，"我是位编曲老手。"还有些左手钢琴家渴望键盘倒置，低音在右，这样左手便能够引导旋律。坐在钢琴前时，我们会发现手的大小也会影响最终的作品。拉赫玛尼诺夫的手能跨八个半音阶，因此某些作品确实让跨度小的演奏家望尘莫及。

众多日常物件中的偏见带来的恐怕不只是不便。1989 年，心理学家斯坦利·科伦（Stanley Coren）调查了英属哥伦比亚大学的许多学生，发现左撇子发生车祸的概率是右撇子的两倍，使用某种工具时出事故的概率也比他们高半倍。科伦认为这不是因为左撇子天生愚笨，而是日常设计总有意无意地偏向习惯右手的人。他估计左撇子的寿命也会因此减少八个月。

手不是唯一具有偏向性的身体部位。我们躯体内部的器官大都不对称。心脏在左，肝脏在右。胃部偏左。左肺有两片肺叶，右肺有三片。我们的外观也有不为人注意的差异。头发总偏向一侧或另一侧。左边乳房通常比右边大一些，左侧睾丸通常比右侧低一些，虽然右侧睾丸普遍更重。个中原因尚未查明，不过人们长久以来都清楚这些差异：大多数古典雕塑就是明证。

从某种程度上来说，身体上的对称性比非对称性更引人注目。

胎儿发育的过程就是逐渐丧失对称性的过程。受精卵原本呈球面对称，但随着细胞分裂逐渐失去对称性。作为必须生活在重力环境中的生物，我们迅速失去了上下对称性。我们在日常活动中必须向前行进，必须有前后之分，于是我们前后也不再对称。唯一的对称性只存在于第三维度，即左右两侧。由于没有受到偏转作用力，胎儿尚能保持左右对称。但有时候，这种整齐的两侧对称也会被打破，导致生长不平衡。要理解这种现象，我们必须仔细观察胎儿的发育。

对称性丧失的过程与胚胎内出现一种叫“原条”（primitive streak）的细胞排列同步。随着胚胎生长，细胞开始均匀地分布在这条假定中线的两侧。虽然线的两侧拥有同样的遗传指令，能形成相应的身体部位，但这些看似相同的细胞究竟是如何移动到恰好相对的位置呢。这些细胞可能像司机使用卫星导航系统一样，通过探测细胞活动中波长的变化来获知位置信息。但这并没有解释左右向对称的原因。

1848 年，年轻的路易·巴斯德发现某些化学分子在左右手中表现不同，揭示了产生上述现象的重大潜在线索。他知道酒石酸能将偏振光（以特殊方法过滤的光线）转向右侧，但合成的酒石酸却没有这种效果。当他将一些合成酸结成晶体，得到的却是方向相反的两种晶体的混合物。一半偏向右，像自然界中常见的那样；一半却偏向左，前所未见。后来发现，其实很多生物分子——包括糖类、氨基酸和 DNA——都具有这种特征。它会深刻影响这些物质在我们体内的形态，就像作家刘易斯·卡罗尔曾猜测的那样。乳糖和乳酸这两种“偏手性”分子在自然情况下只呈现出一种偏向。在《爱丽丝镜中奇遇记》中，爱丽丝把小猫抱到镜前，想看看它的反应，但稍后她认为："也许镜中的牛奶不好喝。"

要说分子偏手性和生物体整体的偏手性没有些许关联，恐怕很难让人信服。那么，我们的左右不对称果真如胚胎学家刘易斯·沃尔伯特（Lewis Wolpert）所说，是"由一些分子不对称引发的整体不对称"吗？如果是这样，那么这种蔓延是如何发生的？沃尔伯特推测，胚胎中线两侧产生的不对称分子可能会产生化学作用，将另一些分子——和细胞——不均匀地推向两侧。

这类化学机制能解释我们（几乎）都有的左/右偏向，例如心脏在左侧。但自然为什么要产生不同数量的偏向性分子呢？没有确定答案。然而，氨基酸和其他重要生物成分的如镜像一般对称的形态却也有不对称性——它们有更多左旋而非右旋电子。这是偏向的原因吗？如果是，这种不一致是如何产生的呢？也许是由于某种宇宙事件，例如偏振光大爆发。如果是这样，可能有另一半宇宙的偏向恰好相反。

讲到行为上的左右偏向性，心理学家克里斯·麦克麦纳斯（Chris McManus）认为其原因是遗传机制。偏向性可能由两种基因决定，但不是通常认为的偏左和偏右基因，而是一种叫作"右旋"的偏右性基因，以及一种没有偏向性的"偶然"基因。这种机制可以解释总人口中的少数显性左撇子（天然的，而非遭文化抑制的）。我们谈到"……基因"的时候，总会提到基因疗法。将来，我们也许能通过抑制偶然基因来"治疗"左偏向性。如果我们选择抑制右旋基因，让所有部位都具有两种偏向可能，是否能表明我们不再受制于古老的迷信了呢？

性

整个艺术史上最大的笑话当属那片无花果叶。那么大！形状那么具有暗示性！真是此地无银三百两的典范。明明可以用多种其他叶片代替，还少些哗然。但无花果叶确实是艺术家为了社会公德而选取的遮羞手段。相关故事源于《圣经》：在《创世记》中，亚当和夏娃意识到自己是赤身裸体的，“便拿无花果树的叶子为自己编裙子”。不过，裙子是能覆盖较大面积的衣物，不是艺术作品中故意摆放在下体的单片树叶，叶片的三个分叉同时遮挡并凸显了后面的阴茎和睾丸，上端两片退化的叶瓣则恰好代表了卷曲的阴毛。

1563 年，罗马天主教天特会议规定，宗教形象中“不得有任何淫邪迹象”，“人物本身或配饰不得引发观者的欲望”，于是无花果叶成为艺术必需品。在此之前，无论是宗教形象启发的古典雕塑还是文艺复兴艺术，都有一种截然不同的表达。人物形象通常以运动员为原型，而他们在运动时是赤裸的。在建造官员、哲学家或将军的雕像时，雕刻家会用线条良好的身躯来表现他们的优秀品质。这类雕像上的生殖器通常要比实际的小一些。除了生殖崇拜，例如罗马人热切接纳的希腊生殖之神普里阿普斯拥有巨大勃起的阴茎，雕刻真实尺寸的阴茎（即便是松弛的）会被认为粗俗且削弱了雕塑本身所代表的价值。

自罗马时代以来，伦敦第一座出现在公共视野中的裸体雕塑是威灵顿公爵（Duke of Wellington），建于他在滑铁卢击败拿破仑军队后不久。雕刻家理查德·维斯特马科特（Richard Westmacott）创作出一尊活力满满的阿喀琉斯似的青铜像，由于雕像太大，只能推翻一堵墙运到目的地海德公园。艺术家谨慎地盖了一片无花果叶，但这叶片——也许还包括它遮挡的生殖器——小得特别滑稽。漫画家乔治·克鲁克香克很快就发现了这一点。他在揭幕式漫画中画了一群女士围拢在雕像旁边，雕像由英国女性出资捐赠并“矗立（勃起）在海德（隐藏）[①]公园”，漫画双关语如是说。“天哪这尺寸！”一位女士尖叫道，而另一位借助望远镜终于聚焦到了这一身体部位。还有一位则说：“我明白这是为了展示公爵在九曲湖沐浴后的优雅。”一位女士对公爵本人说：“看我们女人想要记住一个男人的丰功伟绩时可以做[②]到什么，我们希望有需要的时候能再来一次！”但一定会有小孩指着树叶问，“妈妈那是什么”。维多利亚时期的人毫不为此所动，坚持为许多雕像贴上了无花果叶子。维多利亚和阿尔伯特博物馆中收藏的米开朗琪罗的雕像《大卫》，也拥有这种额外的装饰。

在裸体艺术中，男性抛却个人身份能赢得象征意义上的美德。毕竟，维斯特马科特本可以建造不赤身裸体的威灵顿像。英国公众也没准备好欣赏他们伟大领袖真实的隐私部位甚或青铜像。裸体女性也会失去个人身份，仅仅变成“裸体”，展现普遍的女性性征和

---

① “Hide Park”。

② “raise”，有“引发性欲”的意思。

柔弱感。男性裸体在街上招摇过市，用无花果叶维持体面。女性裸体却较为私密，更害羞地表现为“含羞的维纳斯”姿态——用一只手略显含糊地遮护私处（或引导观者目光？）的姿势。含羞一词其实已经透露了这种含糊性，它从拉丁语演化而来，既有外阴也有羞耻的意思。

在两种情况下，我们都对性的诚实描绘感到不适。我们的虚伪甚至传到了外太空。米开朗琪罗的《大卫》尚且有一根小小的阴茎，但 1972 年和 1973 年分别发射到太阳系外的先驱者 10 号及 11 号空间探测器上携带的镀金女性塑像根本没有私处。我们为什么不能向外太空的物种坦白身体的真正样貌呢？他们不会疑惑我们的繁殖方式吗？

关于第一艘计划飞出太阳系的航天飞行器应该携带些发射者信息的想法，得到了太空科学家及电视明星卡尔·萨根（Carl Sagan）的热烈支持。起初，要传递的只有一些科学图解，暗示我们在宇宙中的位置，以及我们对于宇宙的一点发现。但萨根的艺术家妻子琳达·萨尔茨曼（Linda Salzman）建议图解中应添加一男一女。萨根认为这两人应该具有“泛种族”特征，但萨尔茨曼绘制的图像其实是基于希腊理想人体和莱奥纳多·达·芬奇的草图。任何赶时髦的外星人都会立刻发现他们的发型属于 20 世纪后期，且人种属于高加索人（白种人）。男人在挥手问候，女人拘谨地站在他身边，由于这对人物地方色彩太明显，引得伯克利一家讽刺杂志为其加字幕：“嗨，我们来自奥兰治县[①]。”萨根写道：“男人举起右手问候是因

① 美国北卡罗来纳州北部的一个县。

为我曾在一本人类学著作中读到这是‘宇宙性’的友好姿势——虽然真正的宇宙性不可能存在。”

先驱者号上的这块人物板引发了各方评论。女性质问道，为什么这个女人不挥手致意。同性恋者想知道为什么不呈现同性伴侣。艺术评论家恩斯特·贡布里希在《科学美国人》（*Scientific American*）杂志中指出，如果外星人没有与我们光谱范围一致的视觉系统，根本看不见这幅图。

但最激烈的议论话题仍是这对人物的裸体和他们可见及不可见的性器官。原先计划让两人牵手，不过为防外星人误以为这是两性连体生物，还是稍微分开了些。除了这种最微弱的暗示，没有别的线索能表明我们依赖有性繁殖，考虑到这是地球生命最奇特的现象之一，

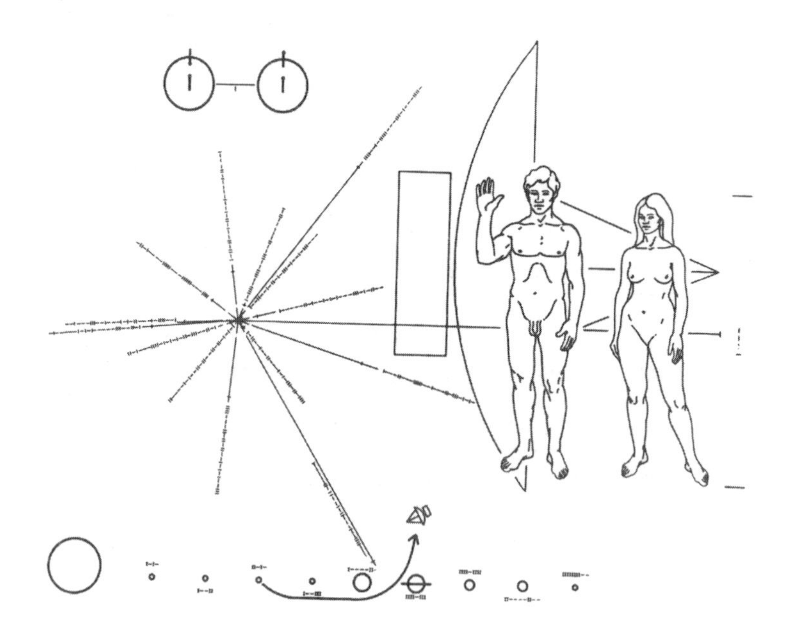

不提及似乎是种重大疏漏。见报后，这幅图受到了意料之中的涉黄指控。《费城询问报》（*Philadelphia Inquirer*）小心地抹掉了女人的乳头和男人的生殖器。《芝加哥太阳报》（*Chicago Sun Times*）当天的报纸也不断修改版本，抹去男性的生殖器。另外，女人形象的不完整也引发了审查投诉。萨根认为从艺术传统来看，确实需要省略代表女性私处的那条线。但他和妻子做此决定，至少部分是为了避免与美国国家航空航天局（NASA）的清教徒要员发生冲突。

萨根重点引证了古希腊雕塑，虽然古希腊人除了爱神阿佛洛狄忒之外很少建造女性雕像。在古典和新古典时期，大部分艺术家倾向用“含羞的维纳斯”姿势或巧妙垂褶的衣物来略去这一麻烦，但没有这些遮掩的女性裸体确实像先驱者号上的图像一样，大都省略了私处。萨根自己注意到，整件事的真正焦点在于我们如何向自己描绘自己，而不是如何向外星人描绘。

20 世纪法国哲学家罗兰·巴特在《神话》（*Mythologies*）中谈到巴黎的脱衣舞时，也指责过类似的不完整性。他发现，“女人在脱到全身赤裸时，就失去了性感”。（想象脱衣舞娘在台上卖力表演，这位穿着套衫和花呢外套的博学符号学家却坐着记笔记。）“因此可以说，在某种意义上，我们面对的是一种恐惧的景象，或者恐惧的伪装。仿佛在这里，色情只不过是一种美味的恐惧，进行它的仪式象征，只是为了同时唤起性的概念和它的魔咒。”无花果叶是肉感的动物性的植物屏障。巴特叹道，这镶着钻石和亮片的脱衣舞娘兜裆布是脱衣舞的最终美感，也是无法穿透的坚硬障碍。“这最终的三角物品，借由它纯洁与几何的形状以及坚固闪亮的质料，阻隔了通往性感之路，有如纯洁之剑。”

事实不止如此。约翰·多恩在《献给就寝的情侣》（*To His Mistress Going to Bed*）中给出了完整版。在诗人的“脱衣舞”中，所有障碍都一件件解除：“解开你身上亮闪闪的胸甲 / 忙碌的蠢人双眼无法移开。”然后，脱下胸衣、睡袍和袜子，最后……

> 哦，我的美洲，我新发现的大陆，
> 我的王国，当有人占有的时候最安全，
> 我的宝石之矿，我的帝国；
> 我多么有幸探索了你！

阿普里尔·阿什利（April Ashley）的公寓位于伦敦西部，我蹲在她的床边翻看纸箱里她的个人纪念册。里面有很多报刊剪报——《我的奇妙生活——阿普里尔·阿什利》《水手摇变淑女记》《变性女再婚》——还有些模特硬照和一本写着“APRIL”的加州汽车牌照。我在找她的身份材料，阿普里尔大手一挥说肯定在箱子里某个地方。

阿普里尔·阿什利是英国第一批做完全变性手术的人。（这种手术现在通常叫作性别重置手术，不仅更易理解，生物学上也更精确。）她生于利物浦，出生时是男性——乔治·贾米森——二战期间在原生大家庭中长大。“虽然我接受了严格的罗马天主教教育，但我从那个时间点开始便知道自己是女孩。”她后来写道。乔治十五岁时加入商船队，换过不同的工作，一路来到伦敦，然后到巴黎，登上女性模仿者云集的 Carrousel 夜店舞台。在那里，她拥有了艺名托尼·阿普里尔。为了更加女性化，她开始接受雌激素治疗，但她认为只有手术才能在她想成为的性别和目前表现出的性别之间划等号，让她继续生活下去。1960 年 5 月，她来到摩洛哥，将缺乏认同感的男性生殖器手术切除，并在对应位置培植阴道。回到英国后，她改名为阿普里尔·阿什利，开始了寻求正式承认的长期奋斗。

我找到了那些材料——作废的护照、结婚证、美国外籍居民卡和 2006 年重新签发的出生证，发现讲述一个人的生平——或更诚实地说，编造一个人的生平，有多种方式。照片和官方文件只是最普通、最传统的方式——官方认证的方式。我发现其实阿普里尔的故事更隐藏在鞋里——乔治在利物浦贫民区成长时穿的不同尺码的木屐，商船海员穿的甲板鞋，在巴黎穿的性感高跟鞋，以及成熟女性穿的更得体的女鞋。这些是活生生的，而记录我们生平的官方文件通常忽略了对我们真正重要的东西。在阿普里尔的生平中，这些文件甚至连记录都做不到。

文件上写着，阿普里尔——乔治——生为男性。但他在成长过程中并不认同男性身份却没有记录。在讨论脸部时，我们知道社会要求我们与显露在外的样貌一致，几乎不考虑我们自身的其他真实感受。如果你有男性生殖器，勾选表格上的 M。如果你有阴道，勾选 F。只有这两种选择。在官方的认知里，生理性别与社会性别完全一致。阿普里尔做完手术后才终于能够改名，以女性身份获得护照。

她结了两次婚。第一次婚姻并不顺利，她的第一任丈夫认为阿普里尔结婚时仍是男性而要求撤销婚姻关系，但当时她已经做完手术，婚礼上的新护照便是身份证据。1969 年，这件离婚案开庭审理。阿普里尔接受控方和辩方医疗团队所要求的身体和心理检查。他们发现她仍具有正常的男性 XY 染色体，但在心理测试中却偏向性别光谱的“女性”一端。最后的判决极具争议且影响深远，法官无视她的心理测试结果和变性手术，宣布“被告的真实性别”由染色体和出生时的身体结构决定。该案件成为英国法律中定义性别的判例：性别在出生时确定，与后续任何变化都无关。直到 2004 年，法律才放宽，将变性人列为性别的一种。现在，《性别承认法》允许修改出生证明，显示新的性别。这样一来，做过性别重置手术的人先前的性别便可以对雇主和伴侣保密。

生理性别和心理性别可能会有很多差异，有些差异违反社会规范，令法律惊慌失措。从最根本的层面来说，染色体会发生变异。有些人可能会惊讶，孕育中的胎儿原本竟都是女性。女性的卵子携带 X 染色体，男性的精子携带 X 或 Y 染色体，但它们并不直接决定胎儿的性别。妊娠八周后，受精卵进入子宫。如果它带有 Y 染色体，就会回应某种化学信号，开始形成睾丸，潜在的女性生殖系统随之萎缩。如果没有，它会保留“默认设置”，到第十三周时，胎儿的生殖腺开始变为卵巢。

少数人的染色体不按常规配对。拥有一条多余染色体的男性可能是 XYY，即所谓的“超雄性”，也可能是 XXY，睾酮较低，性欲较低。这些人通常外观为男性，也认同男性，但生殖器可能较小且拥有微乳。巴里（后改名为卡洛琳）·科塞（Barry Cossey）的染色体不是 XXY 而是 XXXY，有两条多余染色体。他后来做了性别重置手术，在电影《最高机密》（*For Your Eyes Only*）中客串一位金发女郎。女性的染色体也可能是 XXX。而对于第二条性别染色体缺失的 XO 人来说，可能有女性外阴，但没有卵巢。另外，如果母亲在怀孕前几周受到环境压力影响，子宫内的激素平衡态会被打破，使胎儿的心理产生变化。这些变化会导致染色体、性腺、生殖器和激素统统反常。总的来说，所谓的阴阳人可能占到全部人口的2%。阿普里尔做完手术后，我们再也无法判断她是否生来具有雌雄间性。

真正的雌雄间性，即拥有明显的两性特征，例如身体一侧有卵巢，另一侧有睾丸，是极其稀少的。这种情况历来被笼统地成为雌雄同体（hermaphrodite），源自希腊神明赫尔墨斯（Hermes）和阿佛洛狄忒（Aphrodite）之子赫马佛洛狄忒斯（Hermaphroditos）。但赫马佛洛狄忒斯出生时并不是雌雄同体。在奥维德的《变形记》中，赫马佛洛狄忒斯原本是位俊美的青年，偶然在水仙萨耳玛西斯（Salmacis）的水塘中沐浴。然后，水仙紧紧缠绕着他，他们的身体融为一体，“分不清雌雄。看起来既都不是又都是。”这故事最简单的解释或许是水太凉，男孩的身体结构发生改变。出水后（大概像威灵顿从九曲湖中上岸一样），他看到“那口水塘，他进去的时候是完整的男性，出来只剩一半”。

以上是《变形记》中提到的一种性别转变。另一个故事讲述一位被当男孩养大的女孩伊菲斯（Iphis），因为她父亲要求她母亲杀死生下来的女婴。到了要结婚的那天，她绝望地请求神灵，结果在走出神殿时奇迹般地变成了男性，“步伐比平时更大”，面庞变暗，棱角凸显，甚至变成短发。还有一个故事，美丽的凯尼斯（Caenis）被海神尼普顿强暴，事后，尼普顿为了补偿满足了她变成男人的愿望。凯尼斯满意地变成了凯内俄斯（Caeneus），从此“投身于男性功业”。

这些古老的故事提醒我们，我们的性别和性认同并不总是固定不变的。在染色体概念出现之前，在体内性器官无从探查时，生理和心理的界线其实不那么清晰。现代医学能够转变性别之后，竟然认同“性别从出生起便一成不变，或至少具有前后一致性”的社会观念，实在是讽刺。同时，心理学家常提到一种性别光谱。光谱说有其益处，因为它不止有“男性”“女性”两端，还暗示了中间态的存在。但光谱这一类比可能又不那么准确，它意味着如果你偏向一端，就必然远离另一端。

因为从生物学上讲，性别并不是零和博弈。“男性”睾酮和“女性”雌激素及黄体酮在两性身体中都存在。它们除了有助于身体的性发育，还有多种其他功能。这些激素的水平通常影响着一个人表现出的性别，例如，男性体内的睾酮平均是女性的五十倍。但两性体内的激素水平其实有重叠部分，于是某些男性的睾酮低于某些女性，而某些女性的雌激素及黄体酮低于某些男性。然而，认为两性各有其化学本质的普遍印象很难撼动，我们还要长期面对“睾酮驱动的”足球运动员和证券交易商。奇怪的是，从来没有人用“雌激素驱动”来形容女性，虽然她们偶尔会被打上爱小孩或母性的标签。

最近给动物注射上述激素的实验表明，“雄性”和“雌性”是独立变量，这与之前的认知不同。例如，许多雌性动物接受睾酮后开始表现出典型的雄性行为，包括企图与其他雌性交配，但同时雌性行为并没有减少。对人类的启示是，同性恋男性可能有些女性气质，但他们的“雄性”一点儿也不比直男少。总之，同性恋者也许在性别表现上更接近与自身相反的性别，但在其所属的性别与异性恋并没有差别。双性恋者也许不是对男女均感兴趣（有些异性恋者称其为“混乱”），只是对性本身更感兴趣，可能因为他们体内的产前激素较多。激进的异性恋神经系统科学家和积极的同性恋神经系统科学家都试图找到大脑中能够“解释”同性恋的区域。但同性行为无须额外解释，倒不如思考它们如何融入包含生理性别、心理性别和性别偏好的完整图景中。

在这种自然生理差异之外，我们必须要提及文化因素。社会性别指代我们的社会文化自定义性别，与生理性别不同。我们对社会性别的认识和期待由文化塑造，其中一种重要限定就是语法中的性别。为什么法语的桌子是阴性而书桌是阳性？说到桌子，为什么法语中的桌子是阴性而德语中是阳性？这些毫无来由的阴阳性表明，它们所代表的性别经常是错的。例如，法语的“la bite”指阴茎，“le con”则是女性生殖器的粗俗叫法（比英语中对应的单词语气稍弱）。玛丽娜·华纳（Marina Warner）发现，希腊语中的刀、叉、匙分属三种不同的性别。专家们说，名词的性是多余的，应该逐渐退出各种语言，虽然速度不会那么快：在早已无性的英语中，船仍被认为是阴性的（甚至包括美国军舰“本杰明·富兰克林号”和“纳尔逊号”战列舰）。“性别”在这里仅指“类型”，没有内在的性别意义。当类型只有两种（或三种）时，文法学者就信手将它们分为阴阳性（和中性）。他们倒不如用左右、上下或黑白来分类。

社会性别是我们不断重新定义自我的主要方式。我们的一生都在人群中扮演选定的性别角色，以便迎合——或偶尔挑战——社会预期。最明显的例子也许就是我们现在必须给男婴穿蓝色衣服，给女婴穿粉色。这是一种没有生物学基础的文化共识。在维多利亚时代，情况截然不同，孩子们穿着一样的罩衫，等男孩到六岁左右穿上裤装才开始区分。护照和公厕要求我们必须性别二选一。甚至语言也强制我们选择性别，例如某些语言的词尾会根据说话人的性别进行改变。但就我们的身心来说，我们也许只能感受到性别偏向，而不是某种彻底的、无疑的性别。另外，这种性别建构力量在我们的生命中还可能发生变化。

无论事实还是虚构，很多男性和女性表现出的性别和生理性别长期不一致，包括相传公元 9 世纪在位的天主教传奇女教皇琼安（Joan），但这也可能是后来编造的、意图反教宗的故事。下面是两则 18 世纪的故事。

据说，法国外交家兼间谍夏尔·德翁·德·博蒙（Chevalier d'Eon de Beaumont）1728 年出生的时候是女孩。但他被当作男孩养大，也许只有这样，他的父母才能得到一份遗产。他长大后成为路易十五的间谍并参加了七年战争，但最终失宠，被贬至伦敦养老。在伦敦，他偏女性的外表惹来议论，伦敦证券交易所甚至开了赌局来猜他的真实性别——但当事人从未表态。路易十五去世后，德翁请求以女性身份返回法国。法方回应如果他作女性装扮，就同意他回国。霍拉斯·沃波尔（Horace Walpole）见过德翁，而后记载："她的手和臂膀似乎没随着性别变化而改变，它们更适合拿椅子而不是扇子。"她死后的尸检表明，她一直是男儿身。

生于伍斯特市的汉娜·斯内尔（Hannah Snell）比德翁长五岁，经历了相反的性别转变。她的婚姻在孩子去世后破裂，接着她盗用小叔的身份加入英国皇家海军陆战队，追寻抛弃自己的丈夫。她小时候很喜欢玩小锡兵，现在她真正随英军远征印度。她受伤十一次，其中一次伤在腹股沟。那么她必定是自己处理伤口，或有一位具有同情心的印度护士替她守口如瓶。1750 年，她乘船返回英国，恢复女性身份，随后她将自己的故事卖给报社并在舞台上演出，以此为生。晚年的她在沃平开了一家小酒馆，名叫"戴面具的寡妇，或女战士"。

在性别重置手术变得相对容易之前，在科学有能力定位大脑中可能决定我们身份的区域之前，变性算不上一个要解决的问题，更像是一种要体验的生活。讽刺的是，我们有能力做性别重置以后，关于性别身份的文化观念反倒更为僵化了。

脚

鲁滨孙·克鲁索遭遇船难在荒岛上独自生活十五年后，某一天发现沙滩上有只足印。左脚还是右脚，大还是小，文中都没有透露。他也没有立即做出常规反应：将自己的脚和该足印对比，判断这是否是他之前留下的脚印。

该足印正好出现在丹尼尔·笛福这部杰作的中间部分。不过，从鲁滨孙被冲上岸到这里，有很多迹象表明他并不是完全孤独的。虽然他觉得这是座荒岛，他却也害怕食人族。他恍惚看到一个人让他忏悔自己的罪过。还有某种生物践踏他的食物。他甚至害怕听到说话声——但声音是他的鹦鹉波尔发出的。

足印是另一位活人存在的第一条真实证据。克鲁索看到足印三天后，才思考足印是否真是自己的，但用自己的脚对比后否定了这一可能性，因为他的脚要“小得多”。

克鲁索最后了解到，食人族时不时会来这座岛屠戮猎物。在合适的时机，他实现了从锅里拯救一名囚犯的梦想。这位被拯救的“印第安人”就是星期五，他的“仆人……伙伴……助手”。那么足印到底是谁的？很明显，星期五是最不可能的，虽然大家都认为是（显然因为翁贝托·艾柯在《符号学理论》中讨论符号和线索时如此理解这一足印）。再早些时候看，足印明显更可能是其中一个食人者或俘虏先前造访该岛时留下的，虽然我们永远不会知道它属于谁。它只是一个线索——人类存在的特殊迹象。

这并不是说足印没有深层意义。足印有着多重意味。例如，它可以表示对一座岛的占据。留下足印后，紧接着就是更独断的插旗行为，就像尼尔·阿姆斯特朗在月球的尘埃中留下脚印那样。在克鲁索的岛上，（据推测）是一位本地野人留下了足印，但却是克鲁索拥有“整个国家”的“绝对控制权”。

不过，这只单独出现的脚印所具有的象征意义更强。如果是一串脚印，便可以推测是某位特定的人，有前进的方向和目的，例如猎人之路。但沙地上单单出现一只脚印，不免让人好奇它是怎么来的。在这种情况下，它是种神圣符号，说明克鲁索既不缺神明也不乏同类。因为神明和圣人会留下脚印——像耶稣在橄榄山留下脚印，穆罕默德在麦加留下脚印，佛陀和毗湿奴也都用双脚丈量宇宙。双脚接触地面的行为显然代表着对芸芸众生的关怀。

在《人类理解研究》（*Enquiries Concerning Human Understanding*）中，大卫·休谟也假设只找到一个脚印的情形，因之思考“特殊的天意”或上帝是否存在。他写道：“沙上的一个足印在单独被人考究时只能证明，有某种和它相适合的形象把它产生出来：但是人的一个足印却又可以凭我们的经验来证明，或者还有另一只足也留下了足印——虽然它被时间或别的情节所涂抹了。”另外，他又认为，“那个神明只借助他的产品为我们所知”。但借由这些产品，即自然的奇观，我们并不能得出关于“他”的直接属性，但关于足印我们却还有其他知识可以引证。我们是人类，知道脚的形状和它留下的印迹，但上帝的产品——如果确如其是——缺乏这类参照。所以，自然的造物无法作为上帝存在的证据。更重要的是，世界上一切哲学和一切宗教（它只是哲学的一种），都不能把我们带到通常的经验之外，也不能在我们反省日常生活时所得的行为规范以外，再供给一些别的规范。

捷克作家卡雷尔·恰佩克（Karel Čapek）——其作品《罗素姆万能机器人》发明了英文单词“robot”，且很久之后——从这种逻辑出发创作了幽默短篇小说《脚印》。雷布卡先生正在回家路上，刚下完雪，他闲来观察眼前雪地上留下脚印的人们。然后发现有些脚印通往自己家。“一共有五个，消失在马路正中间，最后是一只左脚的脚印。”雷布卡慌张地打开门报了案。警官过来仔细研究了这些脚印，推断出这人穿着手工缝制的鞋，步伐轻快，他宽慰雷布卡说，由于最后一个脚印的脚趾部分印迹较浅，这人很可能是跳到了某个地方。他去哪儿了呢？为什么脚印中断了？警官回答不出——也没有发生案情。但有人消失了，雷布卡愤怒地强调。警官最后斥责他，警察感兴趣的是罪行，不是神秘故事。

人的脚印能透露什么呢？肯定无法说明脚印主人是野蛮人还是文明人。《鲁滨孙漂流记》的道德核心在于，克鲁索和荒岛居民谁更有教养，这位英国人必须认识到他并不拥有绝对权力。但我们大概能够认清克鲁索主导的主仆关系。星期五的脚比克鲁索的大，但在一处奇特的场景中，星期五跪在克鲁索面前，以额触地，并将克鲁索的脚放在自己头上，克鲁索认为这是“发誓永久为奴的象征”。当克鲁索教星期五“上帝高于恶魔，因此我们向上帝祈祷，将恶魔踩在我们脚下”时，他对这一象征的解读再明白不过。

足印化石能让科学家收集到几千年前，甚至数百万年前生物的更多信息。脚的形状能揭示可能与之匹配的原始人种。脚的大小通过人体测量数据得出的换算因数计算，可以大概推测出身高。走路和跑步速度则可以通过步伐大小来推算。足印的深浅能看出最大压力点，从而推导出步态。它在追捕猎物吗？她背上背着娃娃吗？或他肩上扛着丧生的动物？通过分析足印中土壤不同成分的受压方式，甚至可以较准确地推出它们的形成日期。

2005 年，澳大利亚人类学家在新南威尔士州的威兰德拉湖区（Willandra Lakes）发现了大约两万年前更新世①的足印化石。它们是一些成人和儿童的足印。一位代号为 T8 的男性足迹显示，该男性曾沿着湖边的薄泥层奔跑。从足印的位置、深度和间距来看，科学家们推测他的速度可达 20 公里 / 时，非常惊人。然而一年后，随着新足印（包括 4 个新的 T8 足印，在数百个不同的足印中他一人占据了 11 个）的发现，汇报这些调查结果的首席科学家史蒂夫 · 韦伯（Steve Webb）再次调查了这片地区。这一次，他对 T8 的速度有了更加不同的判断：37 公里 / 时——如果在相同的路面奔跑，目前的短跑世界纪录保持者尤赛恩 · 博尔特速度尚不及他。这一发现引起了极大震动，且为彼得 · 麦卡利斯特（Peter McAllister）的著作《男性人类学》（书中列举了现代人可能面临的身体退化情况）提供了有用素材。此外，韦伯还提出惊人论调，T4 是一位独脚男性，能以 21.7 公里 / 时的速度行走，他遗留下了单脚和拐杖的痕迹。这种可疑结论是与澳大利亚中部仍然徒步狩猎的品突皮人（Pintubi）讨论

① 更新世，亦称洪积世，地质时代中第四纪的早期，距今约 200 万年至 1 万年。

后得出的。他们回忆起部落中一位成员，断了腿却还能在田野中走得飞快，于是韦伯大胆地得出了上述结论。

大约同时期，还出现了另外一条奇异的路径：在墨西哥中部一片干涸的湖底的火山灰上，保留着另一些足印。上面有鸟类、牲畜、宠物、成人和儿童的足印，可能是在火山喷发后集体逃亡时留下的。火山灰上最早的压痕可追溯到距今大约 38000 年前。但考虑到人类在不到 15000 年前才第一次来到美洲大陆，这一发现有可能彻底改变人类考古学。那么，究竟是北美大陆上人类出现的时间远比之前认为的早，还是足印时间的计算出了重大纰漏呢？第二组科学家随后测算出火山灰的年龄为 130 万年，恰好在地球上人类出现之前，迫使第一组科学家重新思考计算的数据并承认错误。由于水流冲刷破坏了足印，原本清晰的左右脚形状也难以分辨。它们会是更古老的原始人类留下的吗？或者是现代人的足迹和古代火山灰中其他人造痕迹的复杂混合体——就像恰佩克故事里雪地上的最后一个脚印，警官的同事赶来时穿靴子的脚无心踩了它一样？用脚印来判断年岁似乎真如雷布卡所说，是一种不可靠的方式。

那么，足印便不只是一个人路过留下的痕迹，还是过去人类动态活动的遗物。很久以前，人们或走或跑，或匍匐跟踪或跳起来追赶猎物，或逃离险情。脚力大无穷，不只是身体活动的源点，在古老的信念里还与生殖力相关。三千年前，据说周朝第一任天子就是因为其母踩上神灵的脚印受孕而生。直到近代，中国的夫妇按习俗仍不许看对方的脚，因为生殖意义重大。这种禁忌无比严格，因而妇女的脚都被紧紧裹住，经常永久变形。西方也有类似的羞怯情景，例如盛传维多利亚人甚至连钢琴的脚都要包裹，但它似乎的确是种谬见：维多利亚商品目录公开宣传裸腿钢琴。“即使在维多利亚时代这也是个讽刺笑话。”露丝·巴尔坎（Ruth Barcan）在著作《裸体》（*Nudity*）中写道。

我们最熟悉的人体不是解剖学家面对的尸体，也不是雕刻家创作的完美石像，而是自己活动着的身体。我们大部分动作都要依靠双足。原先的战斗、迁徙、逃生，如今转化为仪式性的遗存——运动。古代奥林匹克运动中的五项全能从五个方面展现人体的灵敏度，一直延续到现今的运动赛事中：赛跑、跳远、掷标枪、掷铁饼和角力。但人为添加了球类项目、标准场地和正式规则后，我们逐渐疏远了这些古老的运动，而让脚肩负起更严苛的运动任务，例如踢球射门。

不过，更吸引我的运动形式是舞蹈。舞蹈既有极端的体力要求，又必须极端克制，才能呈现艺术美感。它极其复杂，但又莫名有种原始感。如果运动是个体必要生存活动的文化遗留，那么在我看来，舞蹈就源自人与人进行关联的初次尝试。舞蹈分为求偶舞、宗教舞，还有整齐划一的战阵舞和芭蕾舞，表达融入集体的渴望。舞蹈是用身体来表现文明。

我来到伦敦考文特花园拜访英国皇家芭蕾舞团前首席芭蕾舞演员狄波拉·布尔（Deborah Bull）。我观看过她黄金时期饰演的几个角色。印象最深刻的是一出别出心裁的芭蕾舞剧，讲述濒危物种的困境，音乐由企鹅咖啡馆乐团合奏。狄波拉扮演一头犹他州长角公羊，需要戴着笨重的头饰在台上悲伤地跳跃很多次，完全牺牲芭蕾舞常见的女式典雅。今天，她穿着得体的奶油白与黑色衣装，作为创意总监，出现在皇家歌剧院一间无窗的办公室中。墙上挂着一张1948年伦敦奥运会海报。她轻轻晃着光脚上随意套的拖鞋，似乎在提醒我的来意。

狄波拉告诉我，芭蕾舞的规则是在路易十四执政期间发展起来的。这些规则现在看来可能很随意，甚至十分善变，但却脱胎于当时的时尚风俗。它们规定，不同的身体动作要有不同的表现。“运动时，你的外貌并不重要。足球运动员能进球就可以。但芭蕾舞演员必须以正确的方式摆腿。”例如，芭蕾舞中有种叫“外开”的动作——双脚脚跟并拢，脚尖向两侧打开成直线——可能是因为舞蹈家国王想将脚完全打开，让人们欣赏他的缎面舞鞋。这一动作现在看来非常芭蕾。它似乎极其难做，但令我惊讶的是，我竟然能不太费力地做到。这种站姿让我重新感受到腿部的主要肌肉和关节。我大腿后面的韧带有股陌生的紧张感，而经常训练的舞者韧带比较放松，不会有类似感觉。更重要的是，我发现我的本体感受——我的身体和周围环境的相对位置——开始被唤醒。

用脚尖站立——将全身重量压在脚尖上——我不敢尝试。这一姿势是为了让舞者们看起来比空气还优雅轻巧，仿佛凭空浮起几英寸，看起来更令人讶异。我说出我的看法，但狄波拉对这种原应痛苦不堪的舞蹈要求倒有些保留态度。“芭蕾舞可以锻炼肌肉，使骨骼保持某种特殊形状。”她正色道，“锻炼肌肉总不是坏事。”用脚尖站立时，脚背绷紧，与地面垂直，身体依次由小腿、大腿、腹部、背部的肌肉支撑。于是我想起了那位结构工程师对身体的看法：以不同的柱、梁、杠杆搭建而成的结构。我发现，做这个动作时，全身的重量不断回到这条中轴线上，再向下经过腿传递到脚尖。就像一座现代大楼中的钢柱，无论承受的重量多大，与地面接触时几乎都缩减为一个点。“这些动作人体绝对可以做到，”狄波拉说，“我们还不知道身体的极限在哪里。”

运动追求破前人的纪录，舞蹈虽不同，但身体动作也需要不断提升。例如，阿拉贝斯克（arabesque）——舞者单脚站立，另一只脚在身后抬起的动作——几十年来抬腿的高度一直在攀升。但也有些根本性限制：舞者跳跃的高度未发生太大变化，因为重力法则不可更改。（事实上，不只是所有较为健康的人类，所有能够跳跃的生物，从跳蚤到大象，跳跃的绝对高度都在一米左右，非常接近。这是因为跳跃所需要的肌肉能量以及跳到最高处可能获得的能量，都与生物的质量成正比，于是从根本上说，生物的质量和体积与跳跃高度无关。）

舞蹈与运动最明显的区别在于，舞蹈要掩饰动作中的力。看体育运动时，我们能听到摔跤选手的咕哝声，看到跑步机上跑步人的汗水，注意到举重运动员的腿在重压下颤颤巍巍。有些发力的表现可能只是文化上的，也就是说本可以避免，但运动员以此来表明自己的努力程度。某些网球运动员击球时喜欢夸张地叫喊，除了是表演，还能是什么呢。

但芭蕾舞中绝对没有咕哝声，也没有明显的发汗或四肢颤抖。这些都会打碎舞者毫不费力的表象，而为了艺术他必须表现得轻松自如。在伦敦东南部达特福德溪（Deptford Creek）绚丽多彩的拉邦舞蹈中心（Laban Dance Centre），我听说有项科研项目在探索舞者的身体极限，意图揭开这一谜团。准备阶段是跳一段二十分钟的舞蹈，按创作者的意图，是为了显示“‘毫不费力’下的努力”。表演者兼受试人为该中心的舞蹈科学家爱玛·雷丁（Emma Redding）。根据舞蹈编排，她需要重复高难动作直到肌肉疲惫、劳顿不堪。“表演”

不是达到她自认为的极限，因为我们在到达极限之前自然会停下，而是达到一位训练员为她制定的更高限度。“到近乎崩溃的程度，”爱玛对我说：“感觉恶心、头重脚轻、浑身颤抖不已。然后思考我们人类的习性是什么，生理需求又是什么？”爱玛的腿会被绑上一些设备，检测肌肉中乳酸的堆积和其他生命体征。收集到的科学数据将与较主观的反馈（例如爱玛实时汇报的感觉和观测者的评论）一起考量。

后者非常重要，因为对芭蕾舞颇有研究的观众所获得的印象极有参考价值。他们的印象源于所谓的镜像神经元。1992 年，磁共振成像研究发现，镜像神经元这种脑细胞不止在你做某种训练动作时活跃，看到这种动作时也相当活跃。这种现象解释了为什么最好的体育评论员通常是该领域顶尖水平的运动员。当足球评论员看到足球运动员以某种脚法轻踢球时，他能比普通观众更准确地判断出球路。这就是为什么舞蹈评论家往往做过舞蹈演员，但音乐和戏剧评论员不一定有音乐家和演员经历。他们能较为真切地感受到眼睛看到的动作，并用这种超感官优势来作出判断。从更广的层面来说，镜像神经元或许能在观察学习中起关键作用，还能培养我们的共情能力。

这类实验在别的情况下完全是种折磨，但爱玛似乎异常乐观。我本身不是舞者，也无法调动我的镜像神经元与她产生共鸣。我所能做的，就是在离开的时候祝她实验顺利。

或许因为脚总是在活动，石铸的脚看起来也有种奇特的力量。在《但以理书》中，巴比伦国王尼布甲尼撒做了一个噩梦，梦到面前出现了一尊神像：黄金头颅，白银臂膀，黄铜躯干，“铁制的双腿，双脚半是铁半是土”。似乎身体部位离地面越远，就越宝贵、精巧。泥足——指代他王国脆弱的统一表象，也指至今还在沿用的“某人的致命弱点”——植根于大地。这或许也警示着国王，千万不能忽视统治着的土地。

另一位“万王之王”是我们熟知的珀西·雪莱诗作《奥兹曼迪亚斯》（*Ozymandias*）中的主角，有感于公元前 13 世纪埃及统治者拉美西斯二世的巨型陵墓而作。这首诗呈现了另一番梦境般的景象，雪莱其实参考了古希腊历史学家对这座陵墓的记录，因为它在公元前 1 世纪已经化为废墟，到 1817 年这些著名诗句问世时早已灰飞烟灭。诗中无名的叙述者通过“一位来自古国的旅人”，为我们描述底比斯破碎的石像，叙说只有“两条巨大的石腿”遗留。雪莱在与他的朋友贺拉斯·史密斯的友好竞争中写下了这首诗，史密斯的同名诗中石像仅剩一条腿：

在埃及黄沙的静穆中，孤独地，
矗立着一条巨腿，远远地，
投下沙漠中唯一的影子：
“我是伟大的奥兹曼迪亚斯，”石头说，
“这座巨大的城池的万王之王。”
“这座城池是我一手建造的惊奇。”——城池已逝——
唯余单腿守候
被遗忘的巴比伦。

要了解一只独脚所具有的力量，读者可以参观罗马的卡比托利欧博物馆（Capitoline Museum）。馆内藏有另一位伟大统治者——

罗马的君士坦丁大帝——的纪念像残片。所谓的君士坦丁巨像曾经高约十二米，位于广场上一座长方形教堂中。但现在残存的只有头颅、右臂、两只右手（据说巨像一度被重修，所以这位皇帝手中持有基督教标志）、两只膝盖骨、颈骨残块和双脚，脚非常大，你双臂张开才能环抱一根脚趾。如此庞大的雕像能留存下来是因为它们采用大理石雕刻，而不像大部分雕塑那样用低温砖拼接。1487 年，当这些残块出土时，我们又一次审视了这些定义人体的重要部位。

皮肤

大约早在15世纪，一种玫瑰花离开家乡克里米亚来到法国，被命名为Cuisse de Nymphe，即“仙女的大腿”。它的花瓣呈最淡的粉色，带少许淡紫。1835年，酿酒师劳伦特·皮埃尔①为一种新型玫瑰香槟取了相同的名字。而在英国，谨言慎行的维多利亚人为其取了更保守的名字：少女胭脂。（它的花朵硕大而饱满；英语名字不涉及女性腰围。）不过法国没有这种限制，所以当它与一种深粉色玫瑰杂交形成新品种后，就被称为Cuisse de Nymphe Emue，即“被唤醒的仙女大腿”。这种玫瑰是法国作家科莱特（Colette）的最爱，还在她的半自传小说《西多》（*Sido*）中短暂露面。它转译成英语后叫作“艳粉色”，也同样被迅速运用到其他方面。19世纪中期艺术家使用的各种人工颜料常用近代欧洲的战争命名，例如马坚塔战役②和索尔费里诺战役③，其中也有一种“被唤醒的仙女大腿”，但它的实际颜色却是“粉色、淡紫色和黄色的杂糅”。

绘制肉体一直是艺术上最大的难题之一。不能用颜料管里调和好的颜色，因为每个人的肤色各不相同。而要用古希腊画师阿佩莱

① 以酿酒师姓名命名的香槟叫作罗兰百悦香槟。

② 1859年意大利马坚塔战役，指洋红色。

③ 1859年，意大利第二次独立战争的一场重要战役，指品红色。

斯等艺术家钟爱的四种基本色——红、黄、黑、白——巧妙混合而成。这四种颜色与四种元素相连，因而也与四种体液有关。按照不同的比例配置，它们可以呈现不同的肤色：从婴儿的幼白到水手的棕褐色，从醉酒人的潮红到尸体的死灰色。

真实的肤色——或者说身体肤色的深浅变化——是大部分立体人像制品要小心避开的。芭比娃娃的皮肤洁净无瑕（除非你能找到注塑的点在哪儿），也没有静脉和血管导致的肤色变化。她身上没有瘢痕，没有体毛，甚至没有晒出来的条纹。她全身无比光滑。橱窗中的模特也一样，可能会大胆地展现玲珑的乳头，但绝不会像真人一样露出颜色深于周围皮肤的乳晕。

当肤色的自然变化和皮肤的纹理真实呈现时，例如让·穆克（Ron Mueck）的雕像，会引起人们的不安。穆克出生于一个做玩具的家庭，最初的工作便是为澳大利亚电台和广告业做动画模型，最近才转型做艺术家。1997 年的作品《长眠的父亲》（*Dead Dad*）较好地体现了他的艺术技巧。那是他逝世父亲的仰卧像，全长略超一米，所以大概是真实身高的一半。他重现了父亲的皮肤，苍白、微显光泽，耳垂和眼睑透着粉色。指关节上每一条纹路，下巴上每一根胡楂，都纤毫毕现。这件作品令人不安不只是因为它太过个人化，还因为穆克创造性地在与真实体型严重不符的身体上呈现了细节俱现的极端真实。它让我们的感知与经验直接发生冲突，强迫我们去相信它的真实性，同时又不得不承认它的虚假。

这些身体可能立体，也可能尺寸准确，但显然都缺乏生命。芭比娃娃的完美皮肤摸起来会让人感到不适，因为它又冷又硬，又黏又滑，但我们的真实皮肤是温暖的，或柔软或紧实，摸起来很舒服。

血液循环不仅为皮肤带来温度，也使活人的皮肤有着不同于死尸的颜色。人类休息时的辐射功率是100瓦，运动时升到300瓦，单位皮肤上的能量转换大约相当于屋顶上的光伏太阳能板，因此建筑师在设计人群集聚的空间时必须将它考虑在内。这种热量是鲜活生命的表征。我们更喜欢温暖的握手，不喜欢冷冰冰的问候。但有时候它也提醒我们有避之不及的人存在。瑞士数学家马塞尔·格罗斯曼是爱因斯坦的同窗好友，有一次他对这位物理学家说他不喜欢坐在别人坐热的马桶圈上，爱因斯坦平静地指出，这种热量是“与个人完全无关的，所以这种接触不算是被迫接受亲昵行为”。

我不知道查尔斯·达尔文是否在每天来回散步的花园中种植了“仙女的大腿”（被唤醒的或其他），但他确实思考着少女胭脂的问题。事实上，这问题困扰了他大半段工作生活。1838年他第一次谈论这个问题，推测深肤色的人必定像欧洲人一样脸红，但动物不会脸红——他几乎确定他乘坐“比格尔号”到达火地岛时看到了一位女性脸红。为此，他在1872年出版的《人类与动物的表情》（*The Expression of the Emotions in Man and Animals*）一书中辟出整整一章来讨论。脸红是人类独有的。但为什么会出现这种行为？它对进化有什么帮助？由于深肤色的人显不出脸红，它必定不是一种有效的求爱信号。在达尔文时代，普遍认为脸红是上帝安排的、暴露人类羞耻的符号——达尔文断然否定了这种愚蠢看法，他发现有些人只是害羞，背上这样的罪名格外不公平。

达尔文从朋友和通讯者那里求证这种“最特殊、最具人性的表情”。他问，儿童是否会脸红，如果会但不是从出生就会，那么从几岁开始呢？他问，盲人是否会脸红。他找到一些带伤疤或白化现象的人，发现他们能显出脸色变化，于是确定脸红与肤色无关。一位热心的女性读者告诉他，苏丹后宫里娇羞可人的女人身价更高。他请求雕刻家托马斯·伍尔纳（Thomas Woolner）打听那些天真无邪的女模特的脸红程度："我猜你一定经常遇见画家，也熟悉他们。你能否说服几位可靠的画家来观察他们年轻纯真的女模特，看谁特别容易脸红，以及脸红的范围能延伸到哪里？"答案是，脸红大都局限在脸和脖子，但人在脸红时可能感觉整个身体都发烫。（那么，"被唤醒的仙女大腿"很可能"脸红"，因为经过她毛细血管的血流量增加，会产生类似的效果，但这是生理而非精神原因，也就不算是脸红。达尔文还注意到，猴子在"激动时会脸红"。）

最后，达尔文推断，脸红是由于人类"习惯性在意别人对自己的看法"。他对这个结论不是特别满意，因为它更强调人类意识的独特性，而不是我们在进化过程中与其他物种的联系。但它解释了如下情况：为什么婴儿不会脸红，但儿童会；为什么智障人士很少脸红，但盲人会；为什么我们独处的时候不常脸红，但回忆起尴尬的事情时会。然而，它确实没有解释为什么我们会认为人在脸红时充满吸引力，而这显然是对生殖机制及其影响颇有兴趣的达尔文的关注点。如今，科学家们可以测量毛细血管中的血流，甚至是脸红时面颊的温度，但依然找不到这个问题的答案。

"达尔文派的人虽然乖巧，但充其量只是一只剃掉毛的猴子！"这是吉尔伯特与沙利文创作的歌剧《艾达公主》（*Princess Ida*）中一位女教授的唱词。这部作品讽刺了让维多利亚时期的家长困惑的女性主义、进化论和其他新奇思想。从达尔文的"剃掉毛的猴子"到德斯蒙德·莫利斯（Desmond Morris）的"裸体猿人"，我们的皮肤不断被提及：它领域广阔，总面积大约可达两平方米，成为著名的陷阱问题——人体最大的器官是什么——的答案；其次是肤色，我们明明最看重这一点，却忽略它的真正颜色，只满足于“黑”“白”之分；最后是皮肤完全的、脆弱的、尴尬的赤裸性。

我们对裸体太敏感，因而创造了详细的词汇表来进行描述。肯尼斯·克拉克（Kenneth Clark）在熟练地观察人物时用到“裸体”概念，这种源于18世纪的概念，使艺术家能够大方面对、谈论裸体而不感到羞耻。但随着电影的出现，色情片迅速泛滥，我们还要区分“裸体”与“裸露”，并且弄清楚众多官方分类，例如局部裸露、后背裸露、正面全裸、短暂裸露、自然裸露、性感裸露、绘画式裸露等。甚至还有矛盾的“和衣裸露”，比如1956年关于戈黛娃夫人的短片中，玛琳·奥哈拉（Maureen O'Hara）穿着全套肉色内衣骑马穿行在好莱坞搭建的考文垂街道，为了万无一失，她还将头发垂到膝盖。这些词语的微小差异在语义上却有重大区别。例如，“赤身露体”（in the nude）与“裸体”（being naked）不太一样，与“艺术裸体”（artistic nude）也不一样。它暗示着旁边有一位不纯粹为了审美的观者，也意味着它在某种程度上是为了被看而裸露。因此，如果狗仔队拍到女演员的裸体，小报通常会称其“春光乍泄”，而陷入丑闻的政治家只有“裸体”一词来形容。研究艺术中的裸体的学术著作成百上千，但研究电影、广告、沙滩和浴缸中的裸体的著作相对较少。有时候，我们甚至在无可隐瞒的事情上有所隐瞒。例如，古典学者经常把希腊语“gymnos”和拉丁语“nudus”译为“衣衫不全”，但真正的词义就是“裸体”，虽然威廉·格莱斯顿（William Gladstone）等人不敢相信荷马时期的希腊运动员裸体竞技是司空见惯的事实，仍对词义做出了善意的修饰。

裸体根本的不同全在于情景与意图。一位赤裸的人如果被画成油画，他可能成为“裸体”，但拍照可能不行；在工作室可能行，但在夜店不行；保持静止可能行，但运动中可能不行（运动赛事上的裸跑运动员不算裸体）；表现出某种矜持的态度可能行，例如上文的“含羞的维纳斯”姿势，但炫耀赤裸者不行。20 世纪中期，在英国的脱衣舞夜总会，这种区分荒谬到极致：如果脱衣舞娘在活动，她就不能赤身裸体，否则违法。于是人们想出了巧妙的对策，让脱衣舞娘躲在其他（穿衣）舞者挥舞的扇子后面脱衣服。舞蹈最后，脱光衣服的她要静静地在聚光灯下短暂站立片刻。

众所周知，维多利亚时期的艺术评论家约翰·拉斯金在新婚夜看到美丽的妻子艾菲·格雷的裸体时惊慌失措。他们没有圆房，几年后就离了婚。拉斯金说：“她的脸蛋是很美，但她的身体燃不起激情。相反，她身体某些部分完全阻碍了它。”艾菲对父亲说拉斯金“对女人的想象与实际中的我大相径庭，他无法接纳我做他的妻子是因为 4 月 10 日新婚夜他对我的身体感到厌恶”。但为什么呢？因为丑陋的缺陷、胎记或脂肪团吗？结合研究推测和民间传言，这位伟大的评论家应该是受到了阴毛的惊吓，他一贯爱慕的雕塑全部没有阴毛。马修·斯维特（Matthew Sweet）在他的著作《建构维多利亚人》（*Inventing the Victorians*）中关注了这段故事，他列举了拉斯金学生时代对“裸体妓女”的熟悉，却仍未找到答案，还选择性忽略了艾菲对自己女性身体的坦诚叙述。显然，拉斯金对她的裸体有些不悦。也许他只是没想到这具温暖、起伏、柔软的鲜活身体与他平日追求的冰冷大理石如此不一样。这种感觉似乎并不少见。

例如，阿瑟·汤姆森（Arthur Thomson）在其1896年出版的《艺术生解剖指南》（*Handbook of Anatomy for Art Students*）中对女性臀部大发牢骚，认为它们不总像古典雕塑那样光滑浑圆。他写道，肥胖“在过了黄金时期的女模特身上很常见，她们身体发福，与早年的曼妙与典雅截然不同”。也许拉斯金更乐意看现在的色情杂志，它们不同于医学著作，通常强制要求修掉（女性的）体毛，并用其他方式“拯救”这些模特。无论是强制还是审美原因，这种淫邪的编辑手法产生的“裸体”与艺术界的理解大概并不一致，但它确实令人物不再是普通的裸体。

有了衣服，裸体才变得奇怪；有了道德，裸体才令人不安。这是我生平第一次参加人体素描课时学到的。我在一间解剖室开始写作本书，也在这里尝试画下死尸的身体部位。画到最后，我感觉至少画活人更加自然一些。

虽然更加自然，但并不简单。在狂风呼啸的剑桥市郊社区教育中心，我们一行二十余人聚在一起——三分之二是女性，年龄跨度较大。我们坐在廉价的塑料椅子上，围成一个圈，地面上有篮球场地的标记。圆圈中央是两位年轻女孩，后来我听说是兼职的大学生。她们可以坐在台阶上，握着扶手，摆出饶有兴味的姿势。她们熟练地脱下衣服，在课程教员的指导下就位。我们每人选一位模特开始作画。很快，我便发现什么都做不好。躯干和四肢的比例很难正确把握。我的笔描出坚硬、锋利的线条，完全无法传达模特皮肤的柔软和身上散落的光影。我试着加阴影，结果雪上加霜，我拙劣的画功在此暴露无遗。夜色渐起时，我感觉自己找到了些许技巧，例如将线条画得比实际看到的长，可以获得一种动感，同时让肌肉现出些活力。画成一幅画（无论多么差），似乎能将所有艺术融会贯通。我的素描虽不足取，也有几处让人想到古代的人物和头像。站在我们面前的两位裸体女孩，由于我的画笔无功，她们本身无过，变成了纸上的裸体。

我第二次去的时候，其中一位女孩换成了一位矮壮、肌肉发达的男性，名叫安迪。他被要求平躺着，头垂得很低。他看起来很不舒服，但又好像快要睡着。他鼻梁上奇怪地绑着一条白色绷带，不知道是因为受伤还是为了艺术效果。教员德里克·巴蒂（Derek Batty）让我们就这样颠倒地画他的脸——“一项有趣的心理挑战”。他言下之意是著名的撒切尔错觉。1980 年，约克大学心理学家彼得·汤普森（Peter Thompson）提出眼睛和嘴是脸部辨识度最高的部位，他拍摄了一张英国新任首相玛格丽特·撒切尔的照片，并将这些部位倒置。然后再将整个头部上下颠倒，还是很容易辨识出人物的身份，因为眼睛和嘴是正立的。但如果头部正立，眼睛和嘴倒置，看起来就很怪异。我注意到汤普森论著中一处有趣的地方，他感谢约克保守党联盟提供这张“启发性素材”。无论怎样，我发现脸比身体难画得多。

下课后，我拦住模特们，想知道我们这样明目张胆地凝视他们的身体和脸他们会作何感想。他们说奇怪的是，自己竟然很快就不再在意学员的目光，不再介意裸体。他们的思绪在别处。安迪在为第二天的跆拳道锦标赛做心理准备——至少解释了为什么鼻梁上有绷带。我尝试描画的女孩罗西，在此期间构思着她的博士论文（关于苏联电影）。但她补充道：“如果德里克提到某个身体部位，我就立刻想去活动一下它。”她的话让我想到达尔文对于脸红的探索，他的结论是：脸红是别人关注自己的身体时所产生的无意识反应。

我们两平方米的皮肤——大约有单人床床单大小——是一面屏幕。上面投射着我们的身份和个性，就像影院里的幕布一样。从另一方面看，它还是一道屏障——例如一个人站在房间一角，能挡住别人的视线，保护身后的人。从生物学上讲，皮肤是一层介于肉体和空气、人体内部和外部世界之间的保护膜。皮肤下面有感受器，供我们感受喜与悲，同时它也是我们抵御多种传染病的手段。但从文化层面来说，它是连通身体内外最薄的屏障。相比皮肤能展现的健康状况、年龄、种族信息，它的厚度实在无足轻重。皮肤既能保护我们，也能暴露我们。

这种两面性是皮肤的核心要义。现代医学产生前，皮肤只是肉身完整的保证，而不像是身体钦定的守门人。在某种程度上，人们甚至认为它可有可无；或许认为它阻碍了内在自我的启蒙。《圣经》中，约伯“死里逃生[①]”经历了上帝的百般非难后，喜悦地说：“在我的皮肤被破坏之后，我知道我将在我的肉体里见到上帝。”但在另一些古代作家看来，皮肤至少是自我的一部分。在《变形记》中，奥维德讲述了好色之徒玛尔叙阿斯（Marsyas）输给阿波罗后被活活剥皮的故事，他恳求道：“别让我与自己分离。”这里，皮肤成为我们拥有的器官。它让我们的身体保持完整。皮肤含混不清的存在状态——是身体的一部分，还是一种可以丢弃的包装纸？——也许正反映了人们对灵与肉二分法这种概念的普遍不确定。

这些对皮肤的认知有重要的医学含义。我们如今熟知的许多“皮

① 直译为“牙齿的表层”，有虎口脱险之意。

肤上”的病，在过去都被视为深层肉体（道德）腐坏的表征。麻风病在《圣经》记载中尤为可怖。《利未记》中有一段冗长的、近乎临床说明的文字，描述这种病在皮肤上可能呈现的多种情形，并根据感染的皮肤面积以及（最重要的）是否渗入皮下，可能采取哪些预防措施，是隔离病人，还是加以约束不让他们呼喊“肮脏！肮脏！”。

麻风病、天花和梅毒等病症会显露在皮肤表面，但其他病症却被皮肤掩盖。皮肤是不透明的。我们无法看穿它，所以即便内科专家也有可能犯严重的诊疗错误。例如，如果病人不呕吐污秽物，通常辨别不出他患了阑尾炎。腹痛初期有一种推荐疗法，即食用木梨，但它只会加剧疼痛。现在的医生也面临着相同的困境。我一位朋友间歇性听觉丧失，去咨询了一位神经学家，怀疑是血管炎——一种破坏血管的疾病；她还做了梅毒测试，服用了类固醇，但都无效。第二位神经学家认为可能是多发性硬化，但对硬膜外流体的测试显示阴性。然后几位耳科专家介入，第三位医生终于发现原来是一只中耳内的三根骨头碎裂。后来做手术取出坏骨头，装上了金属假体。公平地说，不止医生们，我们也愿意躲在皮肤这层幕帘后，忽略皮下的混乱状况。诺博特·伊里亚思的“闭锁个性者”，即“用身体之‘墙’与‘外界’所有的人和事隔绝”的人们，代表着人类的普遍境况。卡通片中，外来撞击常常会被身体弹开——或暂时把身体撞成“纸片”，对皮肤不会有任何损害。我们想要封锁自己，阻绝外界。

皮肤之下的不可测知性——医生偶尔也难以下刀，担心将情况变糟（希波克拉底誓词：首先不做伤天害理之事）——仍然是人体最颠扑不破的事实之一。这就是为什么我们对（似乎）能呈现皮下情况的事物寄予厚望，例如体液、颅相学的头骨、X 光、基因档案，以及无处不在的“扫描”，我们暂且不考虑它的技术手段或近乎现代奇迹的诊疗力量。

如果皮肤是块屏幕，那上面显映的是什么？生命之初屏幕是一片空白。无瑕的皮肤就像“婴儿的臀部一样滑”：没有疾病、罪孽和时光雕刻的痕迹。但这种状态能保持多久呢？安东尼奥·卡诺瓦（Antonio Canova）的雕塑《美惠三女神》（*The Three Graces*）——19 世纪初一尊以宁静的性感美著称的大理石雕像——全身皮肤的光滑性不只体现了高超的艺术水准，还是对“18 世纪人类皮肤真正经历的腐烂、起疹、长鳞等”丑陋现实的回应。皮肤越光滑便越坚韧，因而应当对身体内部的保护越好。涂油——神父或帝王行的神圣涂油礼——让皮肤表面变光滑，形成一种油亮光泽，深刻地界定并在某种程度上强化了这层屏障，将这些位高权重的人与他们不洁的臣民隔离开。涂抹防晒油是世俗世界对这一仪式的效仿，通过密封皮肤来抵抗有害的太阳辐射。健美先生涂油的肌肉、恋物癖者的橡胶和皮革护具、三维动画中冒险英雄闪亮的镀铬身体，都是为了异曲同工的密封效果。

皮肤大面积裸露可能意味着脆弱，如伊甸园中的亚当和夏娃、十字架上的耶稣、安徒生的童话《皇帝的新装》。但也可能象征着力量：戈黛娃夫人裸体骑马游街，为市民减免了赋税。俄国总理弗拉基米尔·普京赤裸的上身升级为热门政治现象，连《共产主义者研究日报》（*Journal of Communist Studies*）都不得不表态。但坦白说，我不知道该如何回应。我应该崇拜他、惧怕他还是喜爱他？如果英国前首相大卫·卡梅隆也脱下上衣怎么办？我会作何感想？

我们都熟悉普京，因而可能会认为他裸露的上身有独裁意义，但象征自由的人，比如欧仁·德拉克拉瓦的《自由引导人民》，也一样大胆地赤足裸胸。（不过现在类似的裸露受到了限制：2003 年，一位澳大利亚国会议员因为哺乳婴儿被赶出辩论厅，据说触犯了“生人勿进”条例。澳大利亚文化史学家露丝·巴尔坎评论道：“生人指涉的大概不是婴儿，是乳房。”）

皮肤还是一块医用留言板。“一位热爱医学与外科的人”写的《论在皮肤的巧思与结构中思考上帝的无穷智慧》（*An Essay Concerning the Infinite Wisdom of God, Manifested in the Contrivance and Structure of the Skin*）是近代早期典型的杂论：在详细描述身体时，经常点缀着对神性的赞叹。书中的每一章都以对无神论的怀疑抨击结束。作者认为，所有身体部位的尺寸和形状都恰如其分，其中包含着强烈的教化意味，如果不这样安排，人性就会走上邪路。因为皮肤是赤裸的，所以指甲才有如此大的抓挠作用。这位匿名的 18 世纪作者继续讲道，透明的指甲可以完美呈现出下方血液的颜色。它们就像皮肤上开的一扇扇小窗，或指尖的指示灯，寒冷时会变白，患“多血症”或高血压时会变红，患黄疸或其他病症时会分别变黄、变绿或变黑。

皮肤也可以非常直白地透露我们的个人信息。当权者仍自鸣得意地按照肤色将人们分为不同种族——比如伦敦警察厅试图将混合族裔分为“亚裔或白人”等模糊类别——因此，某些人的皮肤可能会被打上新的标记，催生出新的社会身份。在古代，给皮肤做标记通常具有准法律效果，无论是奴隶主在奴隶身上烫的烙印还是让人永远无法脱罪的鞭挞伤疤。这种习俗如今呈现出较为温和的形式，例如进夜店时手背上盖的橡皮图章。但现在人们想在自己身上做标记的愿望明显高涨。在西方社会，皮肤从未像今天这样广泛展示，从未像这样任我们肆意改变——全都是为了彰显另一个自我。

我的出版商建议我去拜访一位之前为他们设计过书封的文身艺术家。我补充一句，他设计的不是人皮封面，但过去人皮封面也不鲜见，尤其是犯罪记录和医学作品。有一位俄国诗人甚至从自己要被截断的腿上割下一块皮肤，包裹着十四行诗诗集送给情人。

这家工作室——说是“店堂”有些老派——叫“穿透你[①]。名字起得不错，不仅暗示着用针穿透肉体皮肤，还有性和情感上的穿透意味。店主名叫邓肯 · X（Duncan X），通过改名契改的名字，本身已经是种标志。他全身文满蓝青色图案，有骷髅头、棺木、各种标语，额头上还有某种显眼的共济会标志。脸上大部分干干净净，只有左眼挂着几滴泪。他的手机号码文在一只手背上，提醒着他，也提醒了我：我们偶尔都会往皮肤上写备忘。

对邓肯来说，单个图案不如整体图样重要，这里浅些，那里深些，总体对称，但会有小范围的不对称和杂乱的细节，就像人体本身。“最好不成一幅画。”他的父母都是医生，他二十一岁时为了刺激父母第一次文身。“文身的理念是终极反抗。”之后，他不断文身。“如果没有它们我会感觉非常奇怪。它们就像保护我的盔甲，但也像剥下皮肤显出了真正的自我。”

邓肯的杰作受到以下几方面的启发：中世纪的木版地图、勃鲁盖尔的绘画，以及在水手和狱囚身上较为常见的文身图案。来找他

① 又译“为你着迷”，英语为“Into You”。

的人都不是为了时尚才文身（或对文身有错误的幻想）。他对我说："我的顾客更想要改变自我。他们打算改变，而文身是非常明显的变化。有些人因此得到自由。"他认为文身师不需要问客人为什么想要某种特殊的图案，或者某些外来文字的含义。纹上它，顾客心里会得到疗愈。在相对偏僻或原始的文明中，文身甚至是过渡礼[①]的标志。不文身的理由也有很多：难清除、过程太耗时、疼痛、毁坏皮肤。这些确实也有道理。但"他们会认为这些不足以阻挡他们文身的脚步。"

对这些医学上认为进行"自残"的人，甚至包括做整形手术的人来说，疼痛必不可少。这些行为似乎就是世俗中的禁欲。很多宗教都倡导禁欲，它可以有多种形式，最常见的是斋戒，但最极端的包括自我鞭挞或拉拽嵌在皮肤里的钩环上的线，造成明显伤口。经历疼痛主要是为了否定平日的欢乐，伤疤则是虔诚的显眼公示。在如今的世俗世界，这类做法似乎反映了想要感受自身存在的愿望，因为文明世界处处有规约，深深地麻痹着我们的感官；为了不顾一切地表明身份，我们需要改变自然赋予我们的、被权威认可的皮肤，将它打上我们自己的烙印。皮肤是我们与外界接触最敏感的部位，但在某种程度上好像仍阻碍着我们内在自我的释放。

因为皮肤，我们发觉身体是有边界的。它是我们自己这座岛屿的岸。但是"我们身体的界线为什么是皮肤呢？"科学史家唐娜·哈拉维（Donna Haraway）在《赛博宣言》（*A Cyborg Manifesto*）中发问。这篇论文呼吁人们脱下身体上绑缚的性别、种族和其他社会规约的枷锁，重新想象自身的存在。哈拉维认为，皮肤这层外壳已经被打破：

① 从一个阶段进入下个阶段的礼仪，例如成人礼或婚礼。

我们体内已经有“皮肤封存的异物”，比如利用猪和猴子实施异种组织移植手术，或打疫苗，例如肉毒杆菌美容疗法中注射的肉毒杆菌。这种对皮肤的干涉都可视作我们对突破皮肤界线的渴望。闭锁个性者终于敞开自己了吗？如果是，等待我们的是何种喜悦——与何种危险？在《皮肤之下》最后一章，我们将探讨这些问题。

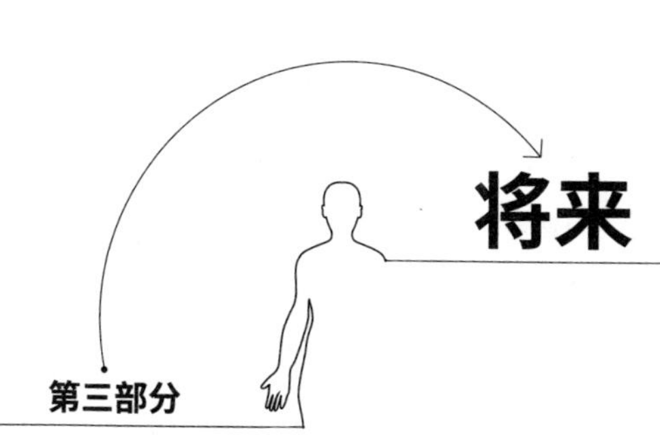

第三部分

将来

拓展地形

你听过《名声》里孩子们唱的歌吗？“我要永远活着 / 我要学习飞翔。”他们当然不是妄想歌词成真。对他们来说，更重要的是在歌唱时的切实感受。但在我们的内心深处，却诚挚地希望美梦成真。我们一边赞颂身体的机能，一边期待它变得更强。我们想要拓展身体的能力、感知力，延长短暂的寿命。奇怪的是，我们把这些愿望都施加给了肉体，却对思维毫无奢望；出于某些原因，我们也并不渴望拥有更高的智慧或想象力。

这种梦想并不新奇。人可能是按照神的形象创造的，但在我们想象中神应该较普通人优越。印度财富女神拉克什米（Lakshmi）有两对胳膊，梵天有四颗头。东亚佛教中大慈大悲的观世音菩萨则有十一颗头、一千条手臂，超越了前两位。希腊神话中的生殖神普里阿普斯和埃及的生殖神敏（Min），阴茎永远勃起。以弗所的阿尔忒弥斯（Artemis）拥有众多乳房。

奥维德的《变形记》是一部浩瀚的文学作品。它表明人类对改善、改变，甚或替换身体始终有着强烈的渴望。这一主题延续在玛丽·雪莱的《弗兰肯斯坦》等精彩故事和 19 世纪收集、增补的童话故事中，例如格林兄弟的《青蛙王子》。如今，好莱坞大片利用逼真的电脑成像技术再现了这类故事。故事中的人物变形或能使观众深受启发，例如《唐璜》中的石头客人突然活动，暗示唐璜必会恶有恶报；或能够解放个人、改变社会观念，例如《怪物史莱克》。无论哪一种，都具有改变人生的意义。

马歇尔·麦克卢汉（Marshall McLuhan）有句著名的论断：所有的技术都是“人的拓展”。我们欲求的通常是更大的破坏力。当我们想要拓展手的能力时，常会幻想添一支枪，比如小朋友用手指射击小伙伴之后会假装吹手指上冒出来的烟。在史蒂芬·桑坦（Stephen Sondheim）的音乐剧《理发师陶德》（*Sweeney Todd*）中，杀人犯理发师挥舞着心爱的剃刀，欣喜地宣告：“我的右臂恢复完整了。”但在《剪刀手爱德华》中，人体这种技术性拓展有着更为良善的目的。蒂姆·伯顿执导的这部电影源自传统原型，如《魔法师的学徒》，其中发明家创造出变异的活体生物，以及德国警世童话《蓬头彼得》，其中有位从不剪指甲也不梳头发的小男孩。故事情节也比较传统：爱德华先是被误解，然后展示奇妙的才能，最终被人们接受。这个故事说明，身体的拓展可以使个人的变形更加圆满。

奥维德的变形只限于自然物，但现在却加入了技术。不过，无论自然还是人为变形，都表明我们在不断地改造自己的身体。随着生物技术的兴起，我们将有希望看到机械世界和有机世界结合，将我们的自然身体和拓展部分更紧密地融在一起。

麦克卢汉发现，我们要对技术拓展部分表示敬意。如果想使用它们，我们的身体就必须服从。我很好奇现实生活中究竟要怎么做。于是我计划拜访乔迪·昆迪（Jody Cundy）——英国残奥会代表团多项金牌获得者。他曾是游泳世界冠军，但现在是同样知名的自行车赛车手。他出生时，右腿没有脚踝和脚面，胫骨末端是两根脚趾。

他现在使用的各种假腿，是由竞赛用的碳纤维制成的超高性能版本。他的身体、假腿和自行车三者结合，才能达到破纪录的速度。我想知道真正的“乔迪”在哪里结束，技术从哪里开始拓展。

我来到曼彻斯特的国家自行车中心，选手们正在训练，为2012年残奥会做准备。自行车馆外挂着一条巨大横幅：“追求不朽”。乔迪一头乱蓬蓬的红发，性格直率开朗。难怪他不骑车的时候可以靠励志演讲谋生。

乔迪三岁时第一次安装假肢。之后，每过六个月，假肢便要更换一次。当时的假肢是些复杂的金属装置，要通过一种皮套绑上大腿，并用一根带子束在腰上。“我父亲会拿一个工具箱来帮我安装。”乔迪回忆道。他今天戴的假肢轻便许多。它有一个定制的槽口，适配乔迪膝盖以下逐渐变细的残肢，还有一层光滑的硅胶衬垫，保障气密性。他说：“我唯一一次戴着假肢却毫无感觉就是最近这次，贴合度非常好。”

乔迪开始骑自行车原本是要为游泳做额外的体能训练。但有一天，一位教练看到他在赛道上的表现，看到了他身上的天赋。他艰难地下定决心更换项目，但从未后悔。“我从一个彻头彻尾的新手到站上领奖台，大约花了十八个月。”他一边跟我说，一边熟练地将“步行”足换成骑行足，骑行足带夹子，可以夹在自行车脚蹬上。

他和教练简短谈论了一下今天的计划后——大概是做一些启动和加速训练——就开始了四十圈热身活动。一辆摩托车驶在前面带速，自行车手们紧紧跟在后面。乔迪绕一圈的时间为26秒。速度看起来不快，但经过计算，他的速度已经超过30公里/时。绕行最后一圈时，速度提升到60公里/时。在运动员们感到“吃力”的训练中，他的速度可达70公里/时。

乔迪正常的左腿肌肉非常发达，就像一名自行车手该有的样子。他的小腿像圆鼓鼓的汉堡一样。右腿假肢看起来可能像一条正常的腿（但没有夸张的肌肉组织），不过功能却远比不上正常的腿。这种区别意味着乔迪与其他自行车手运动的方式截然不同，为达到目标动作所做的思考也不同。场地自行车手在骑行时，一般用踝关节和小腿肌肉将脚蹬从最下面提上来（脚绑在脚蹬上）。由于他的右腿缺乏可以转动的脚踝，他就必须用臀部的一组肌肉（统称“髂腰肌”）产生这股提拉力。假肢没有创造任何力量上的优势。乔迪反倒感觉左腿有用不完的力气，因为右腿总是先力竭，不是因为小腿中没有肌肉，而是因为右大腿的四头肌力量有限。实验室测试表明，虽然乔迪的右腿先疲劳，但右侧髂腰肌其实比左边强，因为右腿膝盖以下没有肌肉，髂腰肌便要弥补这一缺陷。

对我们大多数人来说，骑自行车是一件无须思考的事。但乔迪必须思考，因为他天生残疾，还想要提升自己的技术。他左脚踩下脚蹬时解释道：“左腿的结构是完整的。但轮到右腿时，我就得这么做。”——他笨拙地耸起臀部，抬起大腿。“抬腿时我几乎要抓住腿里面的筋肉。最困难的是踩到底的时候。最高处和最低处都很艰难，我感到自己无能为力。”在这些位置，正常的脚踝会打弯，小腿的肌肉最为吃力。比赛开始阶段这种动作尤其要到位。训练时，乔迪的策略是“诱使身体尽快学会”，然后重复这一诱饵，逐步进行更强的训练——反复将场地自行车的单齿轮换成更高速的多齿轮。

乔迪的主要项目是一公里计时赛，他曾在北京残奥会上以1分5秒47夺得金牌。这对残疾人来说相当困难，由于距离太长，身体会感到疼痛，乳酸（为身体提供能量的葡萄糖的一种分解物）也会在肌肉里堆积。乔迪发现，他在比赛中将太多血液集中到腿部，结束后不得不立即躺倒恢复平衡。“再多骑一会儿肯定会昏倒，不敢想。”他动容地说。他的话让我想到爱玛·雷丁用舞蹈探索疲惫极限的实验。

乔迪骑行时对自己身体的感知会发生变化。一般来说，他的身体外护结构仅限于自然肉体：肉体的尽头就是身体的界线。他的左腿到脚趾为止，但右腿刚过膝盖便结束。不过当他戴上比另一条真实的小腿轻许多的假肢时，这条无生命的附体在感觉上反而更重；这让他的右腿感觉有点儿像钟摆。速度慢时，他能感觉到两条腿的差别。但高速骑行时，他身体的外护结构就拓展到假肢，甚至是（重量不到七公斤的）自行车。他对我说：“我丝毫感觉不到残肢下面有异物。由于假肢和自行车材料相同，你会错以为腿和自行车已经融为一体。加速时感受最明显，感觉对假肢施加的所有力量都是为了让它与后轮无缝衔接。非常奇妙。”

我经常骑自己的车从曼彻斯特市中心到自行车馆。路上阳光明媚。我不太强健的身体与较低的自行车技术很难构成一幅人车和谐的画面。我的骑行速度远低于乔迪。对我来说，骑车更多是为了呼吸新鲜空气、惬意地穿过城市街景，这是大部分人无须人工力量就可以享受的、类似飞翔的拓展能力。

在自我改造（生物、技术、心理、化学各方面）盛行的时代，我们究竟对身体机能的拓展有何感想？拓展部分应该保留清晰的人工痕迹，还是完美地融入人身，成为完整的有机体？在回答之前，你或许要知道两者的界限已经模糊不清。就像一位生物伦理学家讽刺的那样，即便是认为“增加拓展部分后，我们就不再是原来的自己”

的人，也会“戴眼镜、注射胰岛素、隆臀”。

最常见的既会飞又永生的一种存在是天使。我所在的东安格利亚[①]有数十位天使被钉在大教堂的屋顶，像收藏家抽屉里的蝴蝶。它们代表着常人无法企及的存在，但又是我们极力想要获得并体验的状态。天使身上的翅膀似乎就反映了这种两面性。从严格的解剖学角度来看，这几乎不可能。翅膀通常从肩胛骨长出来（也许是因为肩胛骨突出，艺术家才构思出退化的鸟类翅膀这一形象），但却没有丝毫适于飞行的大块肌肉结构。它们代表了飞行的愿望，却不具有任何现实性。

精明的艺术家们很少刻画飞翔的天使。《圣经》中仅有一处透露（但以理看到“那位加百列奉命迅速飞来”），而天使需要翅膀也是种悖论。绘画和雕塑中的翅膀直接取自鸟类，然后按比例放大。但作为人的拓展肢体，它们经不起任何实际测试，因为艺术家从来没有赋予翅膀真正生理意义上的骨骼和肌肉。它们真正象征的其实是神力。作家 C.S. 刘易斯发现：“恶天使身上是蝙蝠翅膀，善天使才长有鸟的翅膀，不是因为道德败坏会将羽毛转化成翼膜，而是因为大部分人更喜欢鸟而不喜欢蝙蝠。它们的翅膀暗示着流畅敏捷的智慧力量。它们具有人类的外表是因为人类是我们知道的唯一一种理性生物。”

天使呈人形并具有超人能力，机器人则是具有人类力量的技术装置。它们诞生的主要目的就是为了做我们不愿做的事。执行人类的任务并不一定需要人的外表。但奇怪的是，在新兴的机器人研究界，

① 对东英格兰一个地区的传统称呼，包括诺福克、萨福克、剑桥三个郡。

人们还是热衷于让这些装置做人类能做的事，模仿人类做事的方式，并在外表上向人类靠拢。例如，我曾读到一篇关于制造推轮椅的机器人的项目。结果可能有些离题：项目最终决定造一种“智慧的”轮椅，而不是传统的轮椅加一位推轮椅的人形机器。要补充的是，在卡雷尔·恰佩克的《罗素姆万能机器人》中，机器人都呈人形，只是因为它们的创造者“没有一点儿幽默感”。一般来说，我们都想为天使和机器人赋予人形，因为人形是最能够传达人类野心的存在。

现在，我们觉得机器人好笑，因为它们模仿我们的动作时显得怪里怪气。将来，如果技术痴们梦想成真，机器人将与人类极其相似，让我们再也笑不出来。到“恐怖谷”（Uncanny Valley）时，人们会真正开始警惕这种像人又不是人的事物。“恐怖谷”是一种线形图的波谷，描述人类对机器人的热情和机器人与人的相似度的关系。这条线起点很高，表示人们知道机器人只是机器。在它们与人相似到足以乱真前，这条线开始下降——这个阶段机器人只是看起来诡异。“恐怖谷”里如今已经有些古怪的成员了，例如让·穆克创作的《长眠的父亲》，“皮肤”惨白且有体毛；以及极度真实的“重生娃娃”，即某些女性在孩子夭折或怀孕失败后所使用的替代品。我们正快速接近波谷，很快便需要决定是熬过“恐怖谷”，越来越习惯与这些事物共存，还是悬崖勒马。

大阪大学的石黑浩（Hiroshi Ishiguro）打造的Geminoid系列机器人也许是最像人类的机器人。他最近的作品是他的丹麦同事亨里克·沙尔费（Henrik Scharfe），这位机器人有皮肤、头发、闪烁的眼睛和花白的短胡楂，掩盖着内部的金属结构。沙尔费最近发表的研究成果探讨了人如何与机械自我建立信任。它们和我们对机器人外表的幼稚期待也许不一致，但要知道，对机器人的最初设想其实并不是双臂方正、眼睛血红、双脚为轮子所代替的亮闪闪金属装置。弗兰肯斯坦造的怪物脖子上也没有螺栓。1831 年出版的第一本插图版《弗兰肯斯坦》（在原著出版 13 年后），里面的怪物又骇人又愚蠢，但拥有完美的人体肌肉。这表明它原是生物生命，不是冷冰冰的机械组合装置。

总之，技术通常以一种意料之外的方式实现我们的梦想。想要飞翔？但我们缺少天使的翅膀。于是我们可以登录谷歌地图。另外，人造心脏比真实心脏更像一台活塞发动机。在某一节解剖素描课上，我看到一具尸体缠作一团的心脏血管中有一根塑料管，这让我感到无比震惊。不同于血管的盘曲，手术插入的管道不仅外形笔直，颜色也与周围组织的斑驳色调和纹理格格不入。

天使和机器人帮助我们厘清了人和非人（或超人）之间的界线。那么，界线在哪里？像乔迪的假肢一样没有感情色彩的技术附件？还是带着胡楂的、酷似真实生命的机器人？或者还是真实生命？我们会选择让自己感到舒服的事物，或者感到最少不适的那个。值得注意的是，现在潜在的器官接受者更倾向机械装置，医生则倾向异种移植——从非人生物上移植器官或组织，因为它们仍然是常见的生物体组织。如果人们不拥护这种做法，那也许只能怪医学咎由自取，原因稍后便见分晓。

杂交物种始于绘图手稿、寓言故事和中世纪的滴水兽，它们具有人的特征，尤其是胳膊、手、眼睛和面部，同时混搭以翅膀和尾巴等可取的动物特征；它们不只是中国人口口相传的神奇物种，也不属于我们今天盛赞的生物多样性。这些介于人兽之间的存在试图阐明人的变化。幻想身体变形是近代世界探索并承认心理变化的方式。理解这些形象的关键在于明白一个人的外形可能会变，但本质不会改。同一个人，只不过换了一副面具。新的面具昭示着新的心理状态。这与奥维德的《变形记》如出一辙。朱庇特诱奸伊娥后，朱诺出于痛恨而将她变成了一头白色的母牛；她虽然变成了母牛，却仍然十分动人。她还是伊娥，能认出自己的父亲却无法开口表明身份，只能用裂开的嫩蹄在泥土上留下“IO”字样。荷马的《奥德赛》讲到，奥德修斯一行人长途跋涉返回故土伊萨卡岛，途中在女巫喀尔刻的岛上大餐一顿后，变成了一只只猪仔，耽误了一年。他们虽然外形和行为都是猪，但头脑中的理智和记忆仍属于人。

变形类事例有严格的规则，否则我们无法确定哪种程度的变形才称得上奇异且值得记述。这些规则还形成了伦理学框架。如果狼人真如我们所见，是一个拥有狼身的人（但有人的眼睛），那么他就具有人的权利和义务。杀一个狼人算不算同类相残？吃人的狼人是食人族吗？这样重新构想人类形象也许有助于走出某种困境，比如如何公正地对待（发病期间）犯有重罪的心理失常的人类。

如果说心理障碍是身心不调的一种窘况，异种器官移植就是另一种。1984 年，加利福尼亚州罗马林达大学医疗中心为一位名叫法埃的四岁婴儿移植了狒狒的心脏。很快，这一手术就被斥责为“错误”和“反常”，虽然它奠定了人类幼儿器官移植的成功基础。奥维德式规则认为狒狒与人类幼儿相似度极高，因此从生理上来说移植是可行的，而且狒狒毕竟与人不同，牺牲狒狒算不上谋杀。

但这并不能让我们安心，因为越来越多的外科手术选用猪的器官，而猪这种生物（正如荷马所言）带有太熟悉的文化寓意。它贪食、滥交，再加上赤裸的、肥胖的外表，让我们想到自己最糟糕的一面。科学家们偏爱猪，因为它们在尺寸和某些重要的免疫学方面与人类相似，因为它们繁殖速度较快，也因为它们的食材属性，所以在管控上比猩猩、猴子等生物更宽松，道德谴责也较少。总之，猪要比猩猩的禁忌小许多。在医学人类学家莱斯莉·夏普看来，科学家的偏好似乎“纯属外行人的愚见”，因为猪还有污秽不堪的一面。很多宗教仍然禁食猪肉，我们如何能够将猪身上的组织永久植入人体呢？猪在生理上的适宜性——某些方面与人类似——也是文化上的麻烦。

为了让家属同意移植捐赠人的器官，我们的说辞通常是，“失去的亲人可以在其他人身上‘活下来’”。于是，人们不免会好奇，动物“捐赠者”怎么在人体内“活下来”？研究调查就此给出了一些回应。一位调查对象称，换了狒狒心脏后“有一点儿诡异”。“我会开始龇牙露臀吗？”另一个不足为奇的发现是，踊跃谈论心脏瓣膜手术的病患们通常都不会提及替换瓣膜的来源是猪。

如果我们仅仅由于医学上的异种移植便打消了对交叉物种的热情幻想，那可能是因为科学在从中作梗。古往今来，多少医学先驱想要用形形色色的人和动物做移植实验，其中最声名狼藉的大概要属医师塞尔日·沃罗诺夫（Serge Voronoff），即首创“猴子睾丸”疗法的法国医生，他的怪诞成就催生了几部出色的讽刺小说、一首由欧文·柏林（Irving Berlin）创作的曲子和一种苦艾酒混合杜松子酒制成的烈性鸡尾酒。

1866 年，沃罗诺夫生于俄国，之后在法国进行了长期的外科医学研究，但他的灵感却源自埃及。他三十多岁时曾在埃及待过较长时间，“亲自对阉人做了大量观察”。这些阉人看起来不仅早衰，寿命还普遍较短。没有遭受阉割的男性到老年仍然性欲旺盛，这“应该不只是偶然”。

沃罗诺夫推测，如果他能把年轻男性的性器官组织移植给年长的男性，可能会延长后者的寿命。但想得到人类睾丸“绝不可能”，那是一种“残害”，他对此似乎稍有遗憾，不过被阉割的牲畜并不难找，因此总会有“原料”。起初，他用山羊和公牛做实验，将它们的睾丸切成半厘米厚的薄片，然后置入受体动物的阴囊。切片是为了增大捐赠者和接受者器官组织的接触面，促进血管形成，即形成移植所需的血管。接受移植的动物大都存活了下来。沃罗诺夫在 1926 年的回忆录中还骄傲地展示了一幅照片，照片中是一头名为杰基的公牛和它经过移植手术后繁殖的小牛。

然而，还没有确证此举有助于延长动物寿命时，沃罗诺夫就将目标转向了人。他在回忆录里哀叹，法律不允许捐赠者捐献单只睾丸，即便剩下那只其实具备大部分功能，就像肾脏捐赠者剩下的肾或大脑损坏一半后的另一半那样。虽然不幸的事故偶尔会给他带来意外收获，但他还是很沮丧地发现自己不得不“依靠猩猩”。1913 年 12 月，沃罗诺夫成功地将一只黑猩猩的甲状腺移植给了一位患有甲状腺机能减退症的儿童。六个月后，他得意地把这位孩子带到了法国国家医学科学院（French Academy of Medicine）面前。“多亏了移植手术，所有的症状……都消失了。那位孩子原先退化到几乎与动物无异，现也恢复了正常智力和正常发育。”他后来写道，“1913 年我认识的那个叫‘让’的可怜低能儿，大脑尚未发育，身高只有 8 岁孩童那般高。当 4 年后长成 18 岁的青年时，他不仅参了军，还在战壕里表现得英勇无比。”受此鼓舞，沃罗诺夫在接下来的 10 年实施了数百例猩猩睾丸向人体移植的手术，其中至少有一例使用了人类睾丸。他还尝试了卵巢移植，将猴子的卵巢植入阴道，虽然无法恢复正常的排卵能力，但它却恢复了激素功能。

从沃罗诺夫的记录来看，这种方法是成功的。1923 年，一位 83 岁的英国绅士也从沃罗诺夫的手术中获益。“刚做完手术半小时他就执意离开我在奥特伊的疗养院，要乘汽车回家。”沃罗诺夫做上述记录时，这位老人已经 85 岁，从术前术后的对比照来看，状态提升了不少。另一位英国病人在 74 岁时的照片中显得颓废而厌世，77 岁时，却穿着长筒靴跑向电影院。

但沃罗诺夫生不逢时，做完这些实验大约 30 年后，他悄无声息地离开了人世。他化身为众多虚构人物，例如阿道司·赫胥黎《诸多夏日之后》(*After Many a Summer*)中野心勃勃的奥维斯波博士(Dr Obispo)，想要借鲤鱼的长寿来延长其赫斯特[①]式加利福尼亚雇主的寿命；又如米哈伊尔·布尔加科夫的《狗心》中刻画的莫斯科医学教授普列奥布拉仁斯基，将人的睾丸和脑下垂体移植到了流浪狗身上，而这条狗便迅速表现出狗和人两者最差的品性。

塞尔日·沃罗诺夫毕生的追求让我们意识到，人类最伟大的拓展也许就是延长寿命。谁不愿健康地多活几年或几十年呢？

这种想法背后有两种强大的力量，一种是引力，一种是阻力。引力是指现代科学诞生后，人类寿命愈发得以延长。人类的寿命至今已经翻了 3 倍。1750 年，瑞典人（瑞典人是历史上的长寿之冠）

① 应该指报业大亨威廉·赫斯特创建的赫斯特集团，是财富与权力的象征。

的寿命大约是 38 岁。1950 年以来，美国人的平均寿命上升了 9 岁。在过去短短的 8 年间，英国人的寿命就上涨了几乎整整两岁。在大多数发达国家，人们的寿命现在已经接近 80 岁。寿命还在不断增长，人们不知道它什么时候（或是否）会达到极限。

阻力自然是指死亡的阴影。据美国外科医生兼作家舍温·努兰（Sherwin Nuland）观察，如今任何人都不能仅因为衰老而死亡。各国卫生部和世界卫生组织采集数据时要求所有的死亡都必须有原因。“每个人都必须死于某种叫得出名字的原因。”这些数据对卫生保健规划人和精算师显然有用，他们需要从医疗和事故的角度了解死亡风险。所有的死亡？寻求死亡原因的真正动机何在？了解死亡的原因有什么用？它如何影响我们看待死亡的方式？不出所料的话，它会让我们觉得死亡是一次事故，一次本可以预测的事故——甚至能够避免——如果我们足够小心。但如果 85 岁去世，可能就不需要解释。如果因为摔倒后的并发症在 85 岁去世——塞尔日·沃罗诺夫就是这样走到了生命尽头——就会引发一系列问题。他是如何摔倒的？有可能避免吗？并发症有哪些？能够避免吗？如果他没有摔倒呢？他会再活多少年？

在延长寿命上，如今的梦想家不满足于迈出一小步，而妄想跨进一大步。他们认为达成梦想的科学手段近在咫尺。他们不再去学习某些人或动物的长寿秘诀，或手术提取他们的基因来取得点滴进展，而是寻求更无畏的、可能违逆传统生物逻辑的方法。简言之，他们认为死亡是一种技术故障。他们要做的是找到故障原因，然后想办法一项项清除。因此，他们被称为超人类主义者，或更确切地说，永生者。

这一派别中最有趣也最有争议的思想家是奥布里·德格雷（Aubrey de Grey）——SENS 基金会的联合创始人。SENS 全称为细微老化工程策略基金会（Strategies for Engineered Negligible Senescence）。德格雷曾在剑桥大学的基因部工作，看起来他的项目比较可靠，但实际却并非如此。他其实是位计算机科学家，在基因部也做计算机方面的工作，对基因学感兴趣只是因为他娶了位剑桥的基因学家。

我们在离剑桥学术中心较远的一家河边酒馆碰面。如果不是手里的那罐啤酒，奥布里就活脱脱是位印度教的上师，他的长胡子一直垂到了腹部，他一边滚瓜烂熟地讲述着自己的成名史，一边若有所思地捋着胡子。他最初的理论著作发表在专业的老年医学期刊上，探讨了自由基的衰老理论，文中认为衰老可归因于氧化剂和其他自由基（带有不成对电子的分子）对身体细胞的不断损害。德格雷提出了一种复杂的机制，其中线粒体基因突变——位于每个细胞"引擎室"中的基因——可破坏细胞应对自由基攻击的能力。他将这篇论文拓展成书，2000 年凭此拿到了博士学位。不过他后来发现，线粒体基因只是导致衰老的一种可能性因素，并非唯一因素。于是他将思考的范围拓得更宽、更具有争议性。他的论文标题十分抢眼，例如《论一位工程师如何开发真正的抗衰老药物》或《人体老化仍然只是科学家的秘密吗？》。他不只敢谈老化的局限，还要谈逆生长，并在"几十年内实现"。这一宏伟的许诺让他登上电路、系统与仿真国际会议（International Conference on Circuits, System and Simulation，ICCSS），从此声名远扬。他随后宣称我们很快就能活到 1000 岁，各路媒体纷纷传达；他借着兴头又暗示，第一位能活到 1000 岁的人可能就在我们中间。

不过奥布里告诉我："对长寿的预测是我最不惊世骇俗的言论。"他真正惹上的麻烦是逐条列出了人类想要增加几十年寿命所需要做出的突破，然后，（他信心满满地宣称）想更长寿就会非常容易。他列出七种死亡原因，大部分与身体细胞的更替（或不更替）有关，也与外部因素对它们的污染或破坏有关。待所有死亡原因都成功解决后，人类的寿命就可以大大延长。这张清单使德格雷的长寿工程显得很切实，同时让专业的生物研究者们陷入焦虑，他们开始怀疑自己是否对延长人类寿命贡献太少。"我让他们处于一种非常矛盾的境地。他们看不到我言论中的漏洞，他们非常害怕我说得对。"奥布里如是说。

后来，德格雷创建的组织显出一种严肃目的性。他协助创办了 SENS 基金会——位于乐观的加利福尼亚而非剑桥——使用善款来资助预防老龄化的研究，并设立了高寿鼠奖（Methuselah Mouse Prize），奖励给延长实验室老鼠寿命的科学家。捐款人包括工程师、科幻作品读者、养生达人以及痛失爱人的人们。

主流科学研究可能进展较慢。但我发现奥布里同样鄙视大众文化。例如，关于延长人类寿命的科幻小说竟然让他大为光火。他认为："那些推测显然只是为了娱乐。"这也就婉转地说明死亡是可以接受的。他又嘲笑似的补充道："我觉得这种态度又可悲又可怕。如今生物技术让我们离跨越死亡只有一步之遥，他们就更要否定。否定的根源是纯粹恐惧，哪种文化都一样。只有古生物学领域的人不一样，他们不喜欢我另有原因。"

2005 年，麻省理工学院知名杂志《麻省理工科技评论》（*Technology Review*）委托舍温·努兰撰写了一份德格雷的简况。努兰属于德格雷所蔑视的“支持衰老”的阵营，于是德格雷见识到了科学机构的暗面。努兰反对德格雷的空想愿景，语调审慎、笃定且有宿命论风格，他对人类“生理上可能达到的最大值”——120 岁心满意足。这篇文章的前言是段有失偏颇的社论，几乎对德格雷进行了侮辱性的人身攻击。但这种攻击只能坐实德格雷特立独行的正义少数派形象。“我现在至少已经到了甘地的三个半阶段（at Gandhi stage three-and-a-half）了。”他说。

德格雷、沃罗诺夫和其他想延长人类寿命的科学家有种共同的认识，即人体在细胞层面确实可能不朽。不是所有的细胞都会衰亡。生殖细胞尤其呈现出一种“生物永恒性”。不过，为什么这种细胞有此特性而其他细胞却正常衰亡还有待诸多研究求证。南非发育生物学家刘易斯·沃尔伯特（Lewis Wolpert）注意到这一点以后，对永生论者的态度变得无比宽容。他不相信永生论者能成功，但也不像《麻省理工科技评论》的编辑那样直接在封面上将他们贬为“蠢货”。生殖细胞——精子和卵子——不会衰老，只在结合成发育胚胎后才有寿命期限。2011 年，沃尔伯特在 BBC 电台中妥协说：“也许，所有导致死亡的原因都是非自然的。”

但人们不禁要问：好吧，我们要这么多时间做什么呢？我注意到，没什么比这句话更能激怒奥布里·德格雷了。他说：“博学之士听了都会感到羞耻。”但这确实不是个小问题。如果没有生活目标，延长寿命便毫无意义。在技术拓展部分的辅助下，我们能走得更快，跳得更高，看世界的角度别具一格。为什么还要延长寿命呢？它会让我们获得不曾拥有的体验吗？我步步紧逼地问：“您自己会做什么呢？”奥布里努力幻想着他会做的事。然后语无伦次地回答：“这很难讲清楚。多余的时间做什么？我一点儿头绪也没有。但这不就是时间的意义吗？我的生命至今都不可预测，过得也不错。但多余的时间的确有额外好处，前提是你身体健康。我的出发点是人道主义的。”

“如果你到 85 岁时还有 30 岁时的体魄，肯定不想再玩高尔夫了，”他笑着继续，“这时候就要尝试些别的东西。分期职业和亲密关系会变得更普遍，所以额外的时间只是拓展了生活的模式而已。”接着，他试图用一句玩笑话来总结：“就是能有更多女人、更多时间。”他显然对自己这句标语很得意，之后的数年又多次引用。然而，这句话也表明他没有抓住问题的关键点。人类其实靠繁衍后代来实现永生。

德格雷可能没有得到满意的结论，但我发现人类的许多故事都在无比巧妙地寻求长寿。寿命极高的人通常是传说人物。在《圣经》中，玛士撒拉（Methuselah）活了 969 岁。这种夸张是可以理解的。从前，虽然大部分人 30 岁左右就离世了，但还是有不少人能活到 60 岁甚至 90 岁。现在却不一样了，我们大部分人寿命相近，没有人能活到 150 或 200 岁。这一数据差别也许暗示着人类寿命的提升空间并不像德格雷幻想的那样大。

《创世记》中玛士撒拉的年龄几乎是一种事实记录。不过在后来的故事中，超高寿的人物通常用来放大衰老和死亡的道德困境。它们预见了现代老年病专家会遇到的一些社会、经济议题。例如，《格列佛游记》中的斯特鲁布鲁格（Struldbrugs）不会死亡，但会持续衰老，所以必须在法律上宣告他们死亡，以免占据后代的财富。

最准确地捕捉到德格雷及其拥护者的愿景的故事当属卡雷

尔·恰佩克作于1922年的戏剧《马克罗普洛斯的秘密》（*The Makropulos Secret*），后由莱奥什·雅那切克（Leos Janácek）改编为歌剧。该故事中人类的寿命获得大幅提升（但不是无限期），且延长的是壮年而非老年的岁月。题目中的“秘密”是1601年一位叫希罗尼穆斯·马克罗普洛斯的人为他的保护人鲁道夫二世研制的妙药，可以将生命延长300年。鲁道夫害怕被毒，便命令马克罗普洛斯先在他16岁的女儿伊琳娜（Elina）身上试验。然后，整部剧在1922年的布拉格拉开帷幕，此时有一桩棘手的案件已经纠缠了将近100年。万人迷歌手伊米莉亚·马蒂（Emilia Marty）是关键证人，而且她莫名其妙地熟悉案件很久之前的情况，尤其对一连串姓名缩写均为E.M.的女性了如指掌。最后，伊米莉亚讲出了故事真相——她就是1585年出生的伊琳娜，已经生活了几个世纪，靠周期性变换姓名防止别人的猜疑，也留下了一众单相思的追求者。现在的伊米莉亚·马蒂，厌倦了生命，却畏惧死亡。她是唯一知道药方藏在哪里的人，想要续命的话，她需要及时服用这种药。然而，她最后放弃了重续生命的机会，将药方上交法庭。当事人和律师都拒绝接受，于是药方落到了法助年轻的女儿手里。她是位有抱负的歌手，与吞药时的伊琳娜同岁。不过她毫不犹豫地将药方烧毁，伊米莉亚/伊琳娜的悠久生命终于在337岁时结束。

雅那切克看到这部剧时，正值事业丰收的金秋岁月，却因为一位非常年轻的姑娘卡米拉·斯托斯洛娃（Kamila Stösslová）重新焕发青春。他立即着手将恰佩克这部精巧的观念喜剧改编为一部动人的个人悲剧。“我们快乐是因为我们知道生命短暂，”他对卡米拉说，“那位女人——337岁的美人——已经失去真心了。”

伯纳德·威廉斯（Bernard Williams）在一篇名为《论永生之乏味》（*On the Tedium of Immortality*）的文章中延续了恰佩克的戏剧主题。威廉斯对E.M.的存在失去了一切的意义一点儿也不感到奇怪。“人们越真实地想象E.M.无尽的生命，越不会把冻龄看作一劳永逸的手段。”他这样写道。对德格雷来说，这种论调就是自认失败——有意思的是，威廉斯自己很谨慎地避而不谈适合冻龄的年龄，因为这会弱化他的论据，使永生故事深入人心。

当然，无论哪个年龄段，对生命赐予的机会都不应当厌烦。E.M.更名改姓扮演过不同的角色，但对每一个角色都感到厌倦。她尝试过德格雷追求的连续亲密关系，却发现连这都味同嚼蜡。不过，如果我们真的有一份下个世纪要做事情的清单——与美貌的伴侣做爱、写小说、赢奥运金牌，你也可以自己畅想——我们便要扪心自问，为什么现在有机会却不开始行动呢？行动的结果不尽相同，而有些可能会出乎你的意料。

跋 回家

写这本书期间，我时不时看到公共展览的标题夹杂着“人类+”和“超人”等字样，甚至有一本书大胆取名为《人性 2.0》（*Humanity 2.0*），让人摸不着头脑。“后人类”和“超人类”绝不仅是科幻小说的类型。我了解到，我们的肉身“在后人类时代”将面临解体，“人类和非人类之间的界线完全被打破”。另一本书的副标题赫然写着：当人类超越肉身。我不知是乐观还是危险。

但后来我又读到“提升”和“优化”人类肉身的说法，虽然经常琢磨不透提升的方向在哪里。我还看到合成生物学这一新兴学科（用人造材料技术合成身体功能构件）鼓励生命科学家、工程师和设计师来探究我们能做出的真实改变。典型的说法有：“‘人类’的定义会进一步扩展，我们的孙辈将与我们毫无相似之处。这就是设计的结果。”

我惊讶地发现，无论鼓吹超越肉身还是改造肉身的人，其实都全盘吸收了消费社会的语言，似乎我们的身体与消费品没有两样，都可以预定、挑选、购买、售卖，不喜欢时甚至可以退货。这种语言在兜售数码产品时尤为常见。随着现代医学和人工智能的发展，笛卡儿的“身体像机器”逐渐演变成了“身体像电脑”。我们面对着一种新的身体，它不是由身体部位组成，而是字节。言下之意便是，人类需要且应该进行升级。

永生者在寻求延长身体寿命或使其不朽的方法，而超人类则彻底鄙弃肉身，且希望摆脱它。他们想把我们的思维“上传”到某种虚无的网络上，从此不再依赖肉体，也不再依赖肉体生存的生物圈。（目前我可以确定的是，这种幻想的支持者全部为男性；而众多最发人深省的身体哲学则由女性贡献，她们似乎更愿意或更习惯保留我们的原生身体。）

这些观点都不算新鲜。“身体是灵魂的牢狱”这种说法早在笛卡儿之前的柏拉图哲学中已经出现。当下热捧的去实体思维也不全是因为我们所处的技术时代，更是因为对身体的严重不适、不满。这种不适感反应在科学上，就是不断缩小关注点，聚焦于身体最小的组成部分。艺术家的回应有所不同，他们利用身体的焦虑感，转向新的造型艺术与混合项目，创造出身体组织艺术与“半生命体”。不过，展示真实的人体总会引发争议，无论出于何种目的或令身体呈现何种状态。

“身体只是累赘”这种观念让我们与倡导身心协调的路线越行越远。我们真心希望逃离身体吗？如果是，要逃到哪儿去？逃到一个更好的地方？一个安全的、有秩序和规律的、可靠又可预测的地方？这种幻梦不是在拓展人的生命，而是对生命本质的否定。它让我们误以为头脑是我们自己绝妙设计的工具：我们沉溺于自己发明的电脑，仿佛那才是我们进化的方向。然而我们忘了思维也是生物性的，它寓居并依赖于我们的身体。

我们无处可逃。但身体其实是我们的家，不应当被贬为牢狱。它的好与妙，自有分晓。

致谢

我们对人体的态度充满了困惑与纠葛，导致我在查找资料时多次受阻，无法亲身翻阅、体会。表面上是因为规章制度森严，而实际上是“守门人”胆怯，不愿让外人窥得资料，惹来麻烦。对于不惧限制条例仍愿带我游历身体世界的少数人，我衷心感激。尤其要感谢拉斯金美术学校（Ruskin School of Drawing and Fine Art）的萨拉·辛布莱（Sarah Simblet）让我体验她的解剖素描课，以及牛津大学人体解剖学教授约翰·莫里斯（John Morris）让我得见解剖术的施行。

感谢维尔康姆收藏馆（Wellcome Collection）的肯·阿诺德（Ken Arnold）介绍我与萨拉认识，间接促成了本书。也感谢他与詹姆斯·皮托（James Peto）、莉萨·贾米森（Lisa Jamieson）、罗茜·图比（Rosie Tooby）和伊莱娜·霍奇森（Elayne Hodgson）等同事，他们的协助与专业提点让我获益匪浅。2009 年，他们邀请我策划一场名为“身份：八个房间，九种人生”（Identity: Eight Rooms, Nine Lives）的展览，我从展出的某些人物中汲取了诸多灵感。我非常感激阿普里尔·阿什利（April Ashley）同意我们在展览中讲述她独特的性别重置故事，本书中也有简短回顾。钻研颅相学且成果丰硕的露丝·加尔德（Ruth Garde）也给了我较大启发，同时一并感谢为展览提供功能磁共振图像的多位神经系统科学家。“大脑”一节少部分改编自我在展览手册中刊载的文章《身份与认同》（*Identity and Identification*）。

这是我第一部关于生命科学的著作，写作外的主要乐趣之一是发掘维尔康姆图书馆这块宝藏之地。我有幸得到威廉·舒普巴赫（William Schupbach）、西蒙·查普林（Simon Chaplin）、罗斯·麦克法兰（Ross Macfarlane）、克里斯托弗·希尔顿（Christopher Hilton）和莱斯利·霍尔（Lesley Hall）的指导；菲茨威廉博物馆（Fitzwilliam Museum）图书部的戴安娜·伍德（Diana Wood）和剑桥大学图书馆的员工也给予我极大帮助。

此外，还要感谢英国皇家外科学院的费依·邦德·阿尔贝蒂（Fay Bound Alberti）、萨姆·阿尔贝蒂（Sam Alberti）及其同事卡丽娜·菲利普斯（Carina Phillips）、托尼·兰德（Tony Lander）和马丁·库克（Martyn Cooke）；热心为我解释非英语国家关于身体的惯用语的圣地亚哥·阿尔瓦雷斯（Santiago Alvarez）、维托里奥和恩丽卡·诺尔齐（Vittorio and Enrica Norzi）、安德烈亚·塞拉（Andrea Sella）、埃里克·施皮克曼（Erik Spiekermann）、卢巴·维汉斯基（Luba Vikhanski）、巴尔博拉·科拉恰科娃（Barbora Kolácková）和让娜·沃卡科娃（Jana Vokacova）； 莫瑞泰斯皇家美术馆的德里克·巴蒂（Derek Batty）、萨拉–杰恩·布莱克莫尔（Sarah-Jayne Blakemore）、巴里·博金（Barry Bogin）、塞雷娜·博克斯（Serena Box）、维基·布鲁斯（Vicki Bruce）、埃德温·布伊吉森（Edwin Buijsen）；皇家歌剧院的德博拉·布尔（Deborah

Bull）和莫莉·罗森堡（Molly Rosenberg）；克里斯·伯戈因（Chris Burgoyne）、杰玛·卡尔弗特（Gemma Calvert）、埃米莉·坎贝尔（Emily Campbell）、爱玛·钱伯斯（Emma Chambers）、亚历克斯·克拉克（Alex Clarke）；英国残奥会自行车队的乔迪·昆迪（Jody Cundy）、克里斯·弗伯（Chris Furber）和伊加·科瓦尔斯卡-欧文（Iga Kowalska-Owen）；戈登博物馆的安德鲁·道兹（Andrew Douds）、艾伦·伊顿（Alan Eaton）和威廉·爱德华兹（William Edwards）；格罗宁根博物馆的帕斯卡尔·埃纳特（Pascal Ennaert）；都柏林科学画廊的马蒂·芬特（Mattie Faint）、克里斯·弗里思（Chris Frith）、戴维·高尔特（David Gault）、罗德里克·戈登（Roderick Gordon）、迈克尔·约翰·戈尔曼（Michael John Gorman）和布里吉德·拉尼根（Brigid Lanigan）；约克大学神经成像中心的丹尼尔·格林（Daniel Green）、盖里·格林（Gary Green）和萨姆·约翰逊（Sam Johnson）；奥布里·德格雷（Aubrey de Grey）、安娜贝尔·赫胥黎（Annabel Huxley）、卡伦·英厄姆（Karen Ingham）、吉姆·肯尼迪（Jim Kennedy）、托比·克里奇（Tobie Kerridge）、维维恩·洛（Vivienne Lo）、娜塔莎·麦肯罗（Natasha McEnroe）、詹姆斯·纽伯格（James Neuberger）、海伦·奥康纳（Helen O'Connell）、德博拉·帕德菲尔德（Deborah Padfield）、詹姆斯·帕特里奇（James Partridge）、戴维·佩雷特（David Perrett）、沃尔夫冈·波西格（Wolfgang Pirsig）；拉班中心的爱玛·雷丁（Emma Redding）及她的同事玛丽·安·赫斯拉克（Mary Ann Hushlak）、萨拉·钦（Sarah Chin）和卢克·佩尔（Luke Pell）；东安格利亚大学的基思·罗伯茨（Keith Roberts）、劳拉·鲍

沃特（Laura Bowater）、霍普·甘加塔（Hope Gangata）和戴维·海令斯（David Heylings）；尼古拉·拉姆齐（Nichola Rumsey）、沃尔克·沙伊德（Volker Scheid）、唐·谢尔顿（Don Shelton）、吉姆·史密斯（Jim Smith）、查尔斯·斯彭斯（Charles Spence）、林赛和贾斯汀·斯特德（Lindsay and Justin Stead）、瓦伊伦·斯瓦尼（Viren Swami）、朱利安·文森特（Julian Vincent）、克劳福德·怀特（Crawford White）、菲奥娜·沃勒科姆（Fiona Wollocombe）以及“穿透你”（Into You）刺青店的邓肯·X（Duncan X）和布卢（Blue）。另外，献词页使用插图的做法借鉴自鲁思·理查森（Ruth Richardson）。

最后，衷心感谢我的经纪人安东尼·托平（Antony Topping）、编辑威尔·哈蒙德（Will Hammond）、版权编辑戴维·沃森（David Watson）、妻子莫伊拉（Moira）和儿子萨姆（Sam）。当我在这片陌生又辽阔的领域苦苦挣扎时，感谢你们自始至终的支持。

休·奥尔德西-威廉姆斯（Hugh Aldersey-Williams）

诺福克，2012 年 7 月

插图图注

文前页（献给莫伊拉）　　人类心脏与心血管版画，巴托罗梅奥·埃乌斯塔基奥（猜测），1717 年，维尔康姆图书馆，伦敦。

14—15　　伦勃朗·范·莱因，《杜普医生的解剖课》（*The Anatomy Lesson of Dr Tulp*），1632 年，莫瑞泰斯皇家美术馆，海牙。

33　　波兰札莫希奇平面图版画，乔治·布劳恩与弗兰茨·霍根伯格，《世界城市地图》第六卷，1617 年，版权所有 © ullstein bild / TopFoto。

40　　勒·柯布西耶，《模度》（Le Modulor），1945 年，版权所有 © FLC / DACS 2012。

63　　威廉·伦琴为妻子的手拍摄的 X 光片，1895 年，科学博物馆，伦敦，维尔康姆图集。

81　　安德雷亚斯·维萨里的木版肖像，《人体的构造》（*De Humani Corporis Fabrica*），1543 年，维尔康姆图书馆，伦敦。

83　　木版画，维萨里的《人体的构造》，1543 年，维尔康姆图书馆，伦敦。

117　　弗朗西斯·高尔顿，《合成肖像样本》，1883 年，维尔康姆图书馆，伦敦。

135　　标示大脑 27 个“器官”的颅骨，弗朗兹·约瑟夫·加尔与约翰·卡斯帕·施普茨海姆，《神经系统及脑部的解剖学和生理学》（*Anatomie et physiologie du système nerveux et général*），1810 年，维尔康姆图书馆，伦敦。

139　　皮质小人（左侧感官功能、右侧运动功能），潘菲尔德与拉斯穆森，《人脑皮层》（*The Cerebral Cortex of Man*），1950 年，图 114 与 115，维尔康姆图书馆，伦敦。

176　　耶罗尼米斯·博斯，《人间乐园：地狱篇》，约 1500—1505 年，普拉多 / 吉劳顿 / 布里奇曼艺术图书馆。

186　　勒内·笛卡儿，眼球剖面图，《屈光学》，1637 年，维尔康姆图书馆，伦敦。

209　　伦勃朗·范·莱因，《杜普医生的解剖课》，1632 年，莫瑞泰斯皇家美术馆，海牙。

214　　手势版画，约翰·贝尔沃，《手势演说》，1644 年，第 151 页，维尔康姆图书馆，伦敦。

226　　“先驱者 10 号”航天器携带的薄板，1972 年，NASA。